How-nual Shuwasystem Industry Trend Guide Book

図解入門
業界研究

最新 放送業界の動向とカラクリがよくわかる本

業界人、就職、転職に役立つ情報満載

［第5版］

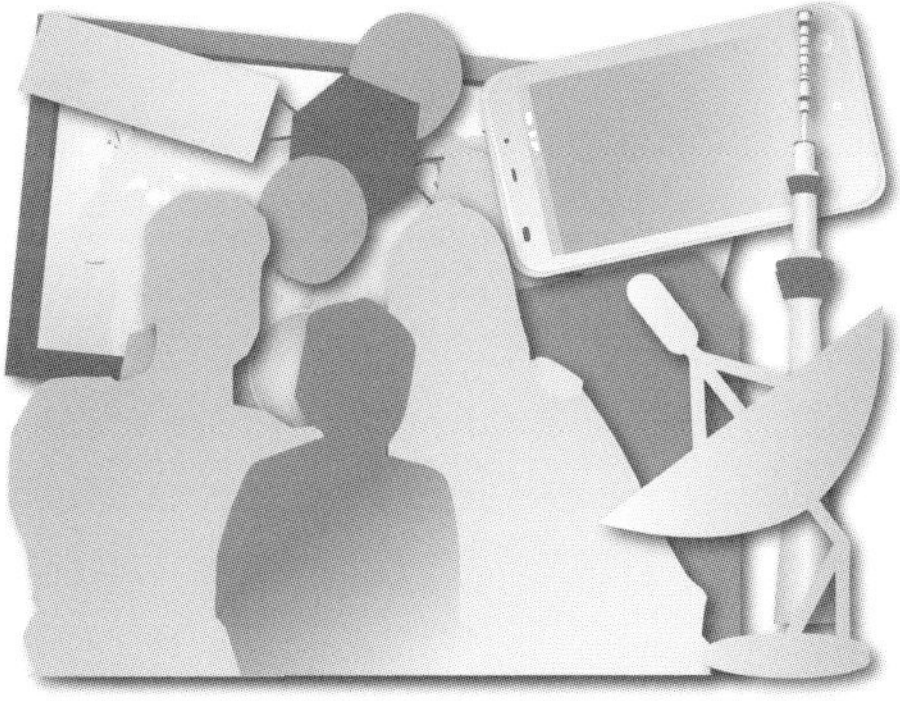

中野 明 著

秀和システム

はじめに

いま放送業界が大きく揺れています。震源はやはり定額動画配信の進展ではないでしょうか。

本文で詳しく説明しますが、定額動画配信(Subscription Video on Demand／SVOD)とは、一定の月額料金を支払えば、インターネットを通じて動画が見放題になるサービスです。本書の旧版ではVOD時代の到来について多くのページを割きました。とうとうVODの本命にこの定額動画配信が名乗りを上げた格好です。

実際に定額動画配信サービスに加入すると、まず驚かされるのがその豊富なコンテンツです。自分の趣味に合う動画が何かしらあるはずです。また、FTTH回線など高速大容量のブロードバンドに加入済みならば、たいへん美しい映像がスムーズに再生されることにも驚くでしょう。

また、定額動画配信サービスが対象にする端末はテレビ画面だけではありません。スマートフォンやタブレット、PCでも再生可能です。見たい時に好きな場所で楽しめます。

さらに、その値段の安さです。一〇〇〇円を切る価格(中には実質五〇〇円を割る価格)で、動画が見放題になるのですから、これに驚かないではいられません。いまやテレビ放送はこうした定額動画配信サービスと、特定の時間帯における「視聴率」を取り合いしなければならない状況にあるわけです。

もちろん、定額動画配信以外でも、放送業界を取り巻く環境は大きく変化しており、もはや放送と通信を区別すること自体が無意味になっています。その動きをすくい取ろうというのが本書にほかなりません。

これからの映像コンテンツ業界や情報メディア業界で新たなビジネスや就職をお考えの方が、本書を通じて放送業界の現状を把握しつつ、ご自分なりの展望を描いてもらえれば、筆者として幸いです。

二〇二〇年一一月　筆者記す

How-nual
図解入門
業界研究

最新放送業界の動向とカラクリがよくわかる本［第5版］

●目次

第3章 ケーブルテレビと衛星放送の動向

第4章 民間放送局の収益源、コマーシャル

第5章 進展する放送とネットの融合

第6章 競争環境が変わる放送の近未来

第1章

放送業界の現況と動向

本章では、何かと謎の多い放送業界に関して、その現況と動向を整理することにしました。まず、そもそも放送とは何なのかにふれたあと、放送業界の構造や市場規模の推移について解説します。さらにその上で、放送を規制する様々な法律やルール、放送を取り巻く最新の動きについてふれたいと思います。

1 放送とは何か

放送とは「公衆によって直接受信されることを目的とする電気通信の送信」（放送法第二条一）のことを言います。「通信と放送の融合」などといわれますが、放送法が明記するように、本来、放送は電気通信の一形態です。また、ひと口に放送といっても様々な形態があります。

周波数帯から見た放送の種類

放送法では、放送を「**公衆によって直接受信されることを目的とする電気通信の送信**＊」と、電気通信の一種として定義しています。

さらにこの放送を、主に無線電波を使用する放送として**基幹放送**、それ以外を**一般放送**と区分しています。私たちが通常視聴するテレビ放送は、**地上テレビ放送**とも呼ばれますが、これは無線を主に使用する基幹放送に含まれます。

無線には**周波数帯**というものがあります。そして、放送の種類によって、利用する無線周波数帯が異なっています（図1・1・1）。

❶中波・・・AMラジオ放送
❷短波・・・短波ラジオ放送
❸超短波・・・FMラジオ放送
❹極超短波・・・テレビジョン放送

AMラジオ放送は、中波（MF／三〇〇KHz～三MHz）のうち五二六・五KHz～一六〇六・五KHzを利用します。また、**短波ラジオ放送**は、（HF／三MHz～三〇MHz）のうち五・九MHz～六・二MHzや九・四MHz～九・九MHzなどを用いたものです。さらに、超短波のうち七六MHz～九〇MHzを利用しているのが**FMラジオ放送**です。

一方、**テレビジョン放送**は、かつて超短波（VHF／

用語解説

＊…**電気通信の送信**　旧放送法では「公衆によつて直接受信されることを目的とする無線通信の送信」となっていたが、「無線通信」が「電気通信」に置き換わった。

周波数の利用状況（図 1.1.1）

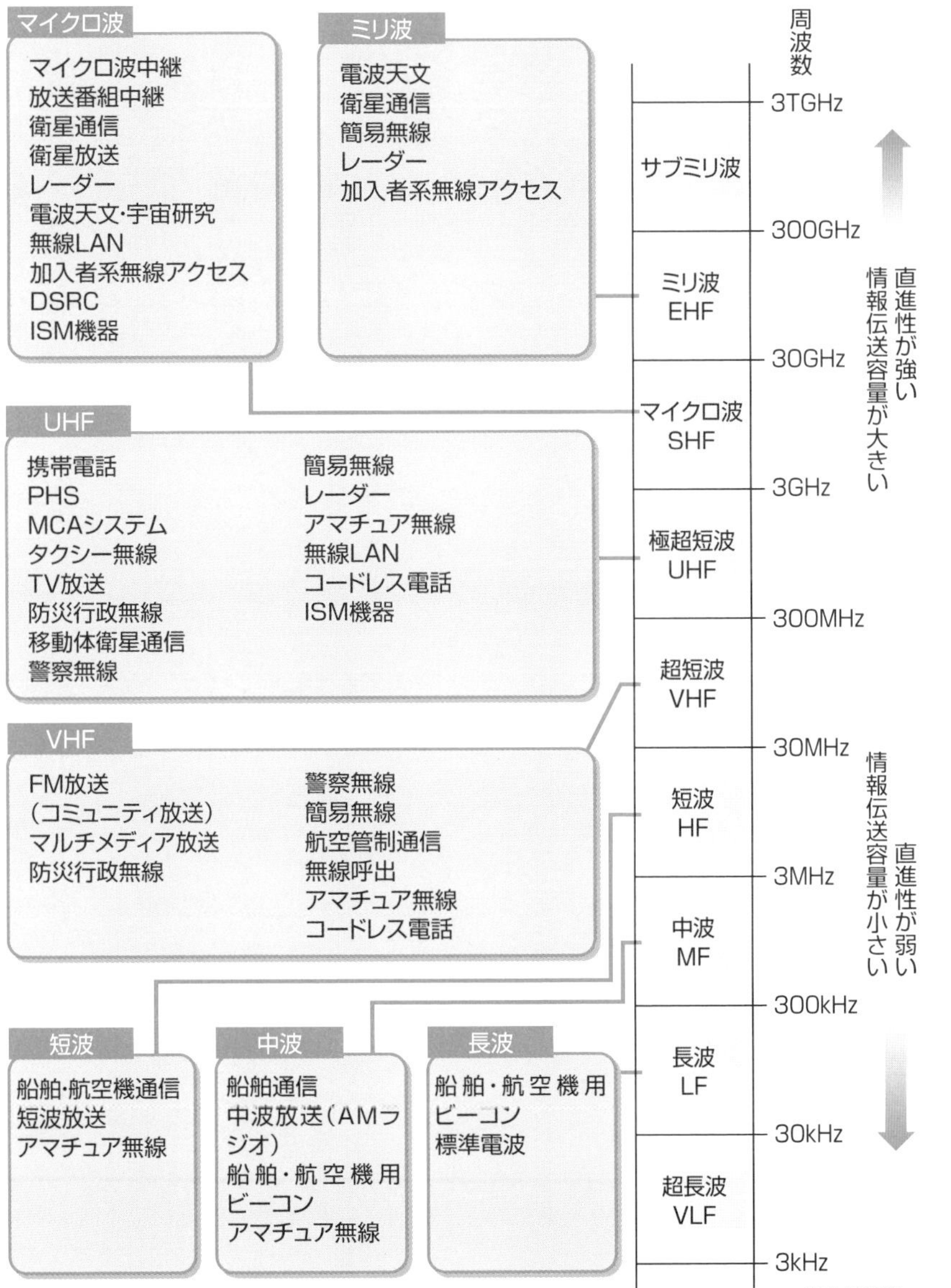

出典:総務省

ワンポイントコラム

【電波と周波数】　電波法によると「電波とは3,000GHz（3THz）以下の周波数の電磁波」のことを指す。一方、周波数とは電波が、1秒間に繰り返す振動のことで、この振動数が多いほど周波数が高いと言う。例えば、AM放送用の526.5kHzは1秒間に52万6500回振動を繰り返す電波を指す。

三〇MHz～三〇〇MHz）と極超短波（UHF／三〇〇MHz～三GHz）を使っていましたが、**デジタル化**によりUHFの四七〇MHz～七一〇MHzの二四〇MHz帯に完全移行となりました。

放送形態から見た放送の種類

放送は使用している無線周波数帯だけでなく、左のように形態でも分類できます。

❶NHK
❷民間放送
❸放送大学

NHKは、放送法の規定により公共の福祉のために設立された特殊法人です。主な財源を国民の受信料に依存しているのが特徴です（2-10節参照）。

民間放送は、民間放送事業者、いわゆる**民放**のことを指します。現在日本では、NHKと民間放送事業者の**二元体制**で放送が行われています。

ちなみに放送事業者とは、電波法の規定により放送局の免許を受けた者をいいます。

一方、インターネットで映像情報を流すサイトのことを、インターネット放送局などと呼ぶことがあります。しかし、放送局と称しても、放送免許を取得していない場合、放送事業者には該当しません。図1・1・2は日本における放送事業者数の推移を一覧にしたものです。

また三番目の**放送大学**とは、放送サービスを利用して教育を提供する大学のことをいいます。無試験で入学できて、自宅のテレビやラジオを利用して学士（教養）の資格を取れます。

現在、地上放送や衛星放送、ケーブルテレビなどを通じて放送授業を提供しており、大学教育の機会拡大に役立っています。

送信方法の違いから見た種類

以上、周波数帯域や放送形態の違いから放送を種類分けしましたが、送信方法の違いから放送の種類を分類することもできます。この場合、主に次の四種類が挙げられるでしょう。

民間放送事業者の数（図 1.1.2）

		（年度末）	08	09	10	11	12	13	14	15	16	17	18	19
地上系	テレビジョン放送（単営）	VHF	16	16	16	93	93	94	94	98	94	94	95	95
		UHF	77	77	77									
	ラジオ放送（単営）	中波（AM）放送	13	13	13	13	13	14	14	14	14	14	15	15
		超短波（FM）放送	280	290	298	307	319	332	338	350	356	369	377	384
		うちコミュニティ放送	227	237	246	255	268	281	287	299	304	317	325	332
		短波	1	1	1	1	1	1	1	1	1	1	1	1
	テレビジョン放送・ラジオ放送（兼営）		34	34	34	34	34	33	33	33	33	33	32	32
	文字放送（単営）		1	1	1	1	0	0	0	0	0	0	0	0
	マルチメディア放送						1	1	1	4	4	4	6	6
		小計	422	432	440	449	461	475	481	500	502	515	526	533
衛星系	衛星基幹放送	BS放送	11	16	20	20	20	20	20	20	19	19	22	22
		東経110度CS放送	12	13	13	13	22	23	23	23	23	20	20	20
	衛星一般放送		96	91	91	82	65	45	7	5	4	4	4	4
		小計	117	113	113	108	92	72	46	44	41	39	41	41
ケーブルテレビ	登録に係る有線一般放送（自主放送を行う者に限る）	旧許可施設による放送（自主放送を行う者に限る）	515	517	502	556	545	539	520	510	508	504	492	ー
		旧有線役務利用放送	21	23	26									
		うちIPマルチキャスト放送	5	5	5	5	4	3	3	3	5	5	5	ー
		小計	536	540	528	556	545	539	520	510	508	504	492	ー

※1　2015年度末のテレビジョン放送（単営）の数には、移動受信用地上基幹放送を行っていた者（5者。うち1者は地上基幹放送を単営）を含む。

※2　衛星系放送事業者については、2011年6月に改正・施行された放送法に基づき、BS放送及び東経110度CS放送を衛星基幹放送、それ以外の衛星放送を衛星一般放送として位置付けている。

※3　衛星系放送事業者について、「BS放送」、「東経110度CS放送」及び「衛星一般放送」の2以上を兼営している者があるため、それぞれの欄の合計と小計欄の数値とは一致しない。また、2011年度以降は放送を行っている者に限る。

※4　ケーブルテレビについては、2010年度までは旧有線テレビジョン放送法に基づく旧許可施設事業者及び旧電気通信役務利用放送法に基づく登録事業者。2011年度以降は、放送法に基づく有線電気通信設備を用いて自主放送を行う登録一般放送事業者。（なお、IPマルチキャスト放送については、2010年度までは旧有線役務利用放送の内数、2011年度以降は有線電気通信設備を用いて自主放送を行う登録一般放送事業者の内数）。　出典：総務省『版情報通信白書2020』

①地上放送
②衛星放送
③有線放送
④IP放送

地上放送は、地上に建設したテレビ塔などから電波を放出し、放送を提供するスタイルで、日本で放送が始まって以来、用いられてきた放送手法です。

衛星放送は、人工衛星を用いて宇宙から電波を降らして、広範な地域に放送を提供します。人工衛星には**放送衛星**と**通信衛星**の区分けがあり、前者を**BS**＊、後者を**CS**＊と呼びます。かつてBSを用いた放送を**BS放送**、CSを用いた放送を**CS放送**と呼びました。現在では、BSもCSもとりまぜて**衛星基幹放送**と**衛星一般放送**に分類されています（3-3節）。

地上放送や衛星放送のように、無線ではなく、メタル（銅）ケーブルや光ケーブルなどを利用して放送を提供するスタイルもあります。これが**有線放送**で、**有線ケーブルテレビジョン**（**ケーブルテレビ**）や**CATV**とも呼びます。

また、インターネットの進展により、専用のIP＊網を利用した放送の再送信も行われています。これを**IP放送**、厳密には**地上デジタル放送IP再放送**＊と呼びます（5-2節）。IP放送は**IPTV**と呼ばれ、NTTぷららの**ひかりTV**やKDDIの**auひかり**、NTT東西の**フレッツ・テレビ**があります（3-9節）。

放送事業の特徴

以上のように、放送には様々な種類がありますが、共通するのは、不特定多数に対して情報を一斉に提供するメディアであるということです。また放送は、限られた電波を利用していることから、公共的な性格も持ち合わせています。

さらに、先にもふれたように、有限な電波を公平に利用することが不可欠なことから、放送事業者になるには、国からの免許が必要になります。つまり放送事業に参入するには、大きな障壁があるということを意味します。しかし、逆に放送免許をすでに有している事業者は、ある意味、規制に守られながら事業が行えるというメリットがあります。

用語解説

＊**BS、CS**　BSはBroadcasting Satelliteの略。CSはCommunication Satelliteの略。
＊**IP**　インターネット・プロトコルの略。インターネットで用いている通信規約の一つ。
＊**IP再放送**　もともとはIP再送信と呼ばれていたが、2011年の新放送法施行にともない、IP再放送と呼ぶようになった。

2 放送業界の市場構造

映像や音声によるコンテンツを提供する放送業界はコンテンツ業界の一部になります。一般にコンテンツ業界は制作パートと流通パートが分離しています。一方、放送の場合、事業者が番組の制作も放送業務（流通業務）も一体して行っているところが大きな特徴になっていました。ただし衛星放送のように制作と流通が分離した放送形態も生まれてきました。

制作パートと流通パート

放送は映像コンテンツや音声コンテンツを提供する事業といえます。そういう意味で放送は**コンテンツ業界**の一部ともいえます。

通常コンテンツ業界は、**制作パート**と**流通パート**が分離しています。放送業界もそのような視点でながめると全体像をつかみやすくなります。

図1・2・1は、主に映像コンテンツを提供する放送業界の市場構造を見たものです。制作パートには、番組の制作を放送局が自ら行うほか、外部の番組制作会社や脚本家、アーティストや俳優を抱えるプロダクション、さらには舞台美術や衣装を担当する会社などが携わっています。また広告会社は番組とスポンサー企業の橋渡しを行います。そしてこれらの企業が協力して一本の番組を世に出します。

制作と流通を兼ねる放送局

制作した番組は電波やケーブルテレビ、ネットワークを通して視聴者の元に届けます。地上テレビ放送の場

放送業界の市場構造（図 1.2.1）

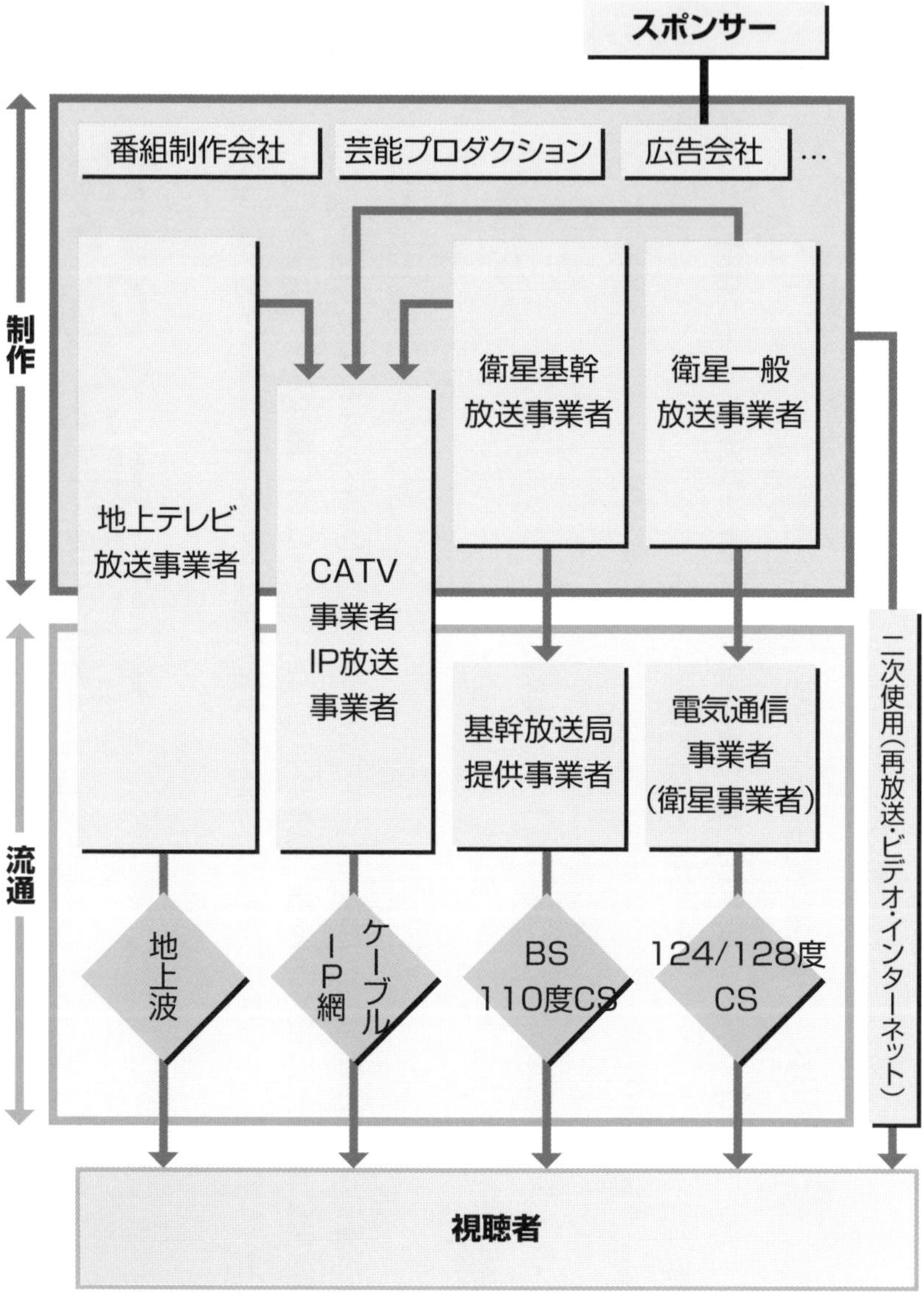

合、テレビ局が自ら設備を整備し、電波にのせて番組を提供します。このように地上波テレビの場合、自ら番組を制作し、自らが所有する放送設備やネットワークを用いて番組を提供する点が大きな特徴になっています。

一方、放送には地上放送以外に衛星放送やケーブルテレビがありました。後者のケーブルテレビ事業者も自らが設備を整備する点でテレビ局と同様です。ただし、ケーブルテレビの場合、番組は外部から調達するのがほとんどで、自社制作の番組は決して多くありません。

形態が少々異なる衛星放送

衛星放送には**衛星基幹放送**と**衛星一般放送**があります。衛星基幹放送とは、かつての**BS放送**や**東経110度CS放送**をとりまとめたものです。こちらでは放送番組を制作・編集する**衛星基幹放送事業者**が、放送局を管理する**基幹放送局提供事業者**に番組の放送を委託します。そして、基幹放送局提供事業者は委託を受けた番組を何の手も加えずそのまま放送します。また、衛星一般放送では**電気通信事業者**が管理する衛星の放送設備を**衛星一般放送事業者**が借り受けて放送を行います。このように衛星放送では番組の制作機能と放送機能が分離しているのが特徴です。さらにややこしいのですが、衛星放送の番組制作機能と放送機能や視聴者との間を取り持つ**スカパー!のようなプラットフォーム事業者**も存在します*。

先にも述べたように、コンテンツの制作と流通では、本来、両者は異なる事業者によるのが一般的です。そういう意味で、番組の制作と流通が一体となっている地上テレビ放送は、実は特殊なケースだといえます。

一次流通市場とマルチユース市場

放送番組の流通市場は**一次流通市場**と**マルチユース市場**（**二次流通市場**）に分類する考え方もあります。一次流通市場とは、そのコンテンツが最初に提供された市場を指します。

二度目以降はマルチユース市場です。例えば、テレビ番組はテレビ放送が一次流通市場、再放送やＤＶＤ化、インターネット配信などはマルチユース市場になります。もちろんマルチユースも念頭に置くと、放送業界の市場規模はさらに大きくなります。

用語解説

*…**存在します**　こちらについては3-4節で改めて詳しく解説する。

3 放送事業の推移と現況

日本の放送業界は、一九二五（大正一四）年のラジオ放送の開始以来、一〇〇年近くの歴史をもちます。この間、ラジオ放送が一世を風靡し、その後、テレビ放送がマスメディアの王として君臨しました。現在の放送の市場規模は三兆九四一八億円（二〇一八年度）です。四兆円を超えていた〇七年度に比較すると市場規模は九五・七％になっています。その中で地上系民間放送や衛星系民間放送、ケーブルテレビが伸び悩むのとは対照的にＮＨＫは売上高を手堅く増やしています。

放送市場の推移

図１・３・１は、二〇〇六年度から一八年度における放送市場規模の推移*を見たものです。これを見ると、〇七年度の市場規模は四兆一一七八億円と過去最高に達しました。

しかしながら、〇八年に起こったリーマンショックの影響で収益は一転下降し、〇九年度は三兆八二五四億円と〇六年度を下回る市場規模に落ち込みました。以後、Ｖ字回復はほど遠く、三兆八〇〇〇億円台と三兆九〇〇〇億円台の間を行きつ戻りつする状況が続きました。そして、直近の一八年度は三兆九四一八億円と、四兆円の壁をなかなか破れない状況です。

一方、市場の内訳を見ると、最高規模の〇七年度は、地上系民間放送が二兆五八四七億円、衛星系民間放送が三七三七億円、ケーブルテレビが四七四六億円、ＮＨＫが六八四八億円でした。

これが一八年度になると、地上系民間放送が二兆三三九六億円、衛星系民間放送が三六一九億円、ケーブルテレビが五〇三〇億円、ＮＨＫが七三七三億円となっています。

また、図１・３・２は、〇六年から一八年の市場成長

用語解説

*放送市場規模の推移　「年」と記した場合、1月～12月の暦年、「年度」と記した場合4月～3月の「年度」を意味する。

1-3 放送事業の推移と現況

放送市場の推移（図 1.3.1）

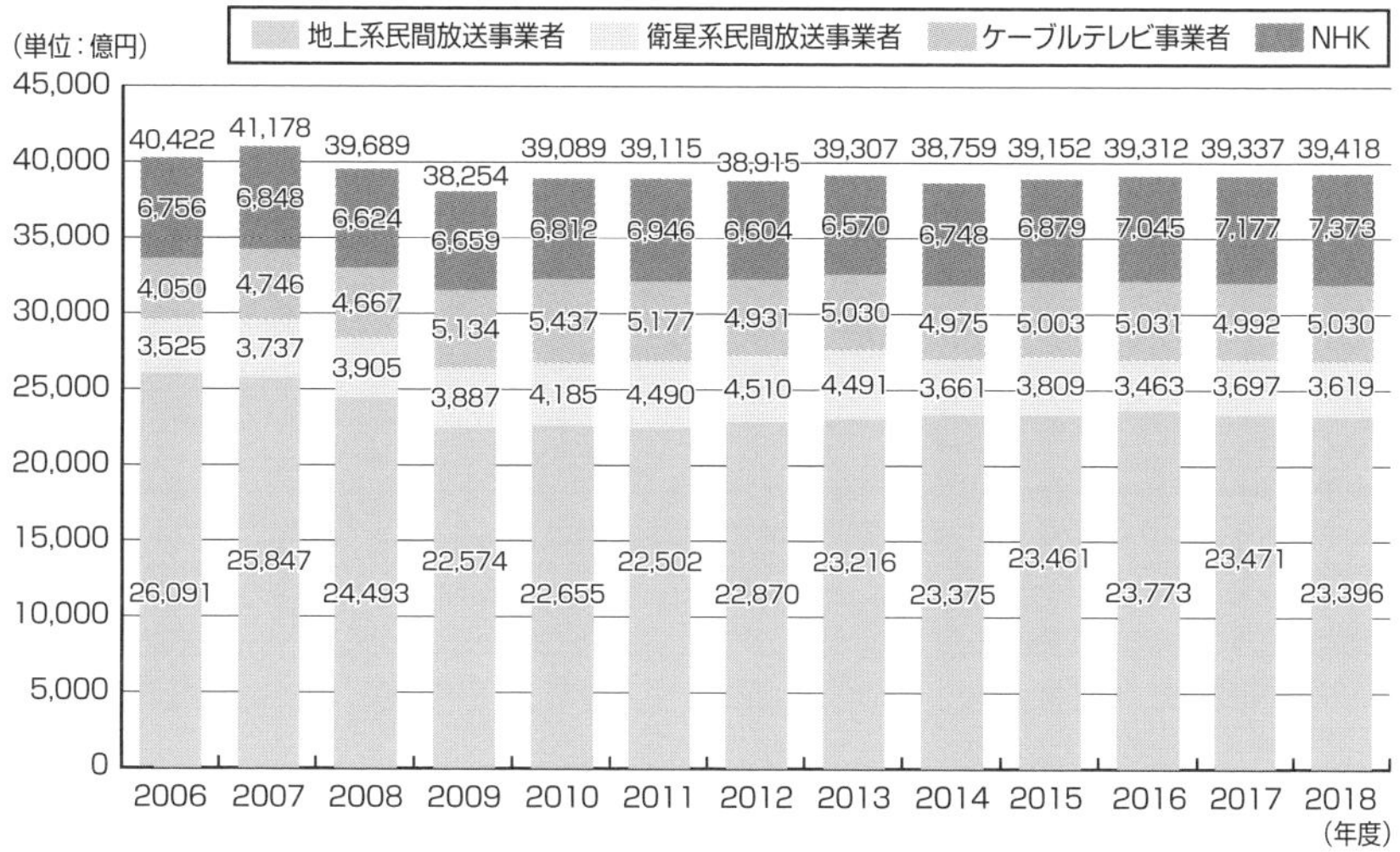

出典：総務省『情報通信白書2020』をもとに作成

各放送メディアの成長率推移（図 1.3.2）

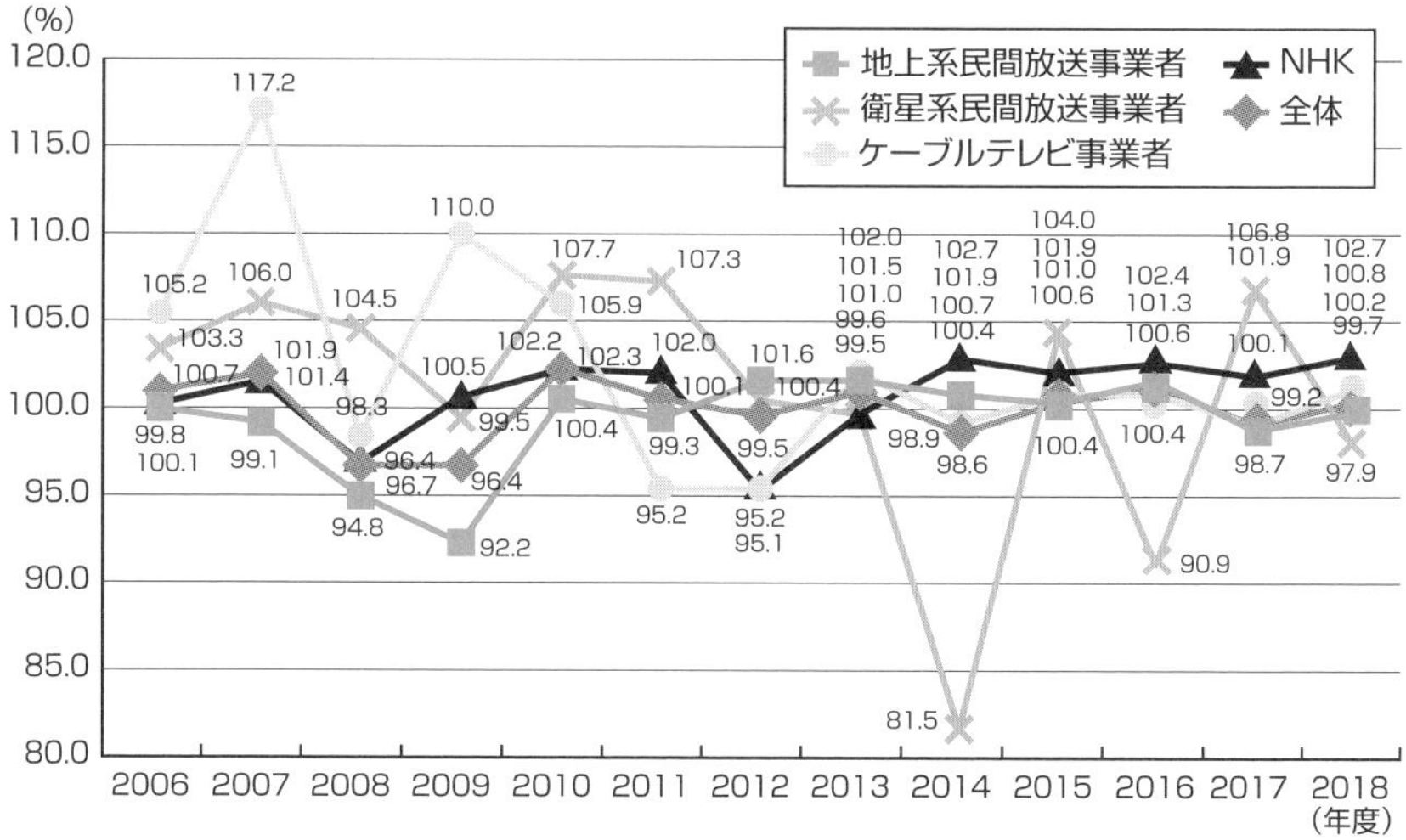

出典：総務省『情報通信白書2020』をもとに作成

放送市場に占める各メディアのシェア推移（図 1.3.3）

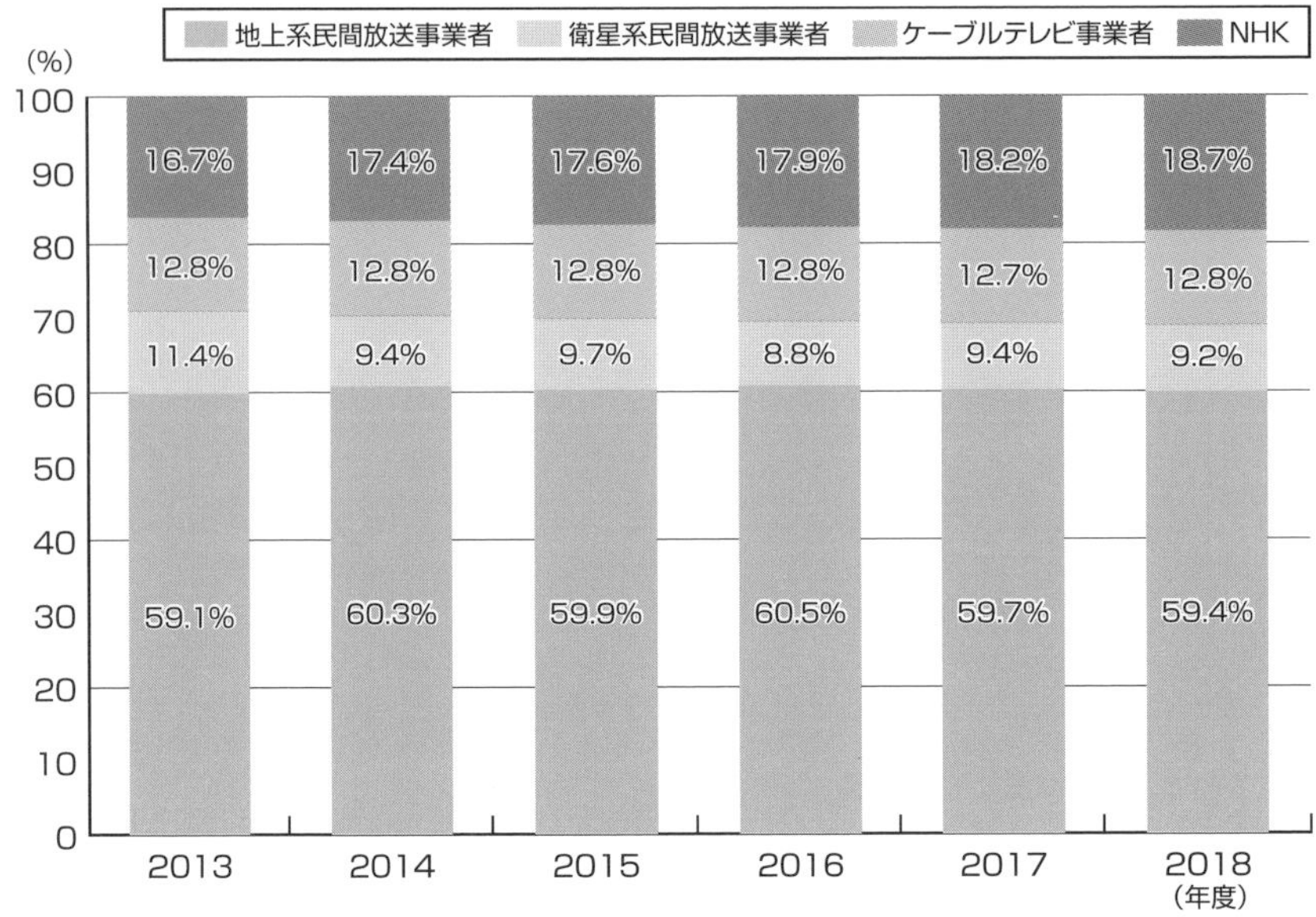

出典：総務省『情報通信白書2020』をもとに作成

率を見たものです。一五年度以降の市場全体の成長率はわずかにプラスを確保しています。

一方、内訳別で見ると、衛星系民間放送は増減の差が激しく、地上系民間放送とケーブルテレビは総じて停滞、NHKのみ一四年度以降、市場全体よりも高い成長率を達成しています。

コンテンツの大部を占める放送

次に、放送市場に占める各メディアのシェアを確認しておきましょう（図1・3・3）。

まず、一三年度ですが、地上系民間放送が五九・一%、衛星系民間放送が一一・四%、ケーブルテレビが一二・八%、NHKが一六・七%となっていました。

これに対して一八年度を見ると、ケーブルテレビが一二・八%と同じ、地上民間放送は五九・四%と微増、衛星系民間放送は九・二%と二ポイント以上もシェアを落としま

日本のコンテンツ市場全体に占める放送コンテンツ(図1.3.4)

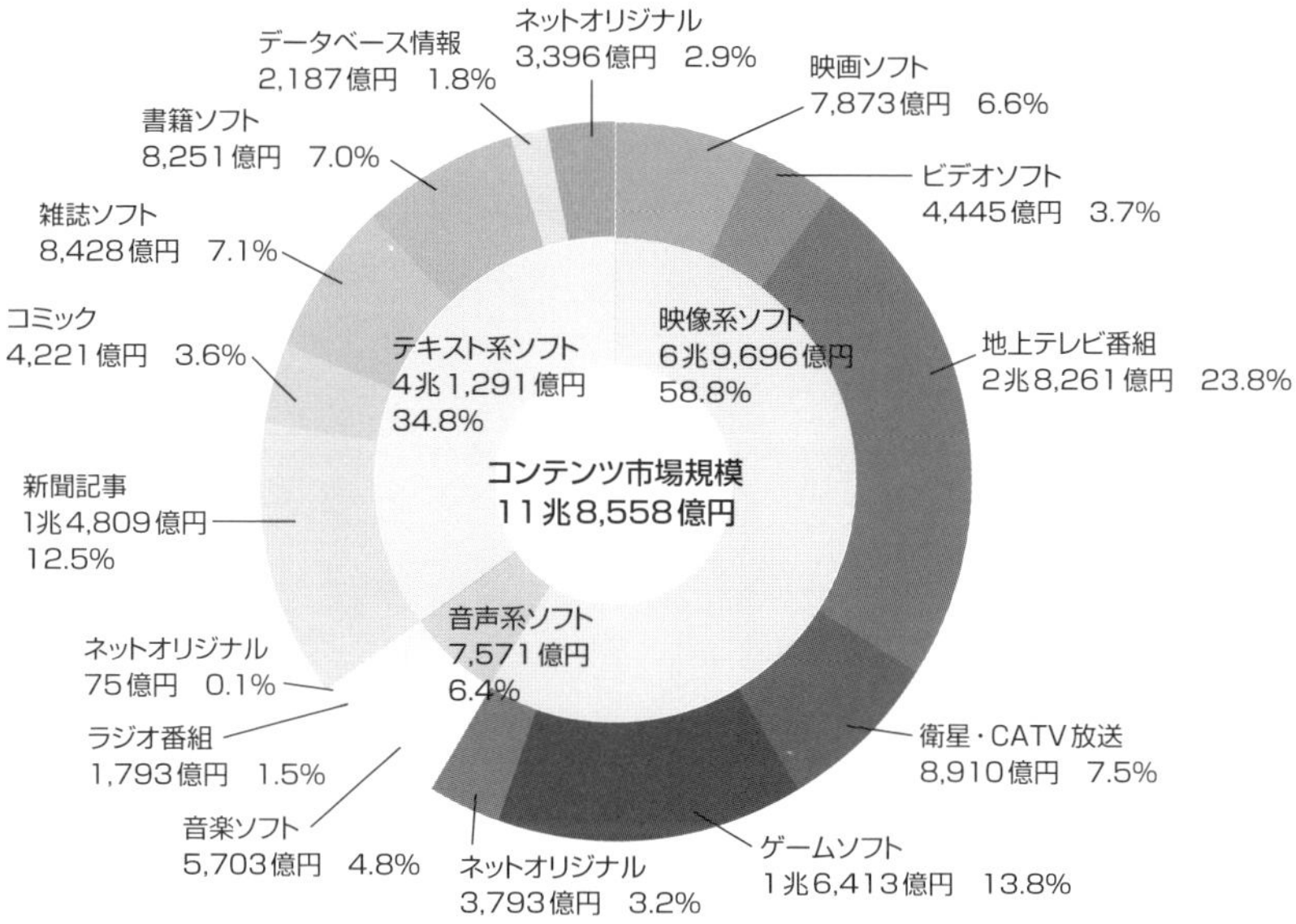

出典:総務省「メディア・ソフトの制作及び流通の実態に関する調査研究」(令和2年7月)

した。

一方、NHKのシェアは年々上昇しており、一八年度は一八・七%と一九%を狙う勢いです。

さらに、放送コンテンツが日本のコンテンツ市場全体に占める割合を見てみましょう(図1・3・4)。これを見ると、地上テレビ番組が二兆八二六一億円(二三・八%*)、衛星・CATV放送が八九一〇億円(七・五%)で、計三兆七一七一億円(三一・四%)となります。また、これにラジオ放送の一七九三億円(一・五%)を加えると、日本のコンテンツ市場に占める放送コンテンツは**三兆八九六四億円(三二・九%)**となり、ほぼ全体の三分の一を占めます。

このように、放送市場全体はやや停滞気味に推移しているものの、日本のコンテンツ市場に及ぼす影響力はいまだ巨大だと考えるべきです。

用語解説

*二三・八% こちらの統計では民間とNHKの区別をしていない。

4

放送を規制する様々なルール

放送は、公共財としての性格をもつために様々な規制が存在します。現在、規制の中心になっているのが、二〇一九年に改正された放送法をはじめ電波法、電気通信事業法、有線電気通信法です。これら以外にも、放送業界が取り決めた放送基準や放送倫理があります。

電波法――放送事業者は免許制

無線通信に利用できる電波は無限ではありません。また、個人が勝手に自分の好きな周波数帯を利用して無線を発信したり、あるいは同じ周波数帯の電波を、異なるサービスに利用したりすると、大きな混乱が生じます。したがって、この有限な資源を有効に活用するために、電波を適切に管理することがどうしても不可欠となります。

このようなことから、「電波の公平かつ能率的な利用を確保することによって、公共の福祉を増進すること」を目的とする法律が、一九五〇(昭和二五)年に施行されました。これが**電波法**です。

電波法では、電波割り当てに関する取り決めのほか、**放送用周波数使用計画(チャンネルプラン)**＊の策定についても言及しています。

また同法では、無線局の開設にあたっては免許が必要になることを明記しています。放送局も無線局の一つですから、放送事業者も免許制となっています。放送事業者の免許期間は五年間で、その後、繰り返し再免許を受ける必要があります。

放送法――法体系見直し

電波法と並んで、放送を律しているのが**放送法**です。放送法は、電波法と同じく一九五〇(昭和二五)年に施行されたもので、こちらでは「放送を公共の福祉に適

用語解説

＊**放送用周波数使用計画(チャンネルプラン)** テレビ局やラジオ局に割り当てる周波数帯を取り決めたもの。混信の防止や電波の公平、かつ効率的な活用を勘案して立案される。

合するよう規律し、その健全な発展を図ることを目的」にしています。

電波法が電波の割り当てのように、どちらかというと物理的な面からの取り決めであるのに対して、放送法では、事業としての放送の在り方を取り決める制度面からの内容になっています。

一〇年には、この放送法関連の法体系の抜本的な見直しが六〇年ぶりに行われ、翌年施行されました。

従来放送関連の法律には、放送法のほかにも電気通信役務利用放送法、有線テレビジョン放送法、有線ラジオ放送法がありました。今回の法改正では後者三つの法律が廃止されて、放送法に一本化されました。

改正放送法は、全一一章一九三条に附則という膨大な内容になっています。この第一章には1‐1節でふれた放送の定義が明記されています。

旧放送法では放送を「公衆によつて直接受信されることを目的とする**無線通信**の送信」と定義していました。一方、改正法では「無線通信」ではなく「**電気通信**」に置き換わっているのが特徴です。これは無線経路のみならず有線経路も放送の対象にしたことを意味しています。インターネット・プロトコルで放送を再送信する**IP放送**＊（3‐9節参照）では電気通信基盤を利用しますが、改正法ではこれも念頭に放送の範囲を広くとらえています。

マスメディア集中排除原則（略称**マス排**）の基本原則が法定化されたのも大きな改正点です。これは一つの事業者が所有・経営支配できる放送局を制限するものです。マス排については1‐6節で改めてふれたいと思います。

また、一九年に改正され翌年施行された放送法により、NHKのインターネット業務がさらに柔軟に行えるようになりました。眼目はNHKの全番組をインターネットで**常時同時配信**できるようになったことです。この改正を受けてNHKでは、二〇年四月より、番組の同時配信サービスや見逃し視聴がスマホなどからでも利用できる**NHKプラス**をスタートさせました（図1・4・1）。

さらに放送を規制する放送基準と放送倫理

さらに、法律ではありませんが、**放送普及基本計画**も

用語解説

＊**IP放送**　インターネットの標準的なプロトコルであるIPを利用してテレビ放送を再送信する手法。NTTのひかりTVなどはこの手法を採用してサービスを展開している。

放送法の一部改正と番組常時同時配信（図 1.4.1）

2019年の放送法一部改正

趣　旨

近年における放送をめぐる視聴環境の変化及びNHKに対する信頼確保の必要性に鑑み、NHKについてインターネット活用業務の対象を拡大するとともに、NHKグループの適正な経営を確保するための制度を充実するほか、衛星基幹放送の業務の認定要件の追加を行う。

背　景

「放送を巡る諸課題に関する検討会」第二次取りまとめ（平成30年9月28日公表）等を踏まえ、NHKのインターネット活用業務の対象を拡大するほか、NHKに対する国民・視聴者の信頼確保を図るとともに、衛星基幹放送について市場の活性化や競争力を強化するため、所要の制度整備を行うもの。

改正の概要（成立:令和元年5月29日、公布：同年6月5日）

1. NHK関係（令和2年1月1日施行）
（1）インターネット活用業務の対象の拡大
NHKが国内テレビ基幹放送の全ての番組の常時同時配信を実施することを可能とし、併せてNHKの目的や受信料制度の趣旨に沿って適切に同業務が実施されることを確保するため必要な措置を講じる。
（2）NHKグループの適正な経営を確保するための制度の充実
NHKグループの内部統制等コンプライアンスの確保に係る制度の充実、透明性の確保のためのNHKグループに関する情報提供に係る制度の整備、及び中期経営計画の策定・公表、パブコメ手続等に関する制度の整備を行う。
2. 衛星基幹放送関係（令和2年3月31日施行）
衛星基幹放送に係る周波数の有効利用を図るため、衛星基幹放送の業務の認定（認定の更新を含む）要件に、総務省令で定める周波数の使用に関する基準に適合することを追加する。

2020年4月より「NHKプラス」がスタート

NHKの番組をテレビの前にいなくても、いつでも、どこでも視聴できる。
（番組の常時同時配信、見逃し視聴、スマホなどにも対応）

出典：総務省「放送法の一部を改正する法律案について」（平成31年3月）、『情報通信白書2020』をもとに作成

放送を規制するルール（図 1.4.2）

放送を規制するルールです。これは、放送法によって定められたもので、放送の計画的な普及および発展をはかるため、放送局の設置に関して、放送対象地域ごとの放送局の数値目標などを定めるものです。これは5-3節でふれる**県域免許制度**の根拠になるものでもあります。

　また、総務省令の放送局の開設の基本的基準と呼ばれるものもあります。かつてはこの基準がマスメディア集中排除原則の根拠になるものでした。

　さらに、放送事業者が独自に取り決める**放送基準**も放送事業者を規律するルールです。この詳細については次節でふれましょう。

ワンポイントコラム

【番組基準と放送基準】　放送基準は日本民間放送連盟が定めるもの。一方、個々の放送局では、放送法が定める番組基準を独自に策定している。したがって、放送局は放送基準および番組基準双方を遵守して番組を制作、放送することになる。

5 放送基準と放送倫理基本綱領

放送法では放送局による「放送番組編集の自由」を明記しています。その一方で、「放送番組の編集の基準（番組基準）」を設定することを義務付けています。このことから、民間放送事業者でつくる日本民間放送連盟は、業界における自主的な放送基準を策定しました。民放各社は、法的な規制のほか、この放送基準をも念頭に放送業務を行っています。

放送基準の成立

民間放送がスタートした一九五一年、放送業界でつくる業界団体・社団法人**日本民間放送連盟（民放連）**が発足しました。そして同年一〇月に、民放連が中心となって放送番組の編集基準を自主的に定めた「**日本民間放送連盟　放送基準**（略称：**放送基準**）」を策定しました。

「民間放送は、公共の福祉、文化の向上、産業と経済の繁栄に役立ち、平和な社会の実現に寄与することを使命とする」という宣言から始まるこの「放送基準」は、放送にあたって、まず、次の五つの点を重視すると記しています。

①正確で迅速な報道
②健全な娯楽
③教育・教養の進展
④児童および青少年に与える影響
⑤節度を守り、真実を伝える広告

この基本スタンスを受けて、「人権」「児童および青少年への配慮」「報道の責任」「宗教」「表現上の配慮」、さらには「広告の責任」「広告の時間基準」など、放送基準は、かなり網羅的な取り決めを掲げています（図1・5・

放送基準の体系（図 1.5.1）

日本民間放送連盟　放送基準

民間放送は、公共の福祉、文化の向上、産業と経済の繁栄に役立ち、
平和な社会の実現に寄与することを使命とする

- 1章　人権
- 2章　法と政治
- 3章　児童および青少年への配慮
- 4章　家庭と社会
- 5章　教育・教養の向上
- 6章　報道の責任
- 7章　宗教
- 8章　表現上の配慮
- 9章　暴力表現
- 10章　犯罪表現
- 11章　性表現
- 12章　視聴者の参加と懸賞・景品の取り扱い
- 13章　広告の責任
- 14章　広告の取り扱い
- 15章　広告の表現
- 16章　医療・医薬品・化粧品などの広告
- 17章　金融・不動産の広告
- 18章　広告の時間基準

出典：日本民間放送連盟ホームページより

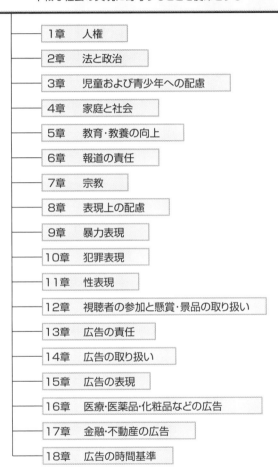

1）。内容的には一部改訂や追加された個所があるものの、民間放送が始まってから現在に至るまで、民間放送局の「憲法」として維持されてきました。

放送倫理基本綱領の成立

時代は少々古くなりますが、一九八九年一〇月のことです。TBSがオウム真理教を批判する坂本弁護士のインタビューを収録しました。このことを知った同教団では、事前にビデオを視聴し、放送を中止するよう要請しました。同社ではこの要請を受け入れたところ、それから間もなくして坂本弁護士一家殺人事件が発生しました。

この経緯が明るみになったのは一九九五年になってからのことですが、TBSの対応が坂本弁護士一家殺人事件のきっかけとなったのではないかという議論に発展します。当初、TBSでは事実無根としていました。しかし、その後社内調査の結果、事前にビデオを見せたことを認めることになり、磯崎TBS社長の辞任、総合プロデューサー、担当プロデューサーの懲戒解雇に発展しました。これを「**坂本弁護士ビデオ問題**＊」と呼びます。

この事件が大きな問題となったのは、取材で得た情報を報道以外の目的に利用したことが、事件の引き金になったということです。これは明らかに放送倫理に反しています。つまり、放送倫理が守られていたら、事件は未然に防げたかも知れません。

おそらくこの事件が影響したのでしょう。一九九六年九月には、日本民間放送連盟と日本放送協会が、「放送倫理基本綱領」を公表します。この中で、放送の社会的な使命を確認するとともに、報道に関しては次のような内容が明文化されました。

> 報道は、事実を客観的かつ正確、公平に伝え、真実に迫るために最善の努力を傾けなければならない。放送人は、放送に対する視聴者・国民の信頼を得るために、何者にも侵されない自主的・自律的な姿勢を堅持し、取材・制作の過程を適正に保つことに努める。

この一文からも、「坂本弁護士ビデオ問題」を意識した内容になっていることがよくわかります。しかし本

用語解説

＊**坂本弁護士ビデオ問題**　ほかにも「TBSビデオ問題」や「TBSオウムビデオ問題」とも呼ばれる。

来は、放送倫理がまず前提にあって、その後に放送基準を位置付けるのが常識です。ところがこの常識的な順序が崩れてしまい、一九五〇年前に制定された放送基準から約半世紀を経て放送倫理制定されたわけです。

　日本民放放送連盟が毎年発行する「日本民間放送年鑑」の「資料・便覧」に、「放送倫理基本綱領」と「日本民間放送連盟　放送基準」双方の全文が掲載されています。しかし、その掲載順はというと、一九九六年に制定された「放送倫理基本綱領」が先で、一九五〇年に制定された「放送基準」が後になっています。

　ここでも、基準よりも倫理が先行することが明らかになっています。そして、わざわざ倫理を明文化し、それを放送基準の前に掲載するということに、放送界の苦渋を見る思いがします。

放送倫理・番組向上機構の成立

　二〇〇三年になると、放送と青少年に関する委員会や放送と人権等権利委員会などが統合されて、**放送倫理・番組向上機構***が成立しました。同機構では、放送における言論・表現の自由に配慮しながら、放送倫理の問題に対応する第三者の機関です。

　この機構に**放送倫理検証委員会**と呼ばれる作業部会があり、問題ありと指摘された番組について、取材や制作方法も含めその番組内容について調査し、放送倫理上の問題の有無を公表します。

　放送倫理検証委員会が下した最近の決定に、「テレビ朝日『スーパーJチャンネル』「業務用スーパー」企画に関する意見*」があります。これは二〇一九年三月一五日に放送されたスーパーの買い物客に密着する特集番組でしたが、登場した主要な客四人が取材ディレクターの知人だったというものです。

　この番組について同委員会では、放送倫理基本綱領にある「報道は、事実を客観的かつ正確、公平に伝え、真実に迫るために最善の努力を傾けなければならない」を挙げるとともに、民放連の放送基準の前文および第三二条を根拠に、本件特集に放送倫理違反があったと判断しています。

　この決定からもうかがえるように、まず放送倫理基本綱領があり、さらに放送基準によって番組内容を律することになっているのがわかります。

用語解説

＊**放送倫理・番組向上機構**　略称BPO。Broadcasting Ethics & Program Improvement Organizationの略。

＊**企画に関する意見**　https://www.bpo.gr.jp/?p=10495&meta_key=2020

6 認定放送持株会社とは何か

公共事業である放送が一部の事業者に寡占されると、放送内容が偏る恐れがあります。そのため、総務省の省令によって「放送局開設の基本的基準」が定められ、この中で「マスメディア集中排除原則（通称・マス排）」が盛り込まれました。放送業界を規制するルールの一つであるこのマス排が大幅に緩和され、その後基本原則が法定化されました。緩和の一環として姿を現したのが認定放送持株会社です。

マスメディア集中排除原則とは

かつて**電波法**には「総務省令で定める放送をする無線局の開設の根本的基準に合致すること」という一文が見られました。これに該当したのが総務省の省令「放送局の開設の基本的基準」です。

この中で、「放送をすることができる機会をできるだけ多くの者に対して確保することにより、放送による表現の自由ができるだけ多くの者に対して確保することにより、放送による表現の自由ができるだけ多くの者によって共有されるよう」にすることを求めていました。その上で、一つの事業者が所有・経営支配できる放送局は一つだけとし、事業者が複数の放送局の株式を所有することに対して制限が設けられました。

そもそも放送は、不特定多数に対して、広範囲に情報を送信できるメディアです。その影響力はすこぶる大きいと言わざるを得ません。

そのような中、仮に一つの事業者が独占的に放送メディアを所有したら、寡占により大きな利益を得られるばかりか、情報の多様性が損なわれて、内容が偏った放送になる恐れがあります。このような配慮から、一つの事業者が複数の放送局を所有することが規制されたわけです。これが**マスメディア集中排除原則**（略称**マス排**）と呼ばれるものです。

マス排では、一つの事業者は、同一地域における複数の地上波放送局で、一〇分の一を超える議決権を保有できない仕組みです。また、放送対象地域が重複しない場合は、複数の放送局で五分の一以上の議決権を保有できません。

時代にそぐわなくなったマス排

とはいえ現在のメディアを見ると、従来の地上波テレビやラジオのほか、新聞や雑誌といった印刷媒体が無数に存在します。さらに、BSやCSによる衛星放送、ケーブルテレビ、パソコンやスマートフォンを経由したインターネットなど、大きな影響力をもつメディアが多数存在します。このように、メディアが多様化するとともに、その多様なメディアには極めて大量の情報が流れています。

このよう状況の中、地上放送に対する規制を最小限化しても、特定の事業者がメディアを寡占する可能性は小さいと考えられるようになりました。こうしてマスメディア集中排除原則の緩和が実施されました*。

さらに、〇七年一二月に成立した改正放送法では、マスメディア集中排除原則がさらに大幅に緩和され、その後基本原則が法文化されました。この緩和の一環として導入されたのが**認定放送持株会社制度**です。

認定放送持株会社制度の導入

認定放送持株会社制度は、地上放送局による子会社化が可能になる**認定放送持株会社**(以下放送持株会社と記すこともある)の設立を容認するものです。

従来、放送持株会社が法的に禁止されていたわけではありません。

しかし、先に見たようにマスメディア集中排除原則では、複数の放送会社を所有・支配することを禁じています。そのため実質的には放送会社の子会社化の余地はありませんでした。

一方、認定放送持株会社制度導入後は、放送持株会社が傘下にする放送子会社へ五〇%以上出資して経営を支配できます。

ただしこれには条件があって、放送子会社の**放送対象地域**の合計が**一二以下**にならなければなりません(図1・6・1)。

用語解説

＊…**実施されました**　2003年に地上波放送事業者が所有するＢＳデジタル放送局の議決権は3分の1未満から2分の1以下へ緩和された。また、ローカル局に配慮して、隣接する放送対象地域が七地域以内の連携の場合、議決権保有が緩和された。

認定放送持株会社の導入（図 1.6.1）

従来のマスメディアの集中排除原則

1の者が所有･経営支配できる
放送局･委託放送業務は1に限定

経営支配とは
- 放送地域が重複する場合10分の1を超える議決権の保有
- 放送地域が重複しない場合5分の1以上の議決権の保有
- 代表役員または常勤役員の兼務（監査役などを除く）

同一地域での新聞、ラジオ、テレビの兼営（3事業支配）は、
情報独占のおそれがない場合可能

認定放送持株会社制度の導入
2008年4月1日施行

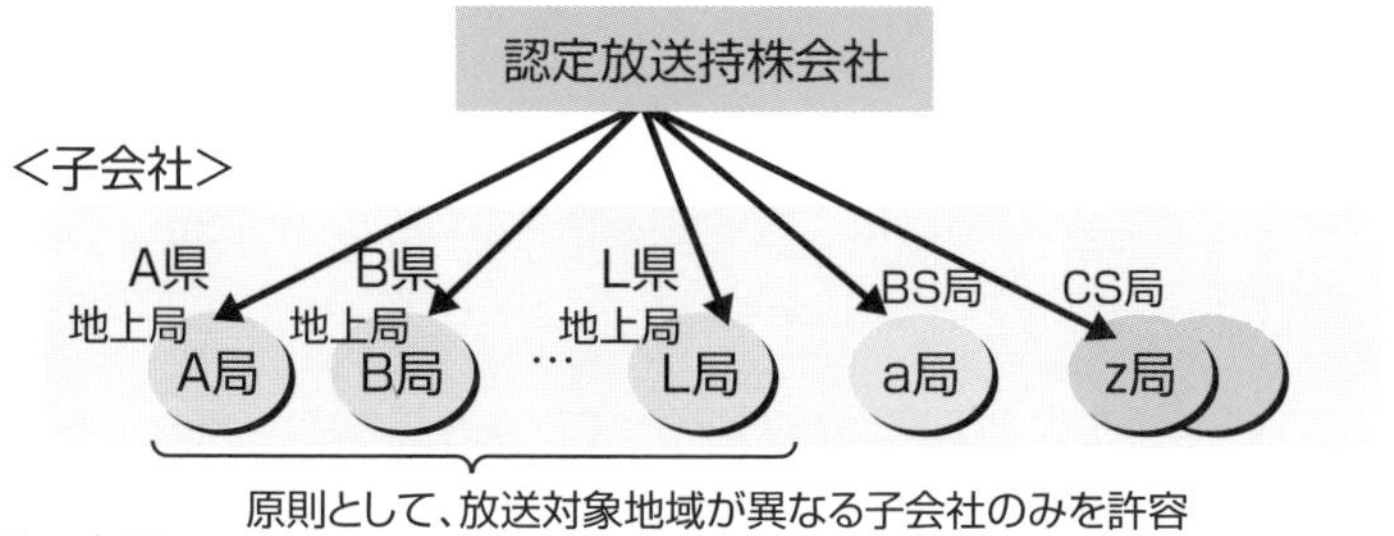

「数」の上限

地上局	12局を上限とする（キー局等の「広域局」は都府県数で計算（関東7、近畿6、中京3）） ※この数の範囲内であっても、放送対象地域が重なる複数局を子会社とすることは原則として不可。 ※「ラジオ･テレビ兼営」の場合には、「1社2免許」「2社が各1免許」のいずれの場合も「1局」とカウントする。
BS局	BS局は、地上局（12局）と別カウントとし、0.5トラポンまでとする。東経110度CS局は、同様に最大2トラポンまでとする。
CS局	東経124/128度CS局（一般放送事業者）は制限なし。

出典：総務省「認定放送持株会社認定申請マニュアル（第3版）」平成27年6月

用語解説

＊**トラポン**　トランスポンダーの略。地上局からの信号を中継する装置のこと。
＊…**東経110度CS局**　東経124/128度のCS局は制限なし。

現在の放送事業者は**県域免許制度**により県単位で認可されます（5‐3節参照）。これが放送対象地域です。よって、同制度を利用すると、異なるエリアで最大一二の放送会社を子会社化できます。

ただし、**キー局**は七都県を放送エリアとしているため七カウント、**準キー局**は六カウント、**中京局**は三カウントと数えます。

したがって、キー局と準キー局を子会社化すると一三カウントになり、対象地域の合計が一二に収まりません。つまり、キー局と準キー局を一〇〇％子会社にする放送持株会社の設立は不可能です。また、この数の範囲内であっても、放送対象地域が重なる複数局を子会社にすることはできません。

さらに、送信機の数が最大〇・五トラポン*までのBS局、一一トラポンの東経一一〇度CS局*を子会社化できます。これらは地上局の一二とは別カウントになります。

放送持株会社の現状

放送持株会社の移行に素早く動いたのは在京キー局です。すでにキー局五社では、フジ・メディア・ホールディングス、東京放送ホールディングス、テレビ東京ホールディングス、日本テレビホールディングス、テレビ朝日ホールディングスが、それぞれが放送持株会社として活動しています*。また、いずれの放送持株会社も、地方局の株式を一定数掌握することで、従来のネットワーク系列を維持しています。

認定放送持株会社制度では、重複する県（地域）で、**議決権一〇分の一超え**の株式保有を禁じています。ただし、県が重複しない場合、**議決権一〇分の一超え三分の一以下**の保有については、一二の放送対象地域に数える必要はありません*。このスキームを利用し、在京の放送持株会社は地方局の株式を、三分の一を超えない範囲で取得しています。

在京以外では、関西の準キー局でも放送持株会社の動きが見られます。一七年にはMBSメディアホールディングスが成立し毎日放送がその子会社となりました。また、一八年には朝日放送グループホールディングスが放送持株会社となっています。これら以外にも中部や福岡、岡山・香川において、放送持株会社が設立されています*。

用語解説

＊…**活動しています**　総務省電波利用ホームページ（https://www.tele.soumu.go.jp/j/sys/media/index/authorization.htm）

＊…**ありません**　総務省「認定放送持株会社認定申請マニュアル（第3版）」（平成27年6月）

＊…**設立されています**　中部日本放送、RKB毎日ホールディングス、RSKホールディングスがそれぞれ該当する。

7

定額動画配信サービスの行方

定額制動画配信サービスの競争が激しさを増しています。台風の目はアメリカから上陸したネットフリックス、安さが際立つアマゾン・プライム・ビデオでしょうか。また、フールーやdTV、U-NEXTなど日本勢も負けていません。市場が拡大する中、戦いの熾烈さはさらに増す模様です。

拡大する定額制動画配信サービス

総務省『情報通信白書2020』によると、世界の**定額動画配信サービス**（SVOD*）、いわゆる**サブスクリプション型の動画配信サービス**の二〇一九年の売上高は**四九八・四億ドル**、契約数は**一五・七億契約**に上ったと推定しています。この数字は二〇年以降も右肩上がりで推移するものと考えられており、二二年には売上高九二四・四億ドル、契約数は二二・七億契約に達すると推定されています（図1・7・1）。

市場の拡大が予想される中、日本でも定額動画配信サービスの利用者獲得競争が激しさを増しています。日本ではネットフリックスやアマゾン・プライム・ビデオのサービスが始まった一五年は、**定額動画配信サービス元年**と呼ばれました。図1・7・2は一部有力事業者のサービスを一覧にしたものです。

まず、**ネットフリックス**（5 - 7節）ですが、こちらはオンラインのDVDレンタル事業を手掛けて大成功した企業です。このネットフリックスが米国で動画配信に進出したのは〇七年のことでした。価格は定額七・九九ドルで見放題というもので、これがおおいに受けました。日本では月額八〇〇円*からサービスを受けられます。

一方、アマゾンでは、商品の翌日配送サービスが受けられるアマゾン・プライム（年会費四九〇〇円）に加入すると、**アマゾン・プライム・ビデオ**のサービスを受け

用語解説

＊**SVOD**　Subscription Video on Demandの略。
＊**月額800円**　画質によって価格が異なる。800円はベーシックプランで、スタンダードが1200円、プレミアムが1800円となっている。

世界の動画配信売上高・契約数の推移および予測（図 1.7.1）

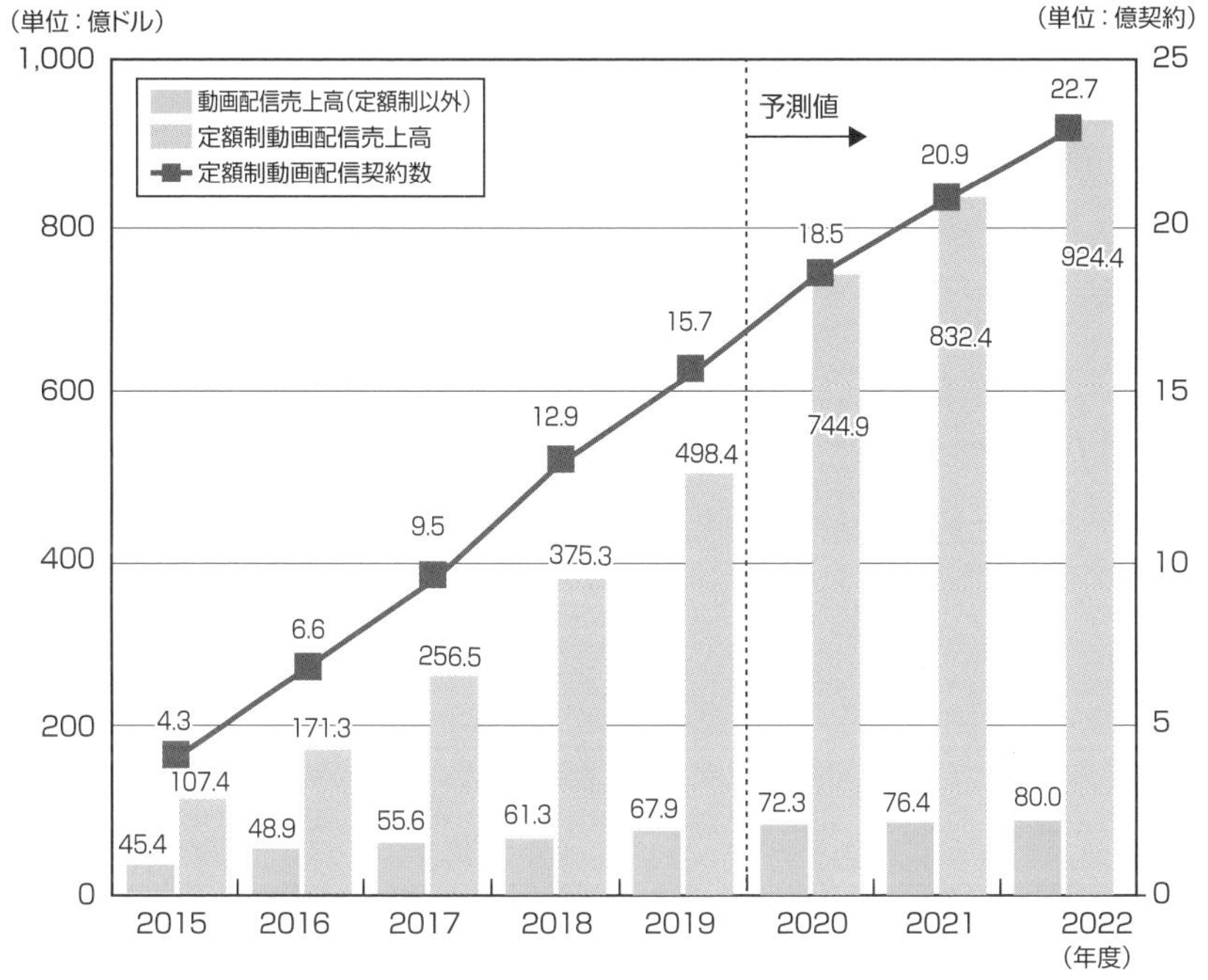

出典：総務省『情報通信白書2020』

られ仕組みになっています。

また、この二社よりも先に日本上陸を果たしたのは**フールー**（Hulu）で、一一年にサービスをスタートしました。同社は米国のテレビ放送局であるNBC、ABC、FOXなどが〇七年に共同で設立した定額動画配信です。一四年には日本テレビが同社の日本事業の継承を発表し、業界を驚かせました。

日本勢も交えて競争は熾烈に

フールーのように日本企業が運営する定額動画配信も利用者拡大に余念がありません。NTTドコモとエイベックスが展開する**dTV**は、スマホユーザーをターゲットにしたもので、月額五〇〇円を支払うと映画やドラマ、アニメが見放題に

有力事業者のサービス概要（図 1.7.2）

サービス名	事業者	概要
Netflix	ネットフリックス	800円〜。 DL(ダウンロード)あり。 アメリカ最大手のSVOD事業者。2020年の新型コロナの巣ごもり消費で、会員を大幅に伸ばす。
Amazon Prime Video	アマゾン	年額4900円(税込)。 DLあり。 アマゾンのプライム会員になると、動画配信サービスを受けられる。年会費払いだと月額400円程度になる。
Hulu	HJホールディングス	1026円(税込)。 DLあり。 日本テレビグループの企業が運営する。そのため日本や海外のテレビドラマに強い。
dTV	ドコモ	500円。 DLあり。 月額500円で12万作品が見放題になる。ドコモのケータイ回線がなくても利用できる。
U-NEXT	U-NEXT	1990円。 DLあり。 見放題の作品数19万本が大きな売りになっている。月額1990円ながら毎月ポイントがつく。

※価格はアマゾン以外月額。表記がないものは税抜価格。

なります。U・NEXTは、USEN系の定額制動画配信サービスで、見放題の作品が一九万本以上というそのボリュームが大きな売りになっています。

これらのサービスは、テレビはもちろんのこと、スマホやタブレットでも視聴できます。従来の地上波放送や衛星放送にとって、定額動画配信は大きな脅威だと言えます。そのため、日本のテレビ局も、独自の動画配信や業界を挙げたサービスを展開しています(第5章)。誰が市場の勝者になるのか、状況は混沌としています。

8

テレビ放送は新4K8Kへ

いまテレビ映像は、ハイビジョン（2K）のさらに上をいく画質をもつスーパー・ハイビジョン（4K8K）の時代に突入しました。しかし、それはあくまでも衛星放送の話であり、地上波放送では実現の可能性が研究されている段階で、多くの課題が残っています。

スーパー・ハイビジョン時代の到来

〇六年、国際電気連合（ITU*）では、現行のハイビジョンを越える画質をもつテレビ放送、いわゆるスーパー・ハイビジョンの規格を標準化しました。この規格には4Kと8K*の二種類があります。

現行のハイビジョンは2Kに相当し、その画質は約二〇〇万画素あります。これに対して4Kの画質は2Kの四倍で、約八〇〇万画素となっています（図1・8・1）。

2Kが三二インチ程度の画面サイズを想定しているのに対して、4Kでは五〇インチ程度の画面サイズでも美しい映像を表現できます。

また、4Kのさらに上をいく8Kでは、2Kの一六倍の画質をもち、画素数は三三〇〇万画素にもなります。これほどの画素数であれば、一〇〇インチの画面にも美しい映像を表示できます。

一五年にはスカパーJSATやNTTぷらら「ひかりTV」、ケーブルテレビ局などにおいて4Kの実用放送が始まりました。

また、一六年には日本放送協会がBS放送による4K8Kの試験放送を実施し、リオデジャネイロ・オリン

用語解説

* ITU　International Telecommunication Unionの略。国際電気通信連合。国際連合の下部機関で電気通信技術に関する世界標準の策定を行う。
* 4Kと8K　規格名につく「K」は「キロ」のことで「1000」を意味する。

ピック・パラリンピックの映像を提供しました。

さらに、一八年一二月からはBS右旋、一一〇度CS左旋＊で4Kの実用衛星放送、BS左旋で4K8Kの実用衛星放送が実施されました。これらは従来の4K8K衛星放送と区別して、**新4K8K衛星放送**と呼ばれています。

4Kテレビは累計で七九〇万台に

これに合わせて、国内の**4Kテレビ**の出荷台数も右肩上がりで上昇しています(図1・8・2)。電子情報技術産業協会＊によると、一五年の薄型テレビ出荷台数は五一二万二〇〇〇台で、そのうち4Kテレビの出荷台数は六三万台、割合にして一二・三%でし

2K・4K・8Kの違い（図1.8.1）

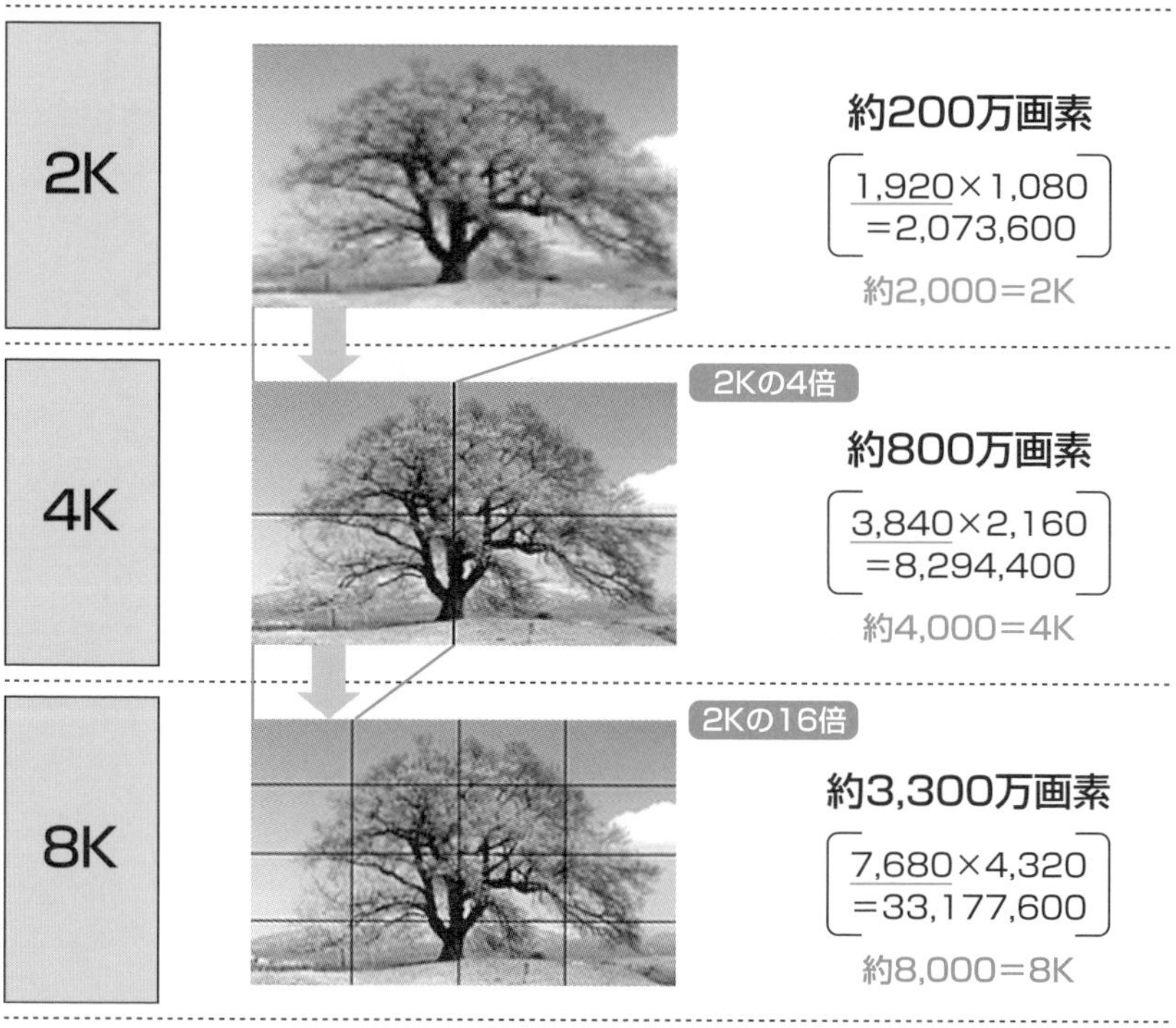

出典：総務省「4K・8Kの取り組みについて」

用語解説

＊**110度CS左旋**　従来BSと110度CSは右旋(右回り)で電波を送っていた。これを左旋(左回り)で送出すると、右旋と同じ帯域を新たに使用できる。

＊**電子情報技術産業協会**　民生用電子機器国内出荷統計。https://www.jeita.or.jp/japanese/stat/shipment/

4Kと薄型テレビの出荷台数（図 1.8.2）

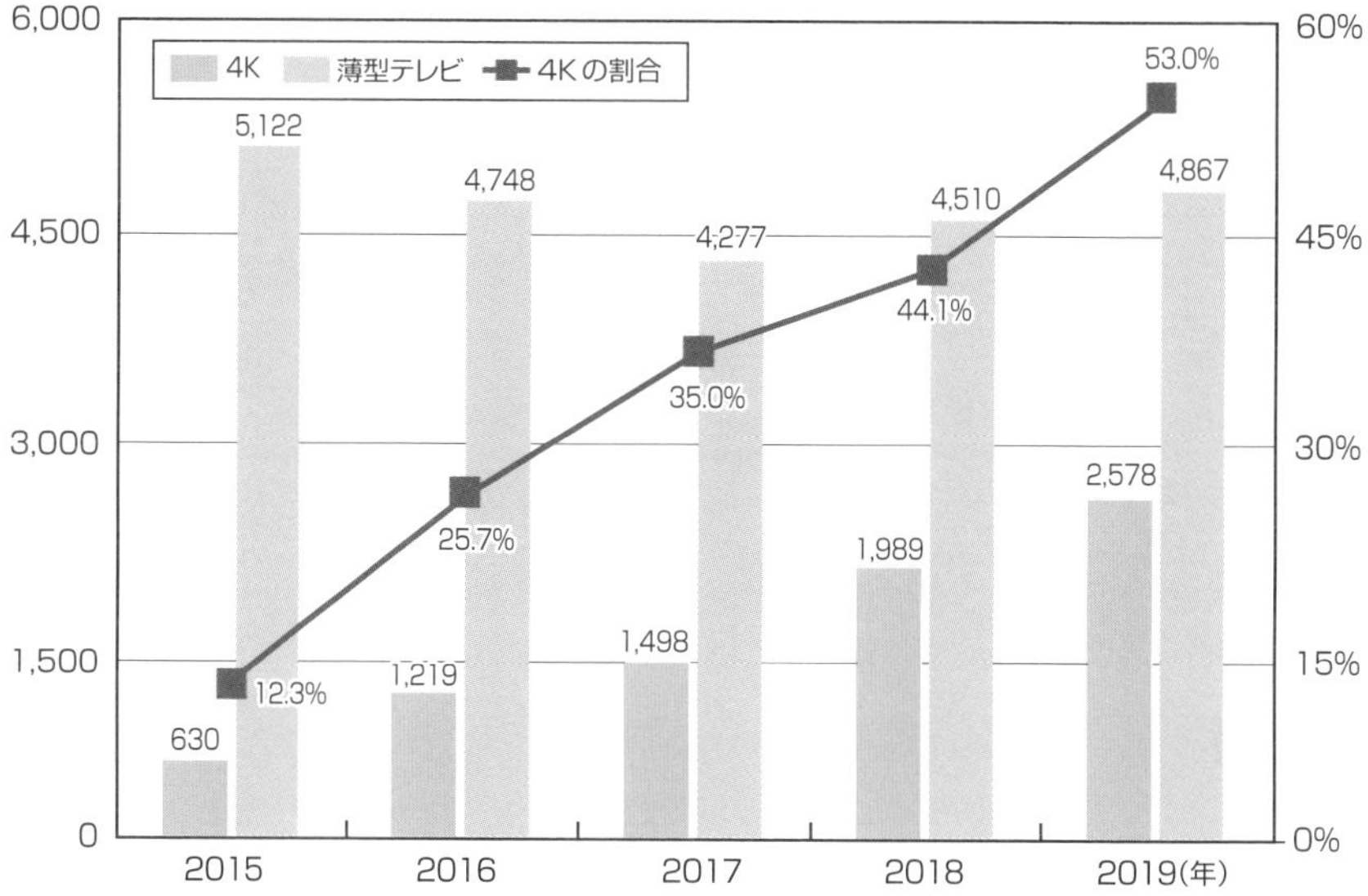

出典：電子情報技術産業協会

た。これが一九年になると、薄型テレビ四八六万七〇〇〇台のうち、4Kテレビ**二五七万八〇〇〇台**と、半数を上回る**五三・〇%**に上昇しています。累計で見ても、4Kテレビは**七九〇万台以上**に達しています。4Kテレビが一九年に二五〇万台以上も増えたのは、延期になったオリンピック需要によるものでしょう。

もっとも、現在のところ、4K8Kが視聴できるのは衛星放送を通じてのことです。地上波放送は研究段階であって、普及の見通しはまだ立っていません。それというのも、地上波放送を4K8K化するには、莫大な設備投資が必要になるからです。しかし民間放送事業者の場合、映像を高精細化したからといって、それだけ多くの広告料を得られるわけではありません。

とはいえ、衛星放送や動画配信の高精細化が今後進めば、地上波放送も何らかの対応を取らざるを得なくなるでしょう。このように、4K8Kは実は民間放送事業者にとって頭の痛いテーマでもあるわけです。

9 タイムシフト視聴率と総合視聴率

従来のテレビ視聴率調査はリアルタイム視聴を対象にしていました。これに対してタイムシフト視聴率と総合視聴率という新しい指標が一六年より加わりました。背景にはテレビ視聴のスタイルが従来と大きく変わってきている点があります。タイムシフト視聴ではドラマが断然人気です。

タイムシフト視聴率という新たな指標

従来のテレビ視聴率調査には世帯視聴率と個人視聴率がありました(4-9節、4-10節)。いずれもテレビのリアルタイム視聴を調査するものでした。

一方、一六年一〇月、東京の九〇〇世帯を対象に行われたテレビの視聴率調査は、従来の調査と大きな違いがありました。従来リアルタイムでの調査だったのが、この調査では従来の調査に加えて、放送後に視聴した**タイムシフト視聴率**も調査対象に入れることになりました。

タイムシフト視聴率調査とは、放送から七日以内(一六八時間内)に視聴したテレビ番組について調査するものです。

具体的には、調査対象世帯が、例えばテレビのハードディスクに保存してあった番組を七日以内に視聴したら、タイムシフト視聴率のポイントが加算されるというものです。

また、タイムシフト視聴率が加わることで、新たに**総合視聴率**も公表されることになりました。こちらはリアルタイム視聴率とタイムシフト視聴率から重複分を差し引いた視聴率です(図1・9・1)。

視聴率・タイムシフト視聴率・総合視聴率の関係（図 1.9.1）

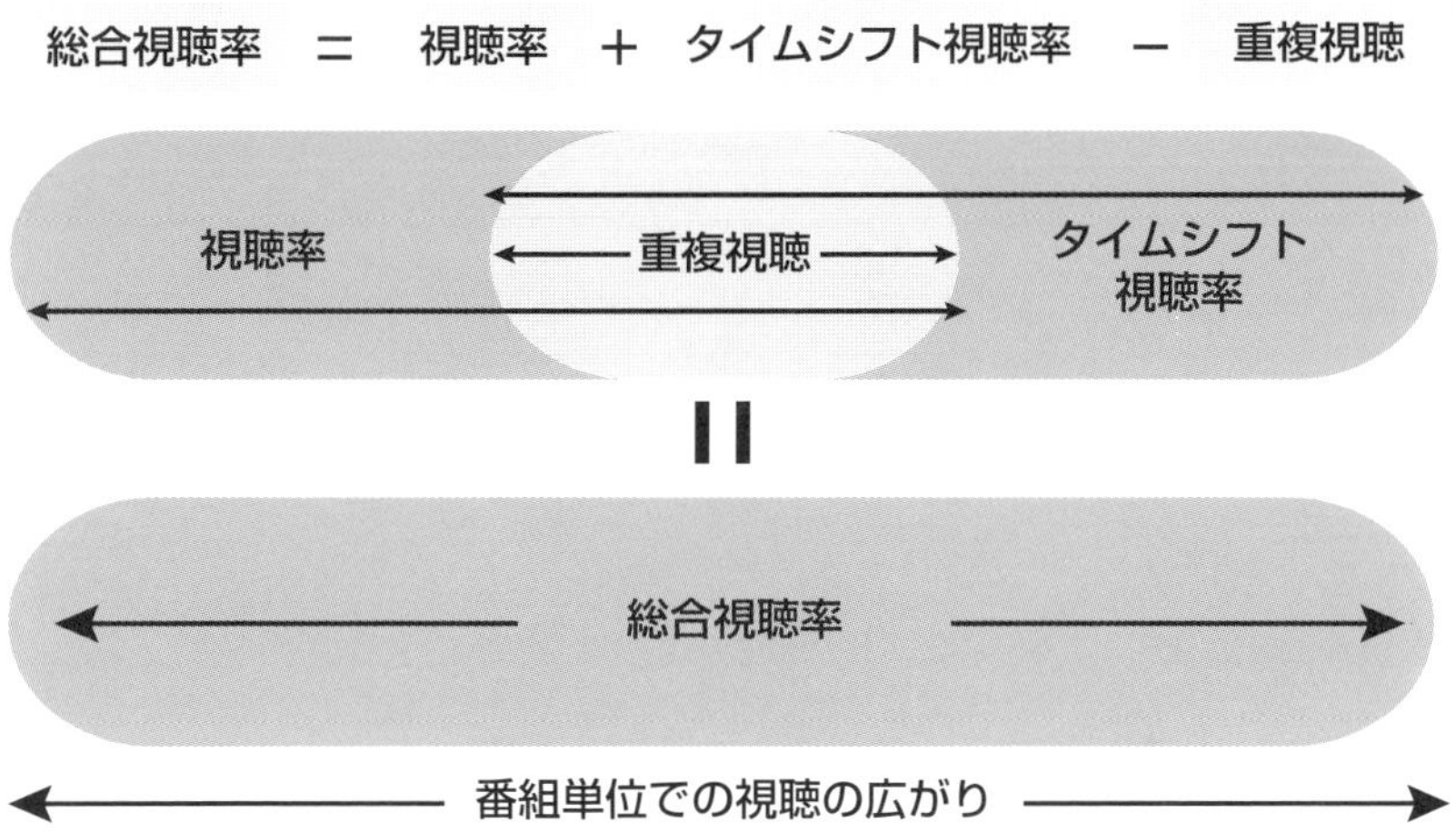

出典：「電通報」2017年5月26日を基に作成。

テレビドラマはタイムシフトで見る？

例えば、ビデオリサーチ社による二〇年八月第五週のタイムシフト視聴率トップ一〇を見てみましょう（図図1・9・2）。これによると、タイム視聴率のトップはTBSの「日曜劇場・半沢直樹」で**一五・八％**でした。世帯視聴率は**二四・七％**で、総合視聴率は**三七・〇％**でした。

この場合、総合視聴率から世帯視聴率を引くと、一二％以上の世帯で、番組をリアルタイム視聴ではなくタイムシフト視聴していたことになります。つまり、タイムシフト視聴率により、番組を実際に見た人の割合をより細かく把握できるわけです。

さらに、タイムシフト視聴率トップ一〇を見ると、ランクインしている番組が、すべてドラマになっていることがわかります。他の週でも多くがこの傾向にあります。これに対して総合視聴率になると、バラエティや報道番組もランクインしますから、ドラマがタイムシフト視聴に馴染みやすい放送コンテンツであることがわかるでしょう。

タイムシフト視聴率（世帯）上位10番組の一例（図1.9.2）

■ドラマ　★バラエティー　2020年8月24日（月）～30日（日）

順位		番組名	視聴率（%）	タイムシフト視聴率（%）	総合視聴率（%）	放送日	放送局	曜日	放送開始	放送分数
1	■	日曜劇場・半沢直樹	24.7	15.8	37.0	2020年8月30日	TBS	日	21:00	54
2	■	火曜ドラマ・私の家政夫ナギサさん	16.7	13.2	27.6	2020年8月25日	TBS	火	22:00	57
3	■	金曜ドラマ・MIU404	11.3	12.3	22.2	2020年8月28日	TBS	金	22:00	54
4	■	木曜劇場・アンサング・シンデレラ病院薬剤師の処方箋	9.3	9.6	17.9	2020年8月27日	フジテレビ	木	22:00	54
5	■	私たちはどうかしている	8.2	7.9	15.3	2020年8月26日	日本テレビ	水	22:00	60
6	■	SUITS／スーツ2	7.1	7.0	13.5	2020年8月24日	フジテレビ	月	21:00	54
7	■	親バカ青春白書	8.3	6.6	14.2	2020年8月30日	日本テレビ	日	22:30	55
8	■	未満警察ミッドナイトランナー	9.7	6.4	15.3	2020年8月29日	日本テレビ	土	22:00	54
9	■	麒麟がくる	14.6	6.4	20.3	2020年8月30日	NHK総合	日	20:00	43
10	■	木曜ドラマ・未解決の女警視庁文書捜査官	12.1	5.9	17.4	2020年8月27日	テレビ朝日	木	21:00	54

出典：ビデオリサーチ

第2章

地上放送のキープレイヤーとその動向

放送業界のキープレイヤーは何といっても地上テレビ放送でしょう。ここでは地上テレビ放送業界を中心にその現況と動向についてふれたいと思います。特に民間のテレビ局では認定放送持株会社の設立により、そのぶん経営動向が見えにくくなっています。その点も念頭に置いた解説に配慮したいと思います。

地上テレビ放送の利益の仕組み

1

地上テレビ放送の収益源は「受信料収入」と「広告収入」に大別できます。前者の受信料を収益の柱にしているのがＮＨＫで、後者の広告を収益の柱にしているのが民間テレビ局*です。放送事業の頭打ちは民間テレビ局の低迷にあるようです。

利益確保のための手法「受信料」と「広告収入」

ＮＨＫは私たちが支払う**受信料**によって支えられています。放送法の中には「協会の放送を受信することのできる受信設備を設置した者は、協会とその放送の受信についての契約をしなければならない」（第六四条一項）と記してあり、これが受信料の根拠になっています。

なお余談ながら、この法律が決めるところでは、仮にＮＨＫをまったく視聴する意志がなくても、放送の受信を目的にテレビを設置するだけで、受信料支払いの契約義務が生じることになります。

一方、受信料収入ではなく、広告を収入の柱にしているのが民間地上放送の特徴です。この広告費と日本の**国内総生産（ＧＤＰ*）**には面白い関係があります。

図２・１・１は、ドルベースで見た日本と諸外国の**名目ＧＤＰ***の長期推移を見たものです。驚くのは日本の名目ＧＤＰが五兆ドル前後に張り付いたままでほとんど成長していない点です。他国の経済成長と比較すると、その異常さが一目瞭然になるでしょう。

それはともかく、図２・１・２は、日本の総広告費と名目ＧＤＰに占める割合を示したものです。日本の広告費が〇八年以降、大きく落ち込むのは、リーマンショックの影響です。このように日本の総広告費は、名目ＧＤＰの一・一七％から一・三二％程度、平均すると

用語解説

＊**民間テレビ局**　厳密には**民間地上テレビ放送局**の略称。以下、この略称や**民放**と記した場合、特に注記がなければ民間地上テレビ放送局を指す。

＊**GDP**　Gross Domestic Productの略。一定期間（通常は1年間）に国内で生産された付加価値の合計額。

世界各国・地域の名目 GDP の推移（図 2.1.1）

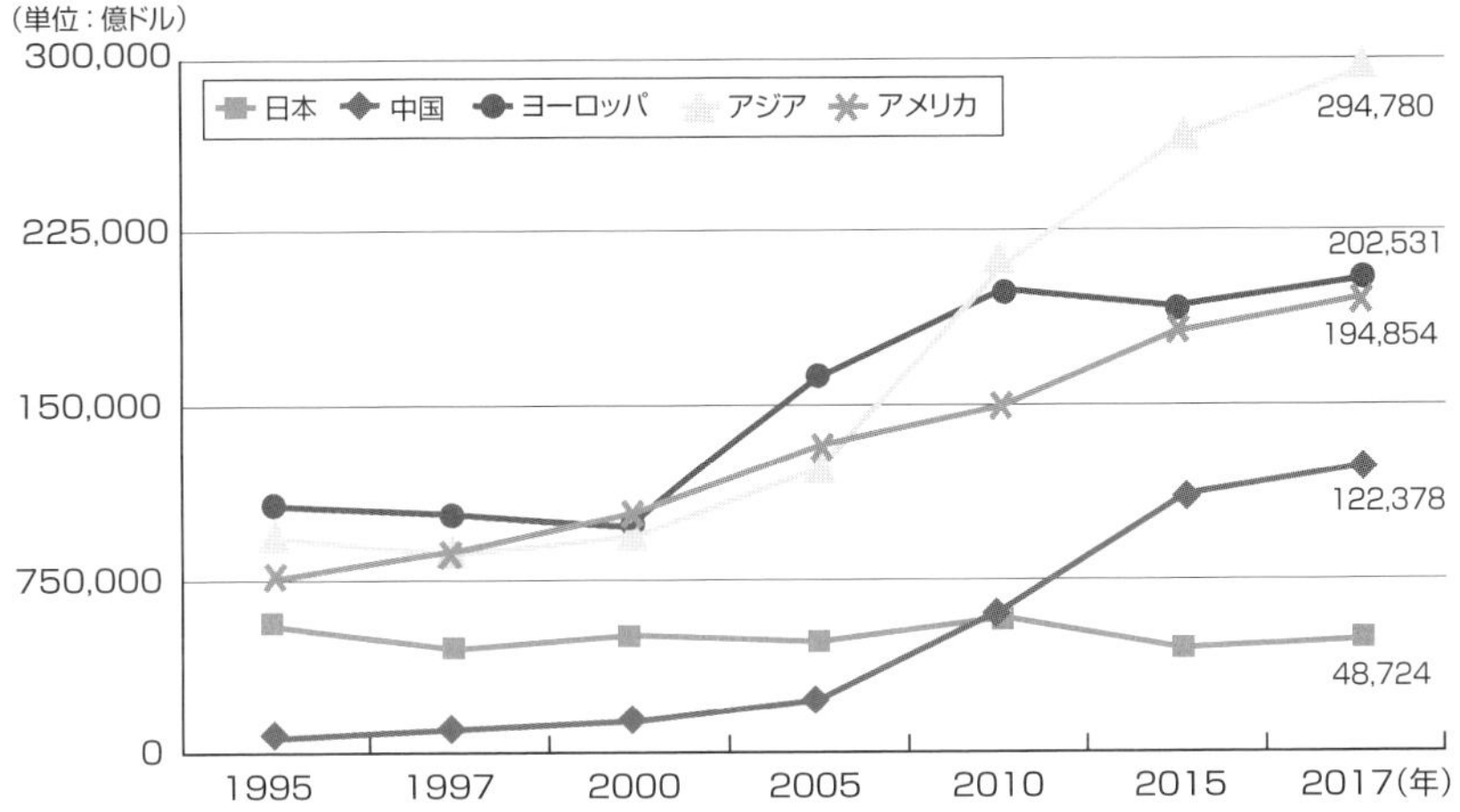

出典：国連（https://unstats.un.org/unsd/snaama/Basic）

日本の総広告費と名目 GDP に占める割合（図 2.1.2）

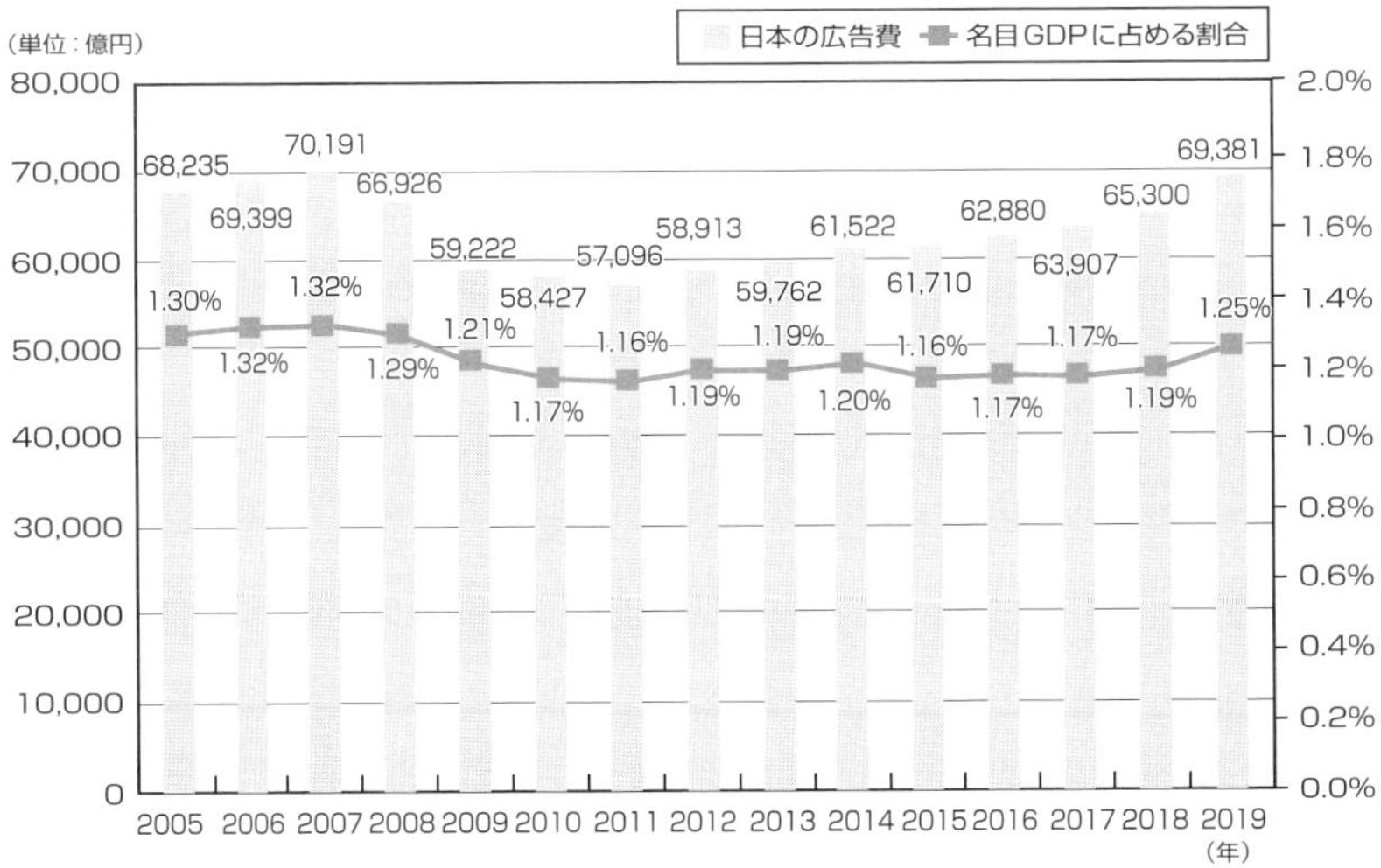

用語解説

＊**名目GDP**　物価上昇率を勘案しない国内総生産。物価上昇分を差し引いたものを**実質GDP**と呼ぶ。

一・二三％程度になります。

仮に経済が順調に成長し、国内GDPの一・二三％を維持していたら、国内経済に負うところの大きい広告市場も順調に成長したでしょう。ところが先に見たように、日本経済は長期間停滞したままです。その結果、日本の総広告費も、リーマンショック前に回復していないのが現状です*。

このような構図が、広告収入に依存する民間地上放送局にダイレクトに影響を及ぼしています。例えば東京キー局の場合、売上全体の四分の三をテレビ広告収入が占めます。したがって、広告収入の高低が民間地上テレビ局の経営を左右します。

テレビ広告費は微増、総広告費の四分の一に

図2・1・3は、日本の地上テレビ広告費の推移を〇五年から見たものです*。

〇五年には二兆四一一億円あった地上テレビ広告費ですが、〇九年には一兆七一三九億円まで激減しました。以後、年によってばらつきはあるものの、広告収入は基本的に増加傾向で推移しますが、一六年の一兆八三七四億円をピークに、減少へと反転し、一九年は**一兆七三四五億円**と、一〇年の規模まで縮小してしまいました。

一方、日本の総広告費に占める地上テレビ広告費の割合は、二八％台から三〇％台で推移してきました（グラフの折れ線）。ところが直近の一九年では**二五・〇％**と、大きくシェアを落としています。

環境が大きく変化する中で

気になるのは、日本の名目GDPが伸び悩む中、国内経済に負うところの大きい広告市場で、地上テレビ広告のシェアが低下していることです。しかも新型コロナショックがこの状況に追い打ちをかけ、先行きが非常に懸念されます。

また、インターネットの進展や、それに伴った定額動画配信サービス（1-7節）の台頭、若年層のテレビ離れ（4-3節）など、地上テレビ放送を取り巻く環境は厳しさを増していると言わざるを得ません。

以下、本章では地上テレビ放送を中心に、その経営の現状について見ていくことにしましょう。

用語解説

*…**現状です**　これは広告業界に限らず、国内経済に依存する全産業に基本的に共通する。ただし、デフレ経済やインバウンドに上手に対応した業界や企業はその限りではない。

*…**見たものです**　衛星メディア関連の広告費は含まれていない。

地上テレビ広告費と総広告費に占める割合の推移（図 2.1.3）

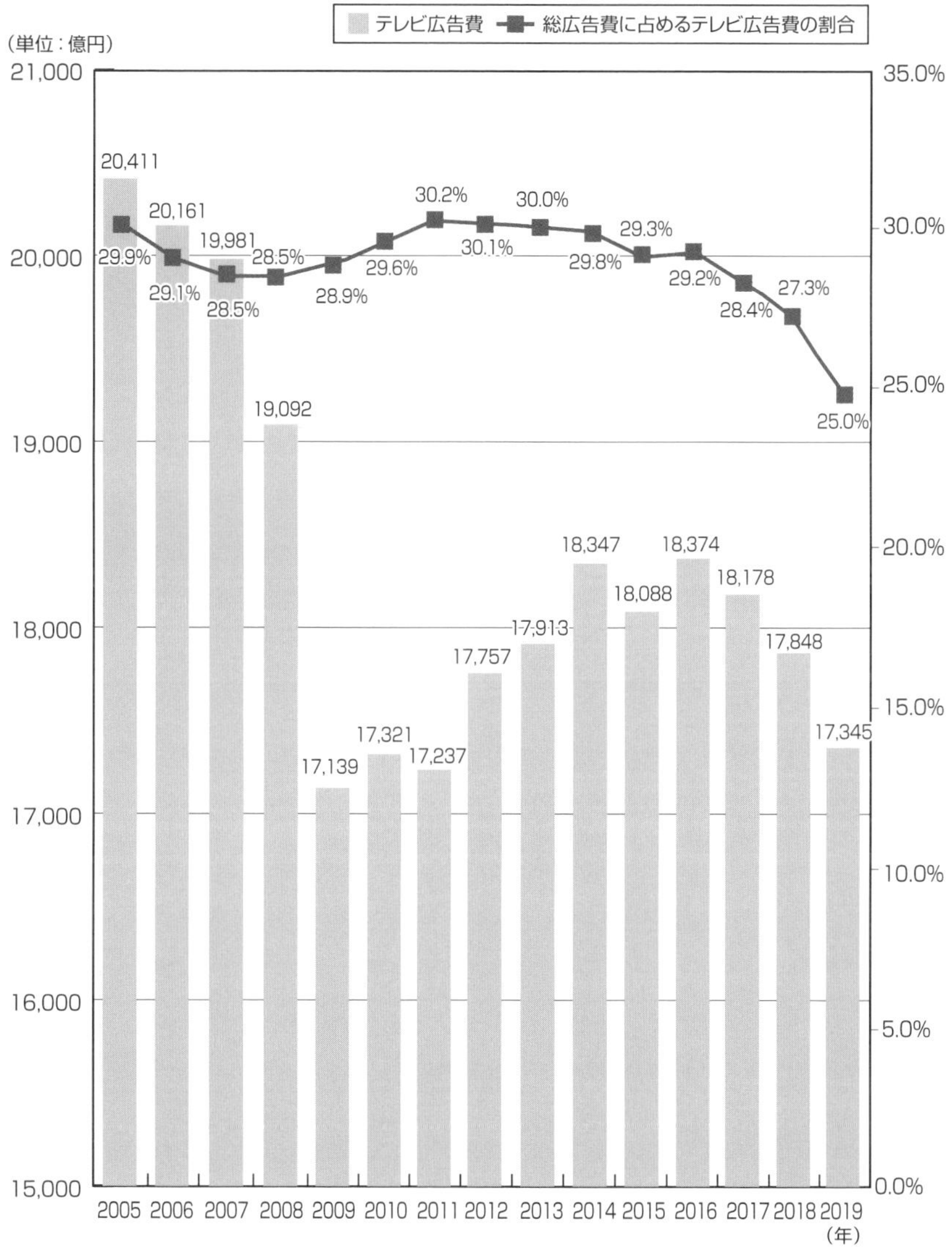

出典：電通「日本の広告費」（各年）他をもとに作成

2 ネットワーク：民間テレビ局の系列とは

地上波を利用する民間テレビ放送では、東京を拠点とする放送局によって、地方の放送局がネットワークされています。そして、このネットワーク系列を通じて、全国各地に同じ番組、同じ広告を提供できるようになっています。

ネットワークとは何か

現在、日本の民間テレビ放送では、東京を拠点とするテレビ局を中心に、日本全国にあるテレビ局（**ローカル局**）を**ネットワーク**して、番組を提供しています。**キー局**という言葉をよく聞くと思いますが、これはネットワークの中心となる東京を拠点とするテレビ局のことを指します。また、関西を拠点とするテレビ局のことを**準キー局**と呼びます。

テレビ放送では、原則として県域が放送エリアとなっています。例えば、富山県にあるテレビ局は、富山県内を放送の対象とします。

一方、関東、関西、および中部地方は例外になっています。関東の場合、東京・群馬・栃木・茨城・埼玉・千葉・神奈川を放送エリアにすることが認められています。また、関西の場合は、大阪・滋賀・京都・奈良・兵庫・和歌山、中部は愛知・岐阜・三重が、それぞれ放送エリアになります。

このように、関東や関西では、一つのテレビ局で複数エリアに放送できるのですが、全国レベルで見ると、一つのテレビ局が、日本の津々浦々まで放送できるわけではありません。

そこで考え出されたのが**ネットワーク協定**です。これは、東京のテレビ局が地方のテレビ局と協定を結び、キー局を中心にして全国各地に同じ番組、同じ広告を提供するものです。

民間テレビ放送のネットワーク系列（図 2.2.1）

	JNN(28局)	NNN(30社)	FNN(28社)	ANN(26社	TXN(6社)	独立協(13社)
北海道	北海道放送 HBC	札幌テレビ放送 STV	北海道文化放送 UHB	北海道テレビ放送 HTB	テレビ北海道 TVH	
青森	青森テレビ ATV	青森放送 RAB		青森朝日放送 ABA		
岩手	IBC岩手放送 IBC	テレビ岩手 TVI	岩手めんこいテレビ MIT	岩手朝日テレビ IAT		
宮城	東北放送 TBC	宮城テレビ放送 MMT	仙台放送	東日本放送 KHB		
秋田		秋田放送 ABS	秋田テレビ AKT	秋田朝日放送 AAB		
山形	テレビユー山形 TUY	山形放送 YBC	さくらんぼテレビジョン SAY	山形テレビ YTS		
福島	テレビユー福島 TUF	福島中央テレビ FCT	福島テレビ FTV	福島放送 KFB		
東京	TBSテレビ TBS	日本テレビ放送網 NTV	フジテレビジョン	テレビ朝日	テレビ東京	東京メトロポリタンテレビジョン TOKYO MX
群馬						群馬テレビ GTV
栃木						とちぎテレビ GYT
茨城						
埼玉						テレビ埼玉 TVS
千葉						千葉テレビ放送 CTC
神奈川						テレビ神奈川 TVK
新潟	新潟放送 BSN	テレビ新潟放送網 TeNY	新潟総合テレビ NST	新潟テレビ21 UX		
長野	信越放送 SBC	テレビ信州 TSB	長野放送 NBS	長野朝日放送 ABN		
山梨	テレビ山梨 UTY	山梨放送 YBS				
静岡	静岡放送 SBS	静岡第一テレビ SDT	テレビ静岡 SUT	静岡朝日テレビ SATV		
富山	チューリップテレビ TUT	北日本放送 KNB	富山テレビ放送 BBT			
石川	北陸放送 MRO	テレビ金沢 KTK	石川テレビ放送 ITC	北陸朝日放送 HAB		
福井		福井放送 FBC	福井テレビジョン放送 FTB	福井放送 FBC		
愛知	CBCテレビ	中京テレビ放送 CTV	東海テレビ放送 THK	名古屋テレビ放送	テレビ愛知 TVA	
岐阜						岐阜放送 GBS
三重						三重テレビ放送 MTV
大阪	毎日放送 MBS	読売テレビ YTV	関西テレビ放送 KTV	朝日放送テレビ ABC	テレビ大阪 TVO	
滋賀						びわ湖放送 BBC
京都						京都放送 KBS
奈良						奈良テレビ放送 TVN
兵庫						サンテレビジョン SUN
和歌山						テレビ和歌山 WTV
鳥取	山陰放送 BSS	日本海テレビ NKT				
島根			山陰中央テレビ TSK			
岡山	RSK山陽放送 RSK		岡山放送 OHK		テレビせとうち TSC	
香川		西日本放送 RNC		瀬戸内海放送 KSB		
徳島		四国放送 JRT				
愛媛	あいテレビ ITV	南海放送 RNB	テレビ愛媛 EBC	愛媛朝日テレビ EAT		
高知	テレビ高知 KUTV	高知放送 RKC	高知さんさんテレビ KSS			
広島	中国放送 RCC	広島テレビ放送 HTV	テレビ新広島 TSS	広島ホームテレビ HOME		
山口	テレビ山口 TYS	山口放送 KRY		山口朝日放送 YAB		
福岡	RKB毎日放送 RKB	福岡放送 FBS	テレビ西日本 TNC	九州朝日放送 KBC	TVQ九州放送 TVQ	
佐賀			サガテレビ STS			
長崎	長崎放送 NBC	長崎国際テレビ NIB	テレビ長崎 KTN	長崎文化放送 NCC		
熊本	熊本放送 RKK	熊本県民テレビ KKT	テレビ熊本 TKU	熊本朝日放送 KAB		
大分	大分放送 OBS	テレビ大分 TOS	テレビ大分 TOS	大分朝日放送 OAB		
宮崎	宮崎放送 MRT	テレビ宮崎 UMK	テレビ宮崎 UMK	テレビ宮崎 UMK		
鹿児島	南日本放送 MBC	鹿児島讀賣テレビ KYT	鹿児島テレビ放送 KTS	鹿児島放送 KKB		
沖縄	琉球放送 RBC		沖縄テレビ放送 OTV	琉球朝日放送 QAB		

（点線枠）クロスネット社

（2020年10月1日現在）

出典：日本民間放送連盟

ワンポイントコラム

【ローカルエリア内限定の放送】 地方独自の番組を、地方の放送エリアのみで提供する場合もある。これは、ローカル局が作成した番組をエリア内のみで放送するケースだ。ローカル局の独自色を打ち出すには、今後このような展開が欠かせない。

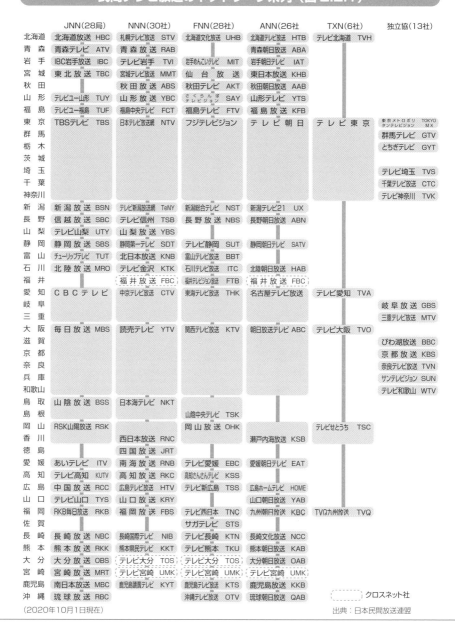

民間テレビ放送局のネットワーク

民間テレビ放送局のキー局には現在、**日本テレビ放送網**、**TBSテレビ**、**フジテレビ**、**テレビ朝日**、**テレビ東京**の5局があります。そして、**NNN**（日本テレビ系列／三〇社）、**JNN**（TBS系列／二八社）、**FNN**（フジテレビ系列／二八社）、**ANN**（テレビ朝日系／二六社）、**TXN**（テレビ東京系列／六社）、以上五つのネットワークを形成しています（図2・2・1）。

通常、ネットワーク協定では、**業務協定**と**ニュース協定**を結びます。

業務協定とは、ネットワーク・タイムを設定し、その時間帯はキー局が優先的に番組を編成するとともに、営業面でのセールスの方法や一括契約の場合のネットワーク配分金などについて定めたものです。

一方、**ニュース協定**とは、ニュースおよび報道番組の共同編成、共同制作、共同分担を取り決めたものです。例えば、他系列にはニュースを提供しないなどはその一例です。したがって、キー局にとってネットワークは、同一番組や広告を日本全国に流すためのみならず、**地域ニュース**を取材するための組織網でもあるわけです。

なお、これら五つのネットワークのいずれにも属さないテレビ局もあります。これらの放送局は、複数エリアへの放送が認められている関東地方、中部地方、関西地方に集中しています。こうしたテレビ局を**独立局**と呼びます。例えば、関西エリアだと、びわ湖放送（滋賀県）、京都放送、奈良放送、サンテレビジョン（兵庫県）、和歌山放送があります。

ネットワークにおける番組放送

ネットワークを通じて番組を放送する場合、次のような手順を踏みます。

まず、東京にあるキー局が自社のエリア向けに番組を放送します。同時にこの番組は、**マイクロ波中継**という無線通信によって全国のテレビ局へと送信されていきます。

ちなみに、このマイクロ波中継には、従来、NTTが有するシステムが利用されてきました。NTTが分割された後は、NTTコミュニケーションズがシステムの維持管理を行っています。

3 ネットワークと新聞社、そしてラジオ局

放送が普及する以前、最大の言論機関として新聞がその役目を任じていました。一方、民間による放送という新たな媒体が立ち上がる際、新聞社も一斉に出資して、言論機関としての機能を放送でも発揮しようとしました。こうして、新聞社と放送局の結び付きは、現在も色濃く残っています。

ネットワークと新聞社の結び付き

民間テレビ放送のネットワークは、新聞社と深く結び付いています。ネットワーク系列別に見ると、新聞社とテレビ局には次のような関係が見て取れます。

- 日本テレビ系列・・・読売新聞
- フジテレビ系列・・・産経新聞
- テレビ朝日系列・・・朝日新聞
- TBS系列・・・・・・毎日新聞
- テレビ東京系列・・・日本経済新聞

ローカル局でも新聞社との結び付きの濃いところが多数あります。中でも興味深いのが、中京エリアにおける**中日新聞**の存在です。

中京エリアには、CBCテレビ、中京テレビ放送、東海テレビ放送、名古屋テレビ放送、テレビ愛知の五社があります。CBCテレビはかつてラ・テ兼営の**中部日本放送**でしたが、同社は一四年に**認定放送持株会社**（1-6節）に移行しました。筆頭株主は中日新聞です。CBCテレビは同社の子会社になります。

また中日新聞は、東海放送（筆頭株主は東海ラジオで、東海ラジオの筆頭株主は中日新聞社のため、実質

民間ラジオ放送局のネットワーク系列（図 2.3.1）

	JRN(34社)	NRN(40社)	JFN(38社)	JFL(5社)	MEGA-NET(3社)	その他	
北海道	北海道放送	北海道放送/STVラジオ	エフエム北海道	エフエム・ノースウェーブ			
青森	青森放送	青森放送	エフエム青森				
岩手	IBC岩手放送	IBC岩手放送	エフエム岩手				
宮城	東北放送	東北放送	エフエム仙台				
秋田	秋田放送	秋田放送	エフエム秋田				
山形	山形放送	山形放送	エフエム山形				
福島	ラジオ福島	ラジオ福島	エフエム福島				
東京	TBSラジオ	文化放送/ニッポン放送	エフエム東京	J-WAVE	InterFM897	日経ラジオ社	
群馬			エフエム群馬				
栃木		栃木放送	エフエム栃木				
茨城		茨城放送					
埼玉							FM NACK5
千葉							ベイエフエム
神奈川						RFラジオ日本	横浜エフエム放送
新潟	新潟放送	新潟放送	エフエムラジオ新潟				新潟県民エフエム放送
長野	信越放送	信越放送	長野エフエム放送				
山梨	山梨放送	山梨放送					エフエム富士
静岡	静岡放送	静岡放送	静岡エフエム放送				
富山	北日本放送	北日本放送	富山エフエム放送				
石川	北陸放送	北陸放送	エフエム石川				
福井	福井放送	福井放送	福井エフエム放送				
愛知	CBCラジオ	東海ラジオ放送	エフエム愛知	ZIP-FM	Radio NEO		
岐阜			エフエム岐阜			岐阜放送	
三重			三重エフエム放送				
大阪	毎日放送/朝日放送ラジオ	毎日放送/朝日放送ラジオ/大阪放送	エフエム大阪	FM802※	FM COCOLO※		
滋賀			エフエム滋賀				
京都		京都放送					エフエム京都
奈良							
兵庫			兵庫エフエム放送			ラジオ関西	
和歌山	和歌山放送	和歌山放送					
鳥取	山陰放送	山陰放送	エフエム山陰				
島根							
岡山	RSK山陽放送	RSK山陽放送	岡山エフエム放送				
香川	西日本放送	西日本放送	エフエム香川				
徳島	四国放送	四国放送	エフエム徳島				
愛媛	南海放送	南海放送	エフエム愛媛				
高知	高知放送	高知放送	エフエム高知				
広島	中国放送	中国放送	広島エフエム放送				
山口	山口放送	山口放送	エフエム山口				
福岡	RKB毎日放送	九州朝日放送	エフエム福岡	CROSS FM	ラブエフエム国際放送		
佐賀			エフエム佐賀				
長崎	長崎放送	長崎放送	エフエム長崎				
熊本	熊本放送	熊本放送	エフエム熊本				
大分	大分放送	大分放送	エフエム大分				
宮崎	宮崎放送	宮崎放送	エフエム宮崎				
鹿児島	南日本放送	南日本放送	エフエム鹿児島				
沖縄	琉球放送	ラジオ沖縄	エフエム沖縄				

※(株)FM802は、FM802とFM COCOLOを運営。

AM
(全国)
FM

出典：日本民間放送連盟

(2020年10月1日現在)

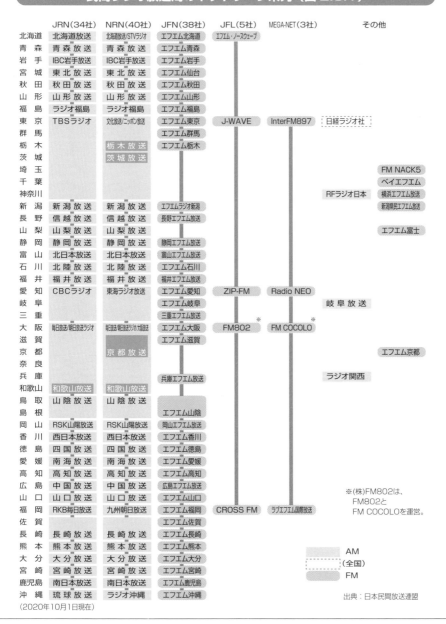

は同社が筆頭株主)、それにテレビ愛知でも株主になっています。

さらにラジオでは、放送持株会社の傘下にあるCBCラジオ、先の東海ラジオは中日新聞が筆頭株主、エフエム名古屋にも株主として登場しています。中京エリアの系列テレビ局の半数以上、愛知県の両AM局、および一FM局にも出資する中日新聞は、中京エリア最大のマスコミといえるでしょう。

ラジオ放送局のネットワーク

テレビほど強固ではありませんが、民間ラジオ放送にもネットワークが存在します。AM局が二系列、FM局が三系列です(図2・3・1)。

二つあるAM局のネットワークのうち一つは、**Japan Radio Network(JRN/三四社)**で、関東ではTBSラジオ、関西では毎日放送、朝日放送などが参加しています。

また、もう一つは、**National Radio Network(NRN/四〇社)**です。関東では文化放送、ニッポン放送、一方、関西ではここでも毎日放送、朝日放送が参加しています。

このように、ラジオ局のネットワークは、テレビ局のネットワークと違って、新聞社系列のネットワークにはなっていません。そのため、朝日放送や毎日放送のように、どちらのネットワークにも属している放送局があります。要するにネットワークの縛りが非常に緩やかで、ネットワークを組むのは、報道での取材やプロ野球中継程度です。

一方、FM局のネットワークは三つあります。最も歴史が古いのが、**全国FM放送協議会(JFN/三八社)**で、エフエム東京、エフエム大阪、エフエム愛知、エフエム福岡など、民間FM放送誕生時の四社が母体となって発足しました。

また、**ジャパンエフエムリーグ(JFL/五社)**は、J-WAVE、FM802など、比較的歴史の浅いFM局のネットワークです。

さらに、**メガロポリス・レディオ・ネットワーク(MEGA-NET)**は、InterFM897、FM COCOLO*など、外国語FM放送局で構成されるネットワークです。

用語解説
* **FM COCOLO** FM COCOLOは2012年4月1日よりFM802の外国語FM放送局となった。

4 キー局の現況と動向

民間地上テレビ放送業界で大きな力を行使するのが、東京を拠点にした五つあるネットワークの中心を占める五社のキー局です。一九年度の売上を見ると、第一位は日本テレビ、第二位がフジテレビ、第三位がテレビ朝日、第四位がTBSテレビ、そして第五位がテレビ東京の順になっています。これらキー局ではいずれも認定放送持株会社を設立しています。

日テレが民放トップ

2-2節でふれたように、現在の地上テレビ放送には五つのネットワークがあります。そして、それぞれ東京の放送局がそのネットワークの中心になっています。これを**キー局**と呼んでいます。さらに関西圏の放送局が**準キー局**、中京圏が**中京局**、残りが**ローカル局**となります。

図2・4・1と次ページの図2・4・2は、二一年度、一六年度、一九年度のキー局単体の売上と営業利益および営業利益率の推移です。ここでは参考としてNHKの数字も掲載しました。

一九年度の民間テレビ局の売上トップは日本テレビで**三〇七二億円**でした。それに続くのが売上高二五五五億円のフジテレビ、さらにテレビ朝日(二二六四億円)、TBSテレビ(二一〇三億円)、テレビ東京(一一三億円)と続きます。

各社の経営状況は悲喜こもごもと表現するのがふさわしいかもしれません。

右肩下がりで売上を落としているのが、長く業界トップの地位にあったフジテレビです。一方、そのフジテレビをかわして、業界トップのポジションについたのが日本テレビです。また、TBSテレビもさえません。業界三位のポジションをテレビ朝日に奪われてい

キー放送局の売上高推移（図 2.4.1）

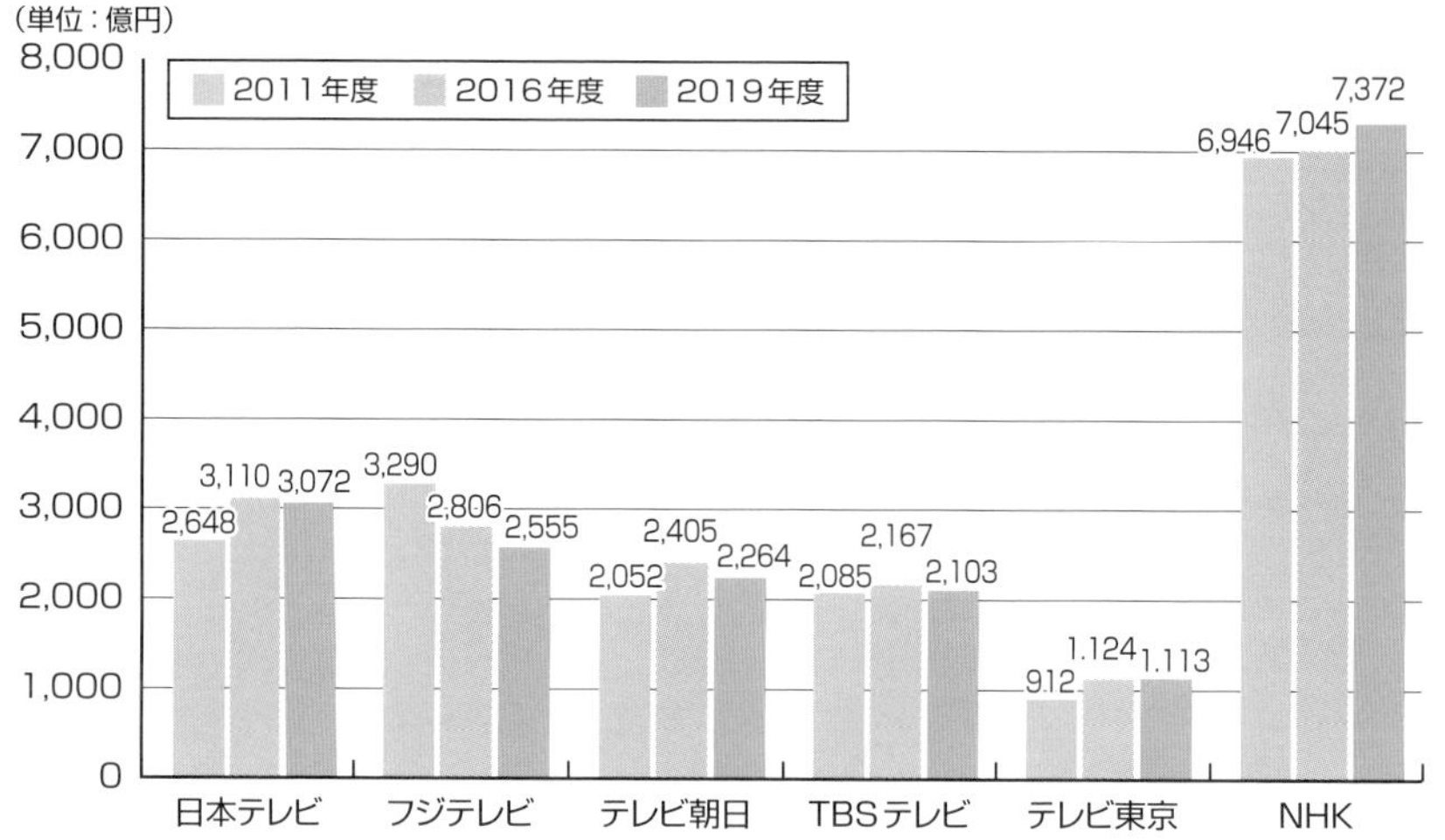

※NHKの数値は協会全体のものを用いた。 出典：各社決算短信各年度、NHK「令和元年度業務報告書」をもとに作成

までは業界四位に甘んじています。

　一方、NHKの売上高（経常事業収入*）を見ると一九年度は**七三七二億円**で民間テレビ局を大きく引き離している*のがわかります。しかも右肩上がりで業績を伸ばしているのは、NHKだけという状況になっています。

　さらに本業の儲けを示す営業利益（一九年度）を見てみましょう。こちらでは企業間の優劣がはっきりと表れています。

　営業利益の最下位は何とTBSテレビでわずか**四四億円**でした。この数字は、テレビ朝日はおろか、かつて「一番外地」とも揶揄されたテレビ東京の四九億円さえも下回ります。

　これと対照的なのが日本テレビの営業利益です。同社の営業利益は**三七三億円**になっています。また、NHKの営業収益（事業収支差金）は、日本テレビよりも少なく二二〇億円です。

コスト管理で利益を確保する

　次に営業利益率を見てみましょう（図2・4・2折れ

用語解説

＊**経常事業収入**　受信料収入のほか国際放送業務や選挙放送業務に対する国からの交付金、付帯業務による収益を合算したもの。

＊**引き離している**　ただしNHKの収益は地上テレビ放送だけに限らないので単純な比較は難しい。

キー放送局(単体)の2019年度の営業利益と営業利益率(図2.4.2)

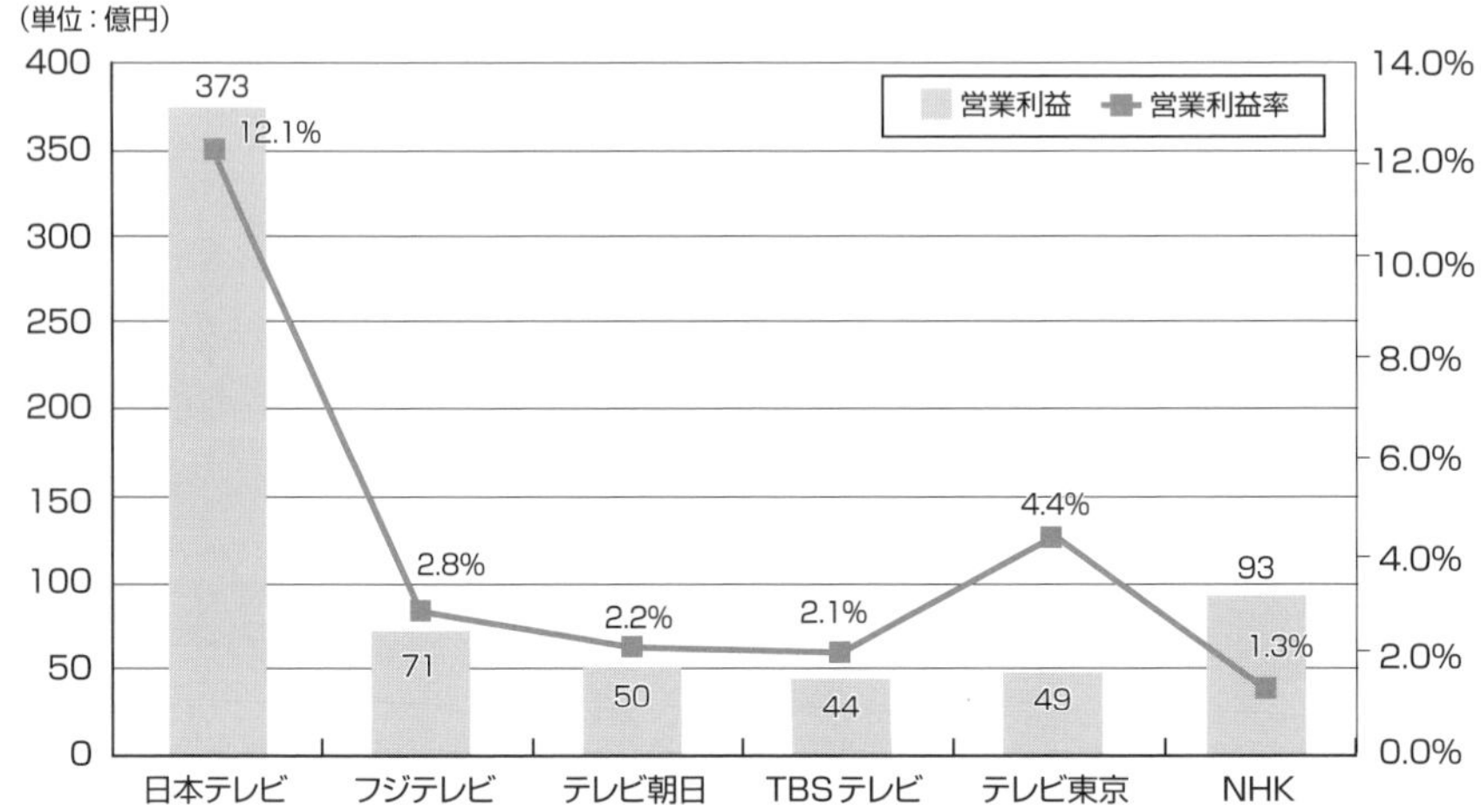

出典:各社決算短信各年度、NHK公開資料をもとに作成

線グラフ)。

　これを見ると日本テレビの営業利益率が**一二・一%**と突出しているのがわかります。これに対して、フジテレビ、テレビ朝日、TBSテレビを見ると、それぞれ二・八%、二・二%、二・一%と、日本テレビから大きく引き離されています。

　営業利益は売上から原価や人件費などの費用を差し引いた額です。本業の儲けを示す重要指標です。詳細な分析は控えますが、日本テレビの場合、キー局の中で売上トップ、しかも売上に対するコスト管理の質が非常に高く、それが高い営業利益率に反映されていると見受けられます。そういう意味で、キー局五局から一つ頭を抜け出した存在といえるでしょう。

　これに対して、フジテレビやテレビ朝日、TBSテレビは営業利益率の低さが、業績低迷の一因になっているようです。

　また、テレビ東京の健闘は、四・四%という、日本テレビ以外の三社よりも高い営業利益率が影響を及ぼしています。売上が比較的小さくても、利益で勝負できることがよくわかります。

5

フジ・メディアHD*の動向

フジテレビは〇八年一〇月一日に認定放送持株会社フジ・メディア・ホールディングスを設立しました。これは最も早い放送持株会社の設立です。一九年度のグループ総売上高は六三一四億円で放送持株会社の中では頭一つ抜け出した売上高を誇っています。

背景にはライブドア事件が?

フジテレビはラジオ局の**文化放送**や**ニッポン放送**が中心となって設立したテレビ局で一九五九年三月に放送を開始しています。〇五年には筆頭株主だったニッポン放送の株式を、堀江貴文氏率いる**ライブドア**が大量購入して筆頭株主になりました。これによりライブドアはフジテレビの支配権を得ようとしました。しかし堀江氏の目論見はうまくいかず、氏は証券取引法違反容疑で逮捕され有罪判決が下されます。これが著名な**ライブドア事件**です。

フジテレビは〇八年一〇月一日に認定放送持株会社**フジ・メディア・ホールディングス**を設立しました。これはキー局の中で最も早い認定放送持株会社の設立でした。持株会社化を急いだのはライブドア事件が背景にあったと考えるのが自然でしょう。

放送持株会社化後の組織体制

持株会社化以前のフジテレビでは、フジテレビを中心にAM放送局のニッポン放送や番組制作会社の共同テレビジョン、映像音楽事業のポニーキャニオンを有していました。認定放送持株会社フジ・メディア・ホー

用語解説

＊HD　ホールディングス（Holdings）の略語。

フジ・メディア・ホールディングスの経営状況推移（図 2.5.1）

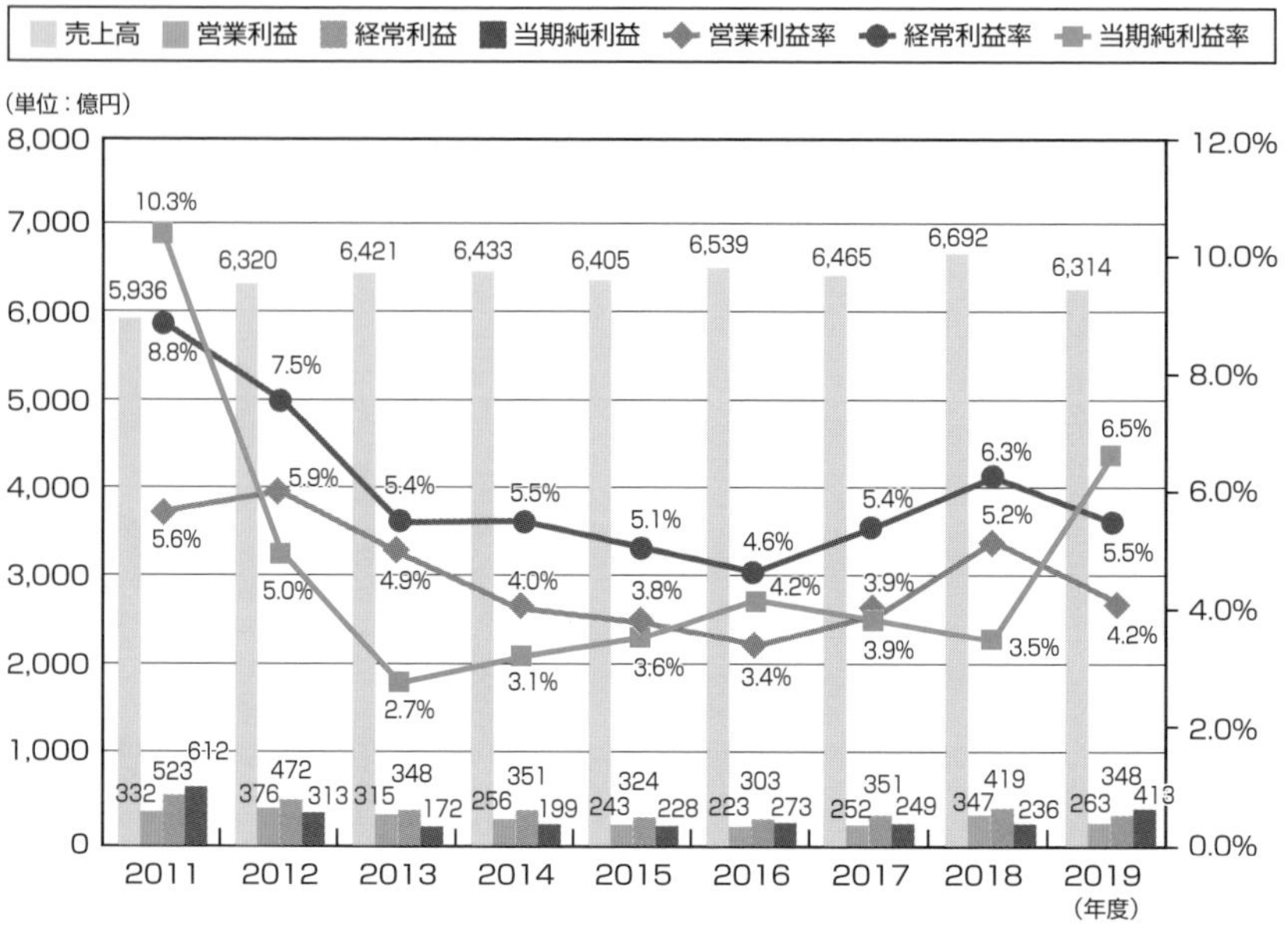

出典：決算短信各年度

ルディングスの設立に伴い、「株式会社フジテレビジョン」の商号は「株式会社フジ・メディア・ホールディングス」に変わり、「株式会社フジテレビジョン」の事業は新設の「株式会社フジテレビジョン」が承継しました。

　また事業セグメントは、かつての七グループから、メディア・コンテンツ、都市開発・観光、その他の三つの事業セグメントに整理されました。中でもメディア・コンテンツには、中核であるフジテレビジョンをはじめ、ニッポン放送やビーエスフジ、番組制作会社共同テレビジョン、音楽会社ポニーキャニオンなどの著名企業が名を連ねています。

グループの売上動向

　図2・5・1はグループの経営状況の推移を見たものです。一二年度以降は売上高六〇〇〇億円台をキープしており、一八年度には過去最高の**六六九二億円**、一九年度は**六三一四億円**となりました。この売上高は他の認定

フジ・メディア・ホールディングスのセグメント構成比率（図2.5.2）

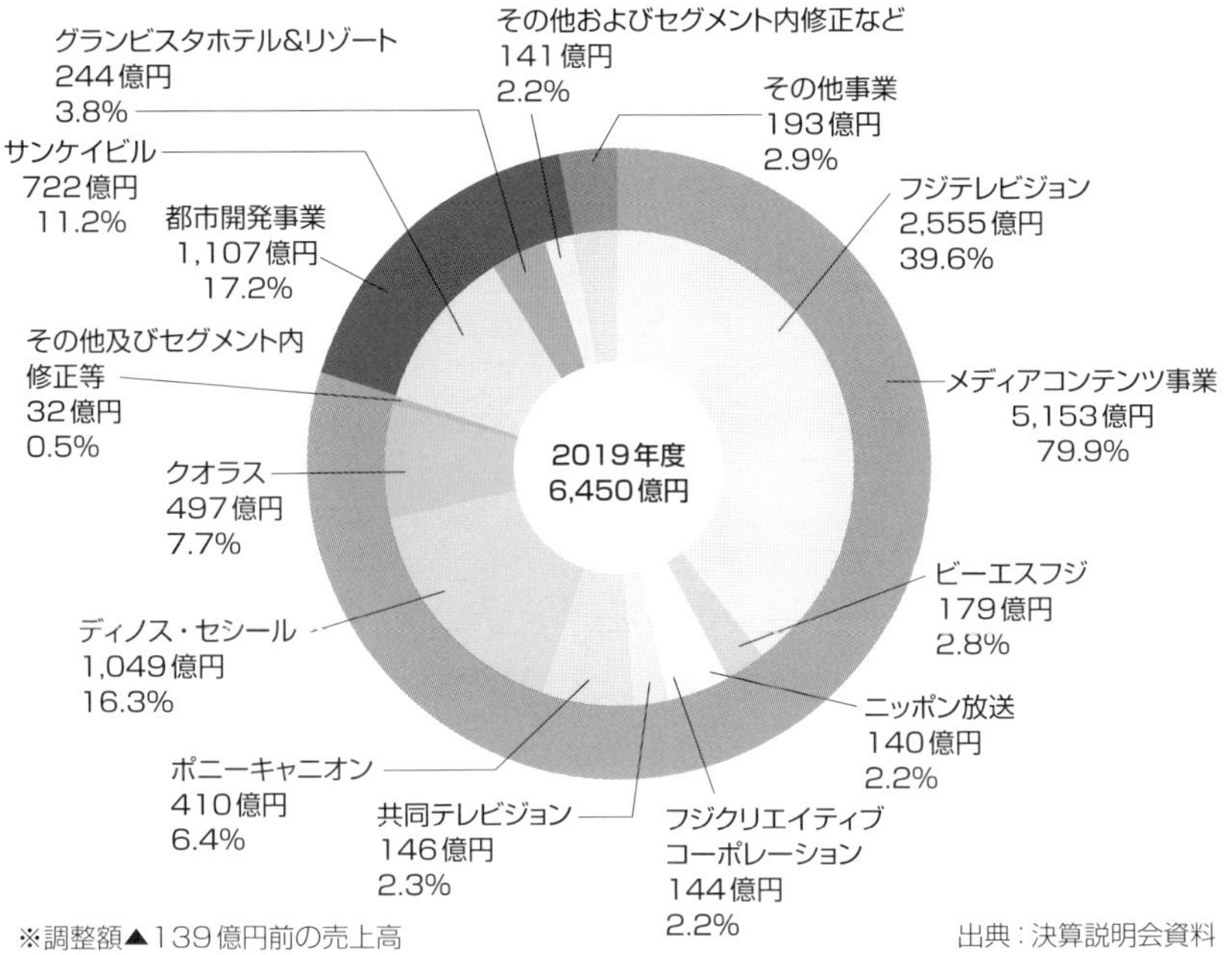

※調整額▲139億円前の売上高　　出典：決算説明会資料

放送持株会社を大きく引き離すものです。ただし本業の儲けを示す営業利益は二六三億円、営業利益率は**四・二%**（一九年度）となっており、この点でライバルの日本テレビHDと比較すると見劣りする数字になっています。

また、図2・5・2は、一九年度における事業セグメント別の売上構成を見たものです。メディア・コンテンツ事業の売上は五一五三億円で、全体の七九・九%を占めます。都市開発・観光事業は一一〇七億円（一七・二%）でした。

中核企業であるフジテレビジョン単体の売上は二五五五億円で全体の三九・六%を占めています。ただし、前期の売上は二六七九億円ありましたので、四・六%の減収という結果になっています。

ちなみにフジテレビジョンに次いで目立つのが通信販売を手掛ける**ディノス・セシール**の存在です。こちらの売上高は一〇四九億円で全体の一六・三%を占めています。

6 日本テレビHDの動向

日本テレビは一二年一〇月に認定放送持株会社日本テレビホールディングスを設立しました。これにより日本テレビのほか、BS日本とシーエス日本の衛星関連放送局が持株会社の傘下に編入されました。一九年度のグループ総売上高は四二六五億円と前年を上回る成績になりました。

日本テレビHDの設立

日本テレビは日本テレビ放送網株式会社が正式名称で、一九五三年にテレビ放送を開始しています。これはNHKのテレビ放送開始に遅れること約七カ月、民間テレビ局としては日本初です*。

日本のテレビの歴史といっしょに歩んだともいえる日本テレビは、一二年一〇月一日、認定放送持株会社**日本テレビホールディングス**を設立しました。これに伴い、日本テレビ、BS日本、CS日本の放送会社、技術プロダクションの日テレテクニカルリソーシズ、制作会社の日テレアックスオン、スポーツ事業などの日本テレイベンツ、美術制作の日本テレビアート、音楽著作権管理の日本テレビ音楽、CDやDVDを制作販売するバップなどが日本テレビホールディングスの傘下になりました。

成長がやや鈍化した日テレHD

一一年度からの経営状況を見ると、売上は順調な延びを見せ、一五年度に四〇〇〇億円を突破しました。しかしながら、それ以降の成長はやや鈍化しており、一九年度は**四二六五億円**となりました(図2・6・1)。

また売上にも増して目を引くのが、利益率の高さです。本業の儲けを示す一九年度の営業利益は**四三一億円**、営業利益率は**一〇・一%**となっており、四・二%のフジメディアHDを大きく引き離しています。ただし、一

用語解説

＊…**日本初です**　NHKの本放送開始は1953年2月1日、対する日本テレビは8月28日だった。

日本テレビ経営状況推移（図 2.6.1）

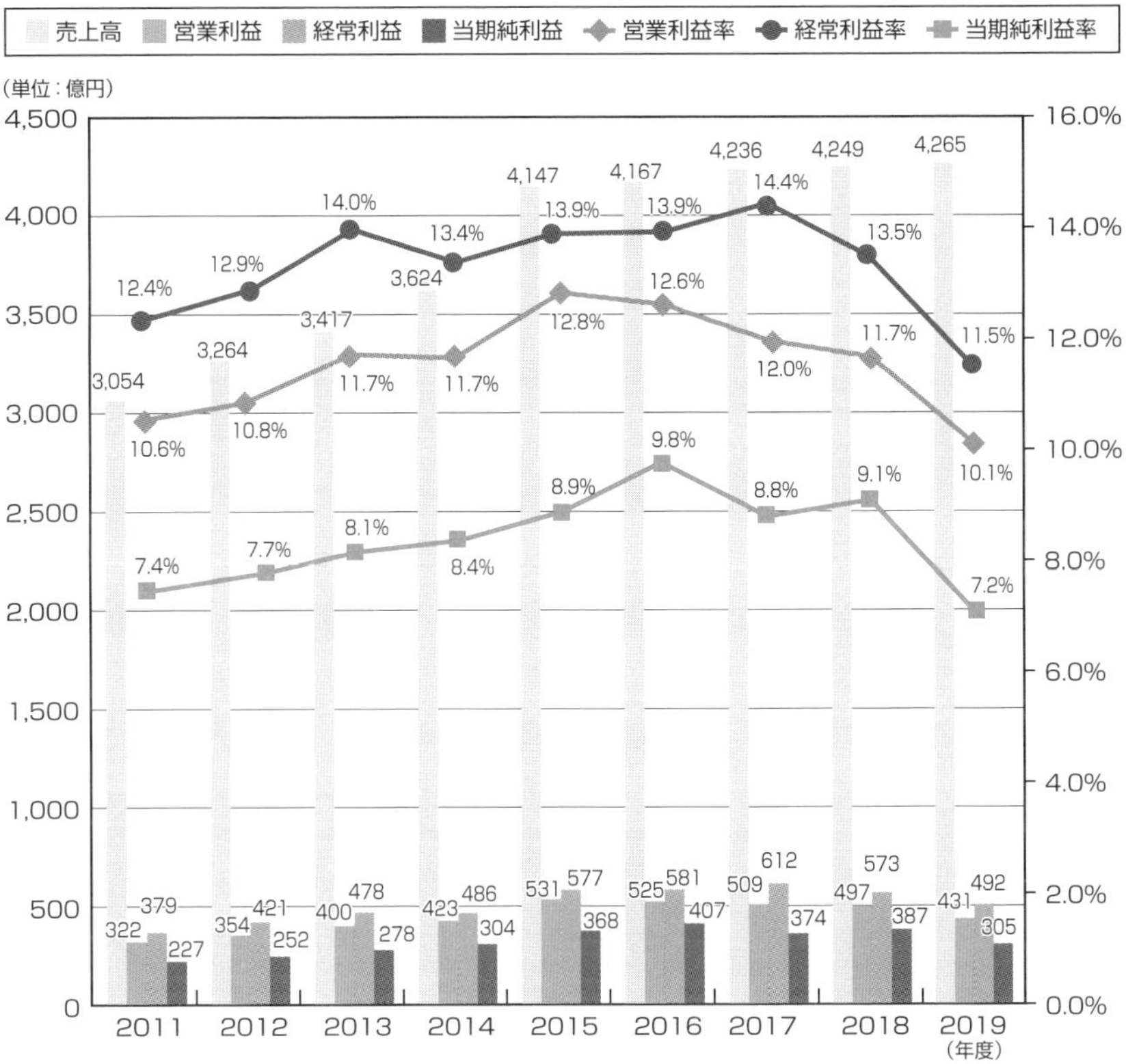

※11年度以前は日本テレビ放送網株式会社の連結売上高　　　　出典：決算短信各年度

五年をピークに営業利益率が低下傾向にある点は不安材料の一つです。

　また、次ページの図2・6・2は、日本テレビを筆頭に主なグループ会社の業績を示したものです。日本テレビの売上がダントツですが、スポーツジムのティップネスが三五八億円で二番手なのは、ちょっと意外な感じがします。

　なお、日本テレビは、全日、プライム、ゴールデンで**七年連続個人視聴率三冠王**を達成しており、これも同社、グループの好業績の一因*です（図2・6・3）。

用語解説

* **好業績の一因**　視聴率が高いと、タイム広告、スポット広告も増収が期待できるため。

主なグループ会社の業績図（19年度）（図2.6.2）

（単位：億円）

	日本テレビ放送網	BS日本	CS日本	日テレテクニカルリソーシズ	日テレアックスオン	日テレイベンツ	日本テレビアート	日本テレビ音楽	バップ
売上高	3,072	152	47	107	221	33	78	125	133
営業利益	373	10	8	1	7	-0.2	1	19	-14
経常利益	418	10	8	1	8	-0.1	1	20	-12
当期純利益	282	7	5	1	5	-0.2	0.9	13	-12

日本テレビサービス	日本テレビワーク24	フォアキャスト・コミュニケーションズ	日テレ7	日テレITプロデュース	タツノコプロ	HJホールディングス	ティップネス	ACM	PLAY
34	45	33	29	40	16	243	358	40	41
0.1	2	1	0.4	3	0.1	4	8	-0.7	8
0.2	1.9	3	0.5	4	0.2	4	6	-0.3	8
0.1	-14.5	2	0.3	2	0.0	6	-11	-0.5	4

7年連続個人視聴率三冠王（19年度）（図2.6.3）

期間：2019年4月1日～2020年3月29日

（単位：%）

	NTV	EX	TBS	TX	CX	PUT
全日	①4.4	②4.1	③3.2	⑤1.4	④3.1	22.4
6～24時	+0.1	+0.2	±0.0	±0.0	+0.1	+0.1
プライム	①6.8	②6.3	③5.3	⑤3.1	④4.8	35.0
19～23時	▲0.2	+0.4	▲0.3	▲0.2	+0.1	▲0.2
ゴールデン	①7.2	②6.2	③5.3	⑤3.4	④5.0	37.0
19～22時	▲0.1	+0.3	▲0.4	▲0.2	+0.1	▲0.2
ノンプライム	①3.7	②3.4	③2.6	⑤0.9	③2.6	18.8
全日－プライム	+0.2	±0.0	+0.1	±0.0	±0.0	+0.2
プラチナ	①3.4	②2.7	③2.2	⑤1.2	④1.9	14.5
23～25時	±0.0	±0.0	▲0.1	±0.0	+0.1	▲0.4

注1：表示は左からデジタルチャンネル順
注2：個人視聴率（関東地区）、ビデオリサーチ調べ
注3：下段は前年度との差（比較期間：2018年4月2日～2019年3月31日）

出典：日本テレビホールディングス「2019年度決算説明会資料」

7 東京放送HDの動向

TBSは〇九年四月一日に認定放送持株会社東京放送ホールディングスを設立し、放送免許はTBSテレビが引き継いでその傘下に入りました。かつて楽天はTBS株を大量保有して経営支配を狙いました。しかし持株会社化によりこれも不可能となりました。老舗テレビ局は経営的には厳しい状況が続いています。

TBSと楽天

東京放送（TBS）は一九五五年四月に、第二番目の民間テレビ局として開局しました。その前身はラジオ東京で、首都圏をエリアにしたこのラジオ局は、広告代理店の電通、毎日・朝日・読売の三大紙をバックにもっていました。

近年のテレビ業界ではフジと日テレが首位争いを繰り広げ、TBSの影は若干薄い印象です。しかし六〇年代から七〇年代にかけて、ゴールデンタイムの視聴率はほぼトップで、「民放の雄」と呼ばれる存在でした＊。

フジテレビがライブドアと衝突したように、TBSも**楽天**と衝突した時期があります。楽天がTBS株を大量保有して経営支配を目指しました。しかし〇九年にTBSが認定放送持株会社を設立したことで、その芽もなくなりました＊。設立されたのは**東京放送ホールディングス**で、旧TBSは**TBSテレビ**としてその傘下に入りました。

現在、東京放送HDには、TBSテレビが展開する放送・映像文化・不動産事業を筆頭に、メディア・コンテンツ、ライフスタイル、不動産事業を展開する計二八社の連結会社が傘下に入っています＊（図2・7・1）。

用語解説

＊…**存在でした**　当時テレビ業界入りを志望する人はTBSを目指したものである。
＊…**なくなりました**　旧TBSが東京放送HDの100％子会社になったため、これにより楽天は東京放送HDの一株主になった。
＊…**入っています**　またこれ以外にWOWOWが持分法適用に該当する。

東京放送HDのグループ体制（図2.7.1）

連結会社一覧

●メディア・コンテンツ／不動産・その他（1社）		
(株)TBSテレビ		

●メディア・コンテンツ（16社）		
(株)TBSラジオ	(株)BS-TBS	(株)TBSスパークル
(株)TBSグロウディア	(株)赤坂グラフィックスアート	(株)アックス
OXYBOT(株)	(株)CS-TBS(旧シー・ティ・ビー・エス)	(株)Seven Arcs
(株)ティ・エル・シー	TCエンタテインメント(株)	TBS International, Inc.
(株)TBSテックス	(株)TBSメディア総合研究所	(株)東通
(株)日音		

●ライフスタイル（3社）
(株)スタイリングライフ・ホールディングス　他2社

●不動産・その他（5社）		
赤坂熱供給(株)	(株)TBS企画	(株)TBSサンワーク
(株)TBSヘクサ	(株)緑山スタジオ・シティ	

●持分法適用（3社）		
(株)ブレースホルダ	(株)プレミアム・プラットフォーム・ジャパン	(株)WOWOW

出典:「2020年3月期決算補足資料」より

図2・7・2は一一年度からの経営状況を見たものです。

三五〇〇億円を境に、売上が緩やかに上下している印象です。一四年を底に売上高は上昇傾向でしたが、一九年度は前年割れとなり**三五六七億円**、営業利益は**一三一億円**になりました。

それ以上に気になるのは、本業の儲けを示す営業利益率です。一六年度には五・六％あった営業利益率は、一九年度には**三・七％**に急落しています。営業利益に財テクの成績を加味した経常利益率も前年度の七・九％から**五・九％**と落ち込みました。当期純利益率が八・四％と高いのは、投資有価証券売却による**特別利益を計上**したからです*。

なお、グループの中核であるTBSテレビは、売上や営業利益でテレビ朝日に追い越され、いまや業界四位に甘んじています。

用語解説

*…**計上したからです**　株式会社東京放送ホールディングス「2020年3月期決算補足資料」の「2020年3月期　TBSテレビ損益計算書」

東京放送HDの経営状況推移（図2.7.2）

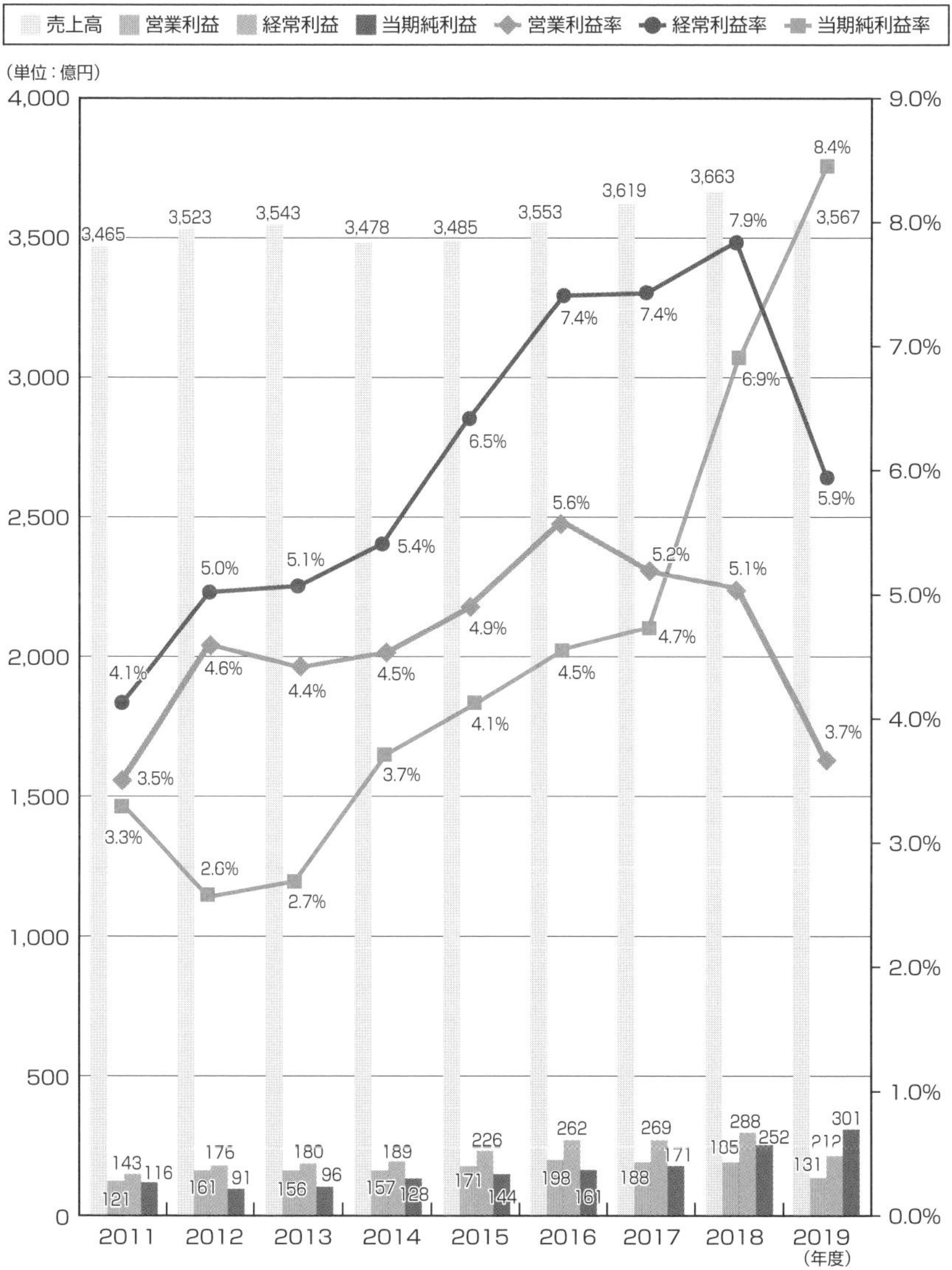

出典：決算短信各年度

8

テレビ朝日HDの動向

テレビ朝日が認定放送持株会社に移行したのは一四年四月のことで、これはキー局の中で最も遅い対応でした。一九年度の売上高は二九三六億円で、営業利益は一二五億円、営業利益率は四・三%でした。

先輩を追いかける

テレビ朝日の創立は一九五七年で、五九年に開局しました。この開局時期はフジテレビと同じです。したがって、開局当時は日テレとTBSが先を行き、フジとテレビ朝日が両社を追う格好でした。

実際、東京のキー局では長らく「**二強二弱一番外地**」といわれてきましたが、二強はTBSと日テレ、二弱がフジとテレビ朝日でした。一番外地は次節でふれるテレビ東京です。

伸び悩むテレ朝HD

経営状況の推移を見てみましょう(図2・8・1)。売上高は一一年度の二三九八億円から順調に伸び、一七年度には念願の三〇〇〇億円突破を実現し、過去最高の売上高三〇二五億円を達成しました。

しかし、同年をピークに二年連続の前年割れとなり、一九年度は売上高**二九三六億円**、営業利益一二五億円(営業利益率四・三%)、経常利益は三一〇億円(経常利益率一〇・九%)、当期純利益は二六三億円(当期純利益率九・〇%)という結果になっています。

一九年度は**開局六〇周年**にあたり、テレビ朝日では「相棒」や「外科医・大門未知子」「科捜研の女」など、番組コンテンツの強化に取り組みました。しかし、一定の視聴率は獲得したものの、売上増には結び付かなかったようです。一九年度のテレビ朝日単体の売上高は**二二六四億円**、営業利益**五〇億円**と、それぞれ前年を九三億円、三六億円下回りました。

テレビ朝日 HD の経営状況推移（図 2.8.1）

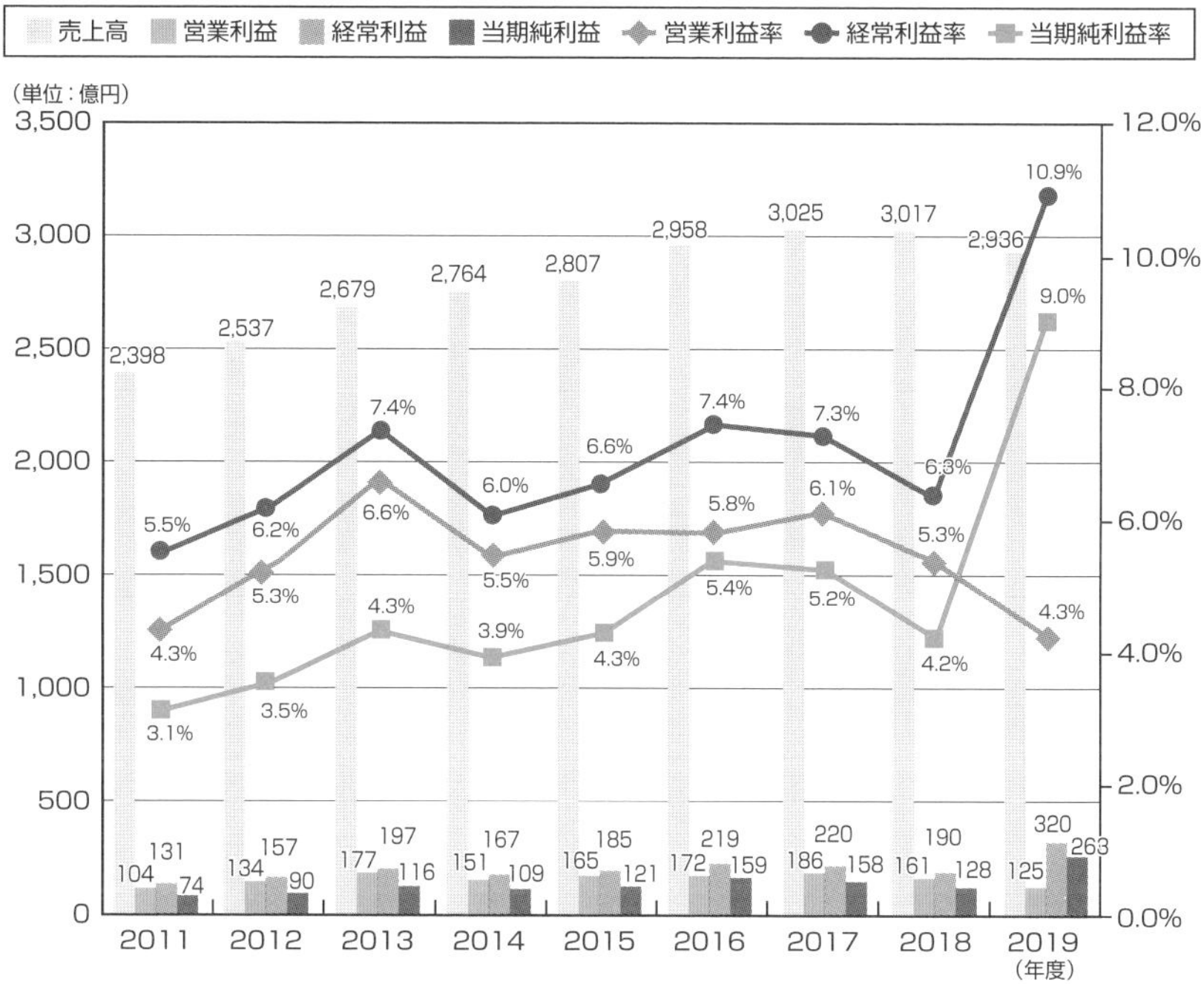

※2013年度以前は株式会社テレビ朝日の連結売上高　　　　出典：決算短信各年度

テレビ朝日単体の業績（図 2.8.2）

（単位：100万円）

	2018年度	2019年度	前期比	増減率
売上高	235,803	226,440	△9,362	△4.0%
営業利益	8,698	5,057	△3,641	△41.9%
経常利益	17,467	6,881	△10,586	△60.6%
当期純利益	14,146	4,867	△9,279	△65.6%

出典：テレビ朝日ホールディングス「2020年3月期決算補足資料」

9

テレビ東京HDの動向

テレビ東京は二〇年一〇月一日に認定放送持株会社テレビ東京ホールディングスを設立しました。一九年度のテレビ東京HDの売上高は一四五一億円で、営業利益は五一億円でした。一方、テレビ東京単体では売上が一一一三億円、営業利益は四九億円でした。

過去最高の売上を達成

一〇年に設立された**テレビ東京ホールディングス**は、地上放送事業、放送周辺事業、BS放送事業、インターネット・モバイル事業の四領域で事業を展開しています。

主たるグループ企業は、地上テレビ放送事業のテレビ東京、放送周辺事業のテレビ東京制作（番組制作）、テレビ東京メディアネット（番組供給・制作）、BS放送事業のBSジャパン、インターネット・モバイル事業のテレビ東京コミュニケーションズなどからなります。図2・9・1はテレビ東京ホールディングスの経営状況を見たものです。

売上高は一一年度の一一一五億円から順調に伸び、一八年度には約三八〇億円増の一四九二億円と、過去最高になりました。しかしながら一九年度は前年割れとなり、売上高**一四五一億円**、営業利益五一億円（営業利益率三・五%）となりました。

テレビ東京単体の売上は一一一三億円、営業利益は四九億円となっています（図2・9・2）。

注目すべきは同社の売上構成でしょう（図2・9・3）。一九年度は放送事業が七二・九%に対して、ライツ事業が**二七・一%**を占めます。一六年度の割合は二一・二%でしたから、ライツ事業の大きな伸びがうかがえます*。この点がテレビ東京の大きな特徴であり強みになっています。

用語解説

＊…**うかがえます**　同社では「NARUTO」や「ポケットモンスター」「遊戯王」など人気アニメの権利を多数所有している。

テレビ東京HD経営状況推移（図2.9.1）

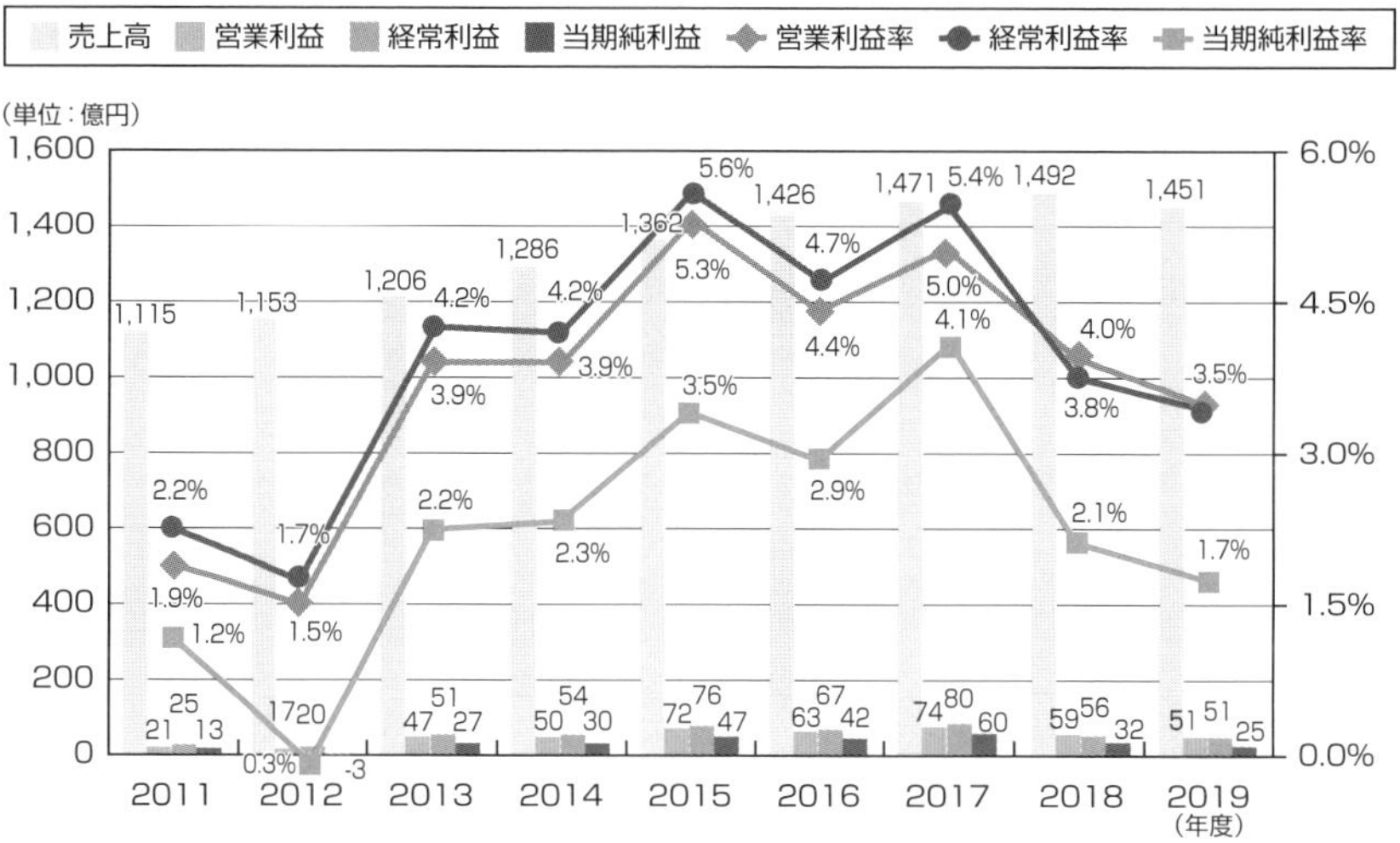

出典：決算短信各年度

テレビ東京の売上構成（図2.9.3）

出典：2020年3月期決算資料をもとに作成

テレビ東京単体の売上高と営業利益（図2.9.2）

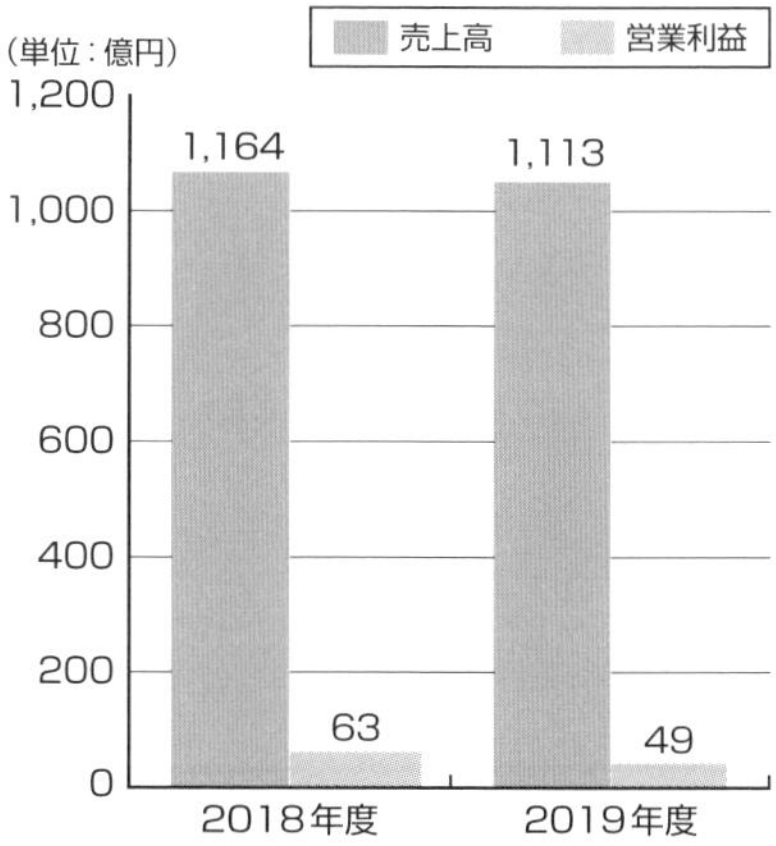

出典：決算短信各年度

10 NHKとグループ企業の動向

日本放送協会（NHK）は放送法の規定に基づいて設立された法人です。公共の福祉のために、良質の放送番組を日本全国に届けることを目的にしています（放送法第一五条）。主たる経営財源は国民からの受信料で、広告収入を基礎とする民間放送局とは経営基盤が異なります。近年はNHKの肥大化に対する指摘が、民間放送事業者から上がっています。

NHKの成り立ちと仕組み

NHKの設立は一九二五年（大正一四年）にさかのぼります。この年は日本のラジオ放送が本格的にスタートした年で、社団法人東京放送局、同大阪放送局、同名古屋放送局が相次いで開局しました。そして翌二六年には、これら三局が合併して**社団法人日本放送協会**が設立されました。

さらに一九五〇年になると、放送法の制定により日本放送協会は事実上いったん解散となり、代わって**特殊法人日本放送協会**（NHK）に衣替えし、現在に至っています。

NHKの経営は、国会の承認を得て首相が任命した経営委員に委ねられます。予算・決算も国会の承認が必要になります。また、NHKは放送法で定められた**受信料収入**を経営の基盤にしており、受信料の決定も国会の承認を必要とします。

図2・10・1は、NHKの経営状況の推移を示したものです。グラフに示した経常事業収入、経常事業収支差金、経常収支差金、当期事業収支差金は、一般企業の総売上高、営業利益、経常利益、当期純利益に相当します。

一一年度からの推移を見ると、経常事業収入は一三年度を底に緩やかに上昇を続け、一八年度には過去最

NHK経営状況推移（図2.10.1）

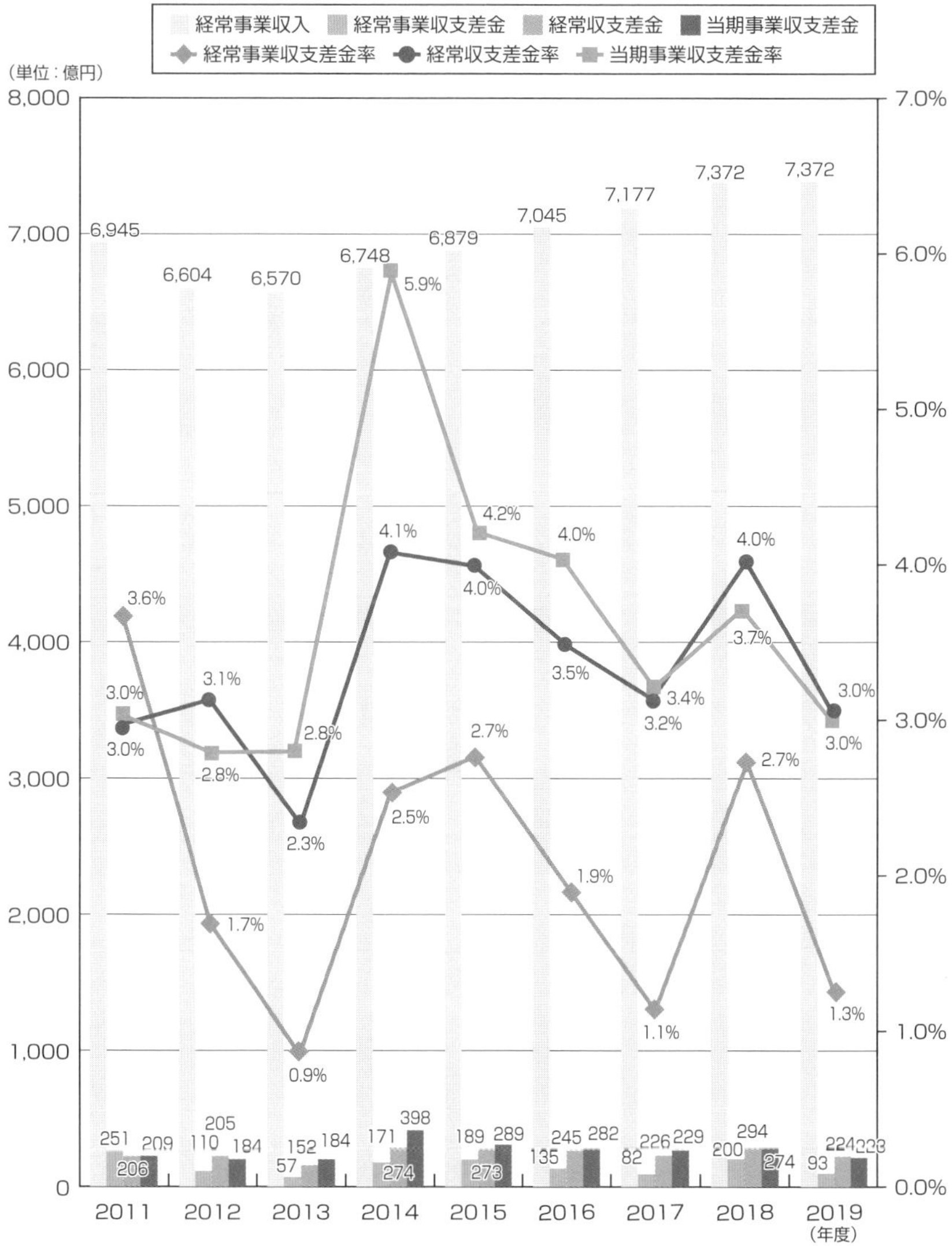

※損益の数値は協会全体のものを用いた

出典：NHK「平成27年度業務報告書」「令和元年度業務報告書」をもとに作成

NHKの受信料収入と受信契約件数の推移（図2.10.2）

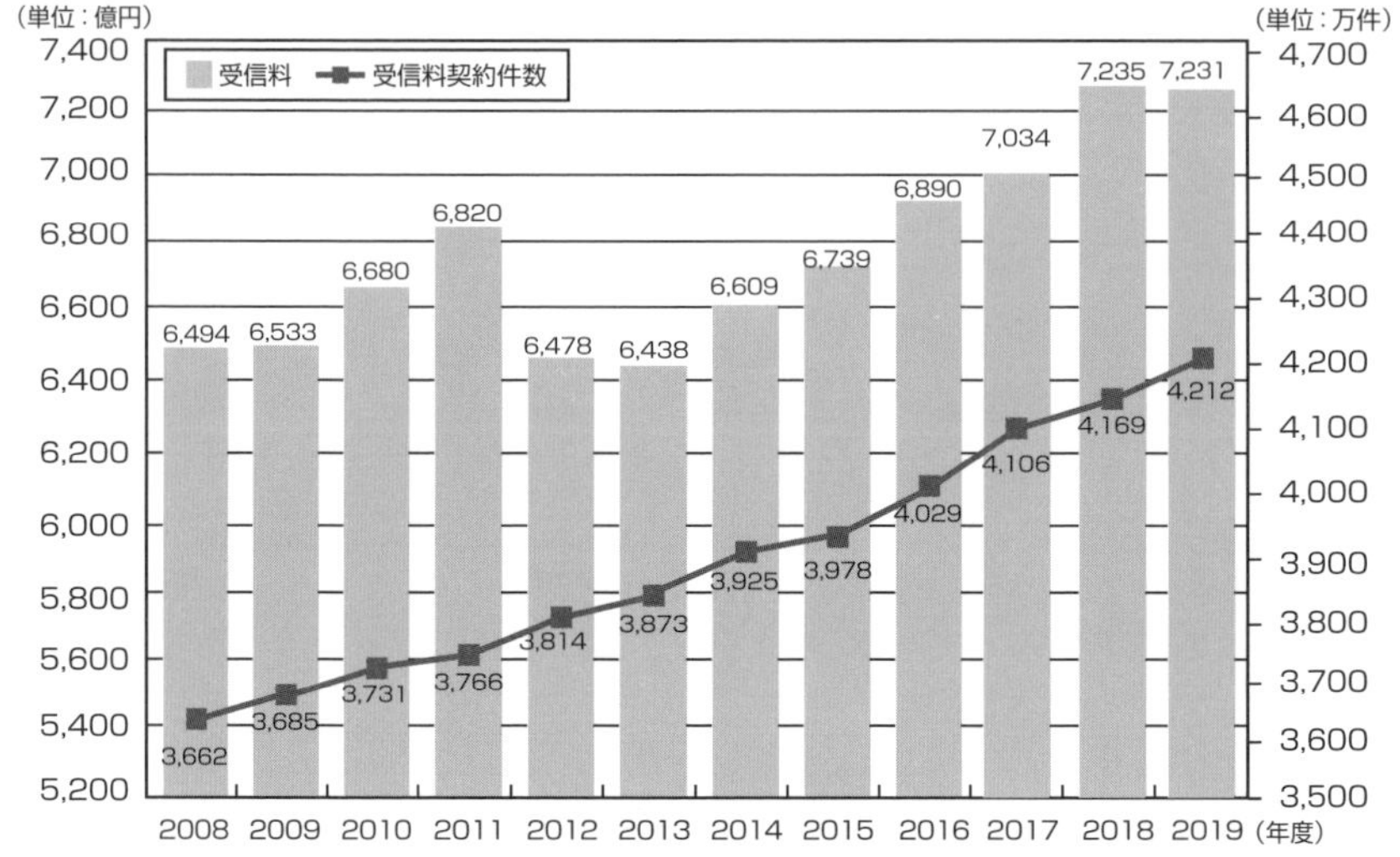

出典：NHKホームページ公開資料をもとに作成

高の**七三七二億円**に達しました。一九年度も七三七二億円ですが、端数で見るとわずかながらの前年割れになっています。

この経常事業収入の大部を占めるのが**受信料収入**です。図2・10・2は、受信料収入および受信料契約件数の推移を見たものです。受信契約件数は右肩上がりの上昇ですが、受信料収入には上下があります。

何とも巨大なNHKグループ

ところで、放送持株会社で最も営業収益の大きいフジ・メディアHDの売上高は**六三二四億円**、二位の日本テレビHDが**四二六五億円**でした（2-5節、2-6節）。民間の放送持株会社に比べても、NHKの事業収入が大きいことがよくわかります。

職員数も同様です。NHKの職員数は一万一六五人と、フジテレビの一三二四名、日本テレビの一三〇〇名を大きく上回っています*。

さらにグループ単位で見ると、NHKの規模はより大きくなります。

図2・10・3は、NHKの関連団体一覧を示したもの

用語解説

*…**上回っています**　いずれも、2020年4月1日現在の従業員数。

です。中でも規模の大きな組織は、放送番組の企画・制作・販売分野を手掛ける企業群で、次のような組織があります(売上高は二〇一九年度*)。

●NHKエンタープライズ
売上高六〇七億円、従業員数五一八名/NHKの番組制作業務を請け負う

●NHKグローバルメディアサービス
売上高二四九億円、従業員数四三〇名/ニュース・スポーツの番組制作

●NHKビジネスクリエイト
売上高二一一億円、従業員数五三一名/協会の建物、設備等の総合管理業務

●NHKテクノロジー
売上高六四九億円、二〇七六名/番組制作技術業務

●NHKアート
売上高一七〇億円、従業員数二六三名/NHK放送番組の美術制作業務

●NHKエデュケーショナル
売上高二五〇億円、従業員数二八三人/教育・教養番組の制作を手掛ける

●NHK出版
売上高一三六億円、従業員数二二〇名/書籍出版を手掛ける

このように、売上高一〇〇億円を超える企業が多数あることがわかります。

さらに、これらの企業以外にも地域ごとに関連企業を設けるとともに、業務支援(施設管理などの間接業務)に携わる企業群を抱えています。

そして、NHKが受信料収益で得た収入は、グループ企業に対する発注を通じて、グループ内に流れる仕組みになっています。まさに**NHKファミリー**という表現がその現状を的確に表しています。

このようにNHKは、その強大な規模を背景に、日本の放送業界に大きな影響を及ぼしています。民間の放送事業者からは、このようなNHKに対して民業を圧迫するという警戒の声も上がっています。そのため、NHKは民営化すべきという意見が根強くあるのが現状です*。

用語解説

* **2019年度** 以下はNHK「日本放送協会令和元年度業務報告書」による。
* **現状です** これとは別に、何故NHKだけが全国を対象に放送できるのかという素朴な疑問がある。

NHK 関連企業一覧（図 2.10.3）

子会社等系統図

（令和2年3月31日現在）

日本放送協会

子会社

- （株）NHKエンタープライズ※
- （株）NHKエデュケーショナル
- （株）NHKグローバルメディアサービス
- （株）日本国際放送
- （株）NHKプラネット※
- （株）NHKプロモーション
- （株）NHKアート
- （株）NHKテクノロジーズ
- （株）NHK出版
- （株）NHKビジネスクリエイト
- （株）NHK文化センター
- NHK営業サービス（株）

関連公益法人等

- （一財）NHKサービスセンター
- （一財）NHKインターナショナル
- （一財）NHKエンジニアリングシステム
- （一財）NHK放送研修センター
- （学）NHK学園
- （公財）NHK交響楽団
- （福）NHK厚生文化事業団
- <福利厚生団体>
- 日本放送協会健康保険組合
- （一財）日本放送協会共済会

関連会社

- （株）放送衛星システム
- *NHK Cosmomedia America, Inc.*
- *NHK Cosmomedia (Europe)Ltd.*

（株）ビーエス・コンディショナル
アクセスシステムズ

※の2団体は、2020年4月1日付で合併し、新会社名は（株）NHKエンタープライズ

（注） 1 （一財）は一般財団法人、（学）は学校法人、（福）は社会福祉法人、（公財）は公益財団法人
2 斜体字で表記している会社は、協会の直接出資のない会社

出典：「日本放送協会令和元年度業務報告書」

11 準キー局とその経営状況

テレビのネットワーク系列では、キー局に次いで準キー局が重要なポジションを占めています。準キー局は、関西を拠点とするテレビ局を指します。一方、中京エリアを拠点とするテレビ局も力を蓄えつつあります。利益や利益率では準キー局に見劣りしません。

準キー局の経営規模

テレビ放送のネットワークでは、関西を本拠とするテレビ局のことを**準キー局**と呼んでいます。こちらは**関西テレビ**（フジ系）、**朝日放送**（テレビ朝日系）、**読売テレビ**（日本テレビ系）、**毎日放送**＊（TBS系）の四社を指します。

これら準キー局の売上規模（一八年度／連結）を見ると、最も大きな売上を達成しているのは日本テレビ系列の**読売テレビで六七九億円**です（図2・11・1）。以下、毎日放送（六一九億円）、朝日放送（五八九億円）、関西テレビ（五七七億円）となりました。かつては準キー局で四位の地位に甘んじていた読売テレビですが、いまや他社を圧倒する勢いです。

また、売上にも増して注目されるのが利益率です。最も良好なのが読売テレビで、営業利益率が一一・六%、経常利益率が一五・三%、当期純利益率が一一・九%と、いずれも**一〇%台の高い利益率**を達成しています。

これに比べると他の準キー局はいずれの指標でも五%にとどかず、読売テレビが一頭地を抜いているのがわかります。

用語解説

＊**毎日放送**　株式会社毎日放送は、2017年4月1日に認定放送持株会社**MBSメディアホールディングス**に移行した。この認定放送持株会社は関西圏で初の設立となる。

準キー局・中京局の経営状況（2018年度）（図2.11.1）

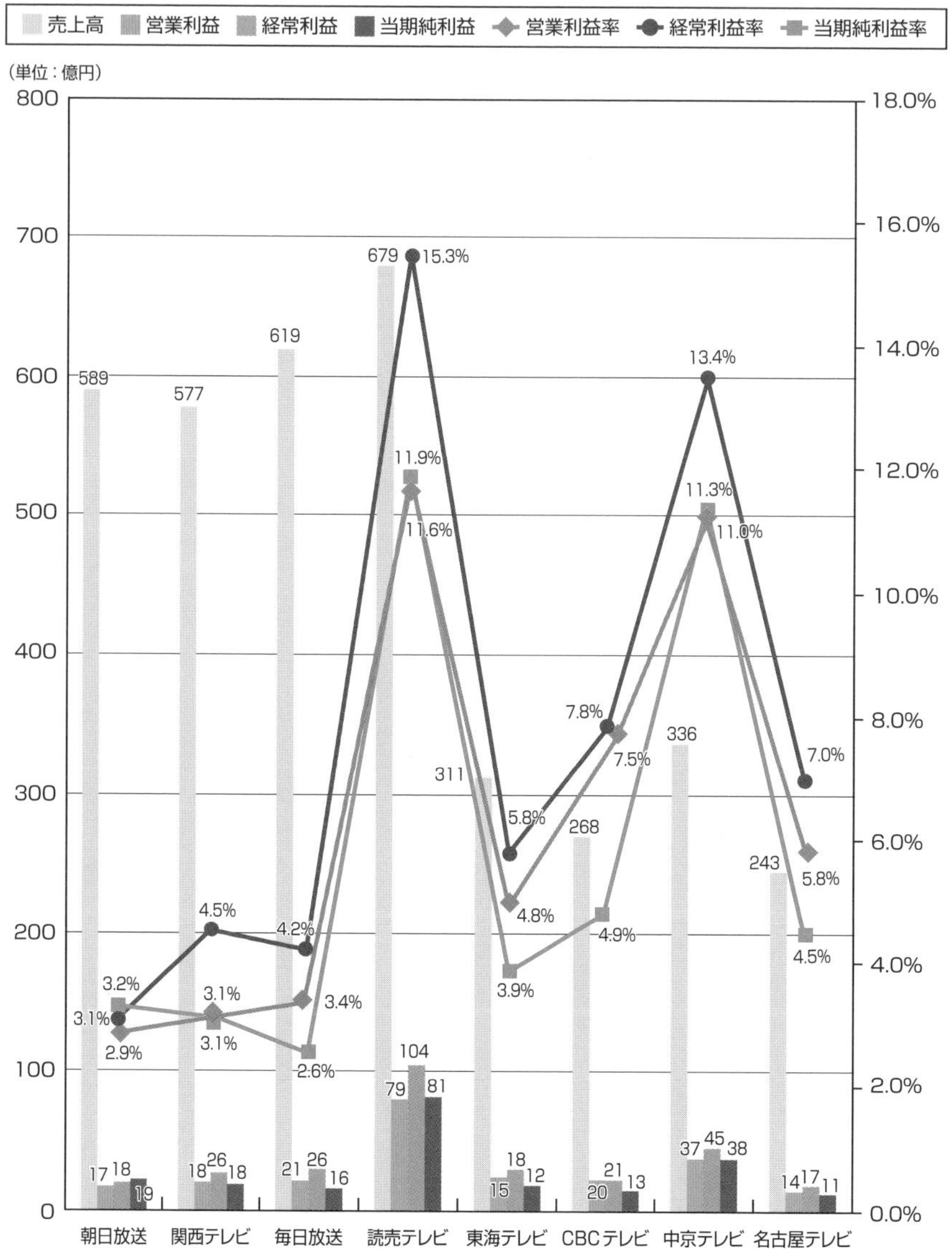

出典：日本民間放送連盟『日本民間放送年鑑2019』をもとに作成

第2章　地上放送のキープレイヤーとその動向

中京を拠点とする準々キー局

次に中京エリアの**中京局**についてです。名古屋に拠点をおく放送局は、微妙に他のローカル局とは異なっていて、ある意味で**準々キー局**のような立場にあります。

売上規模的に言うと、中京局は準キー局の約半分というサイズです。中京局の売上トップは、日本テレビ系列の**中京テレビ**で三三六億円です。以下、**東海テレビ**(三二一億円/フジ系列)、**CBCテレビ***(二六八億円/TBS系列)、**名古屋テレビ**(二四三億円/テレ朝系列)となっています。

このように、売上では準キー局に見劣りはします。しかし、利益率については、読売テレビを除く準キー局よりも総じて高いのが大きな特徴になっています。例えば、中京テレビの営業利益は**三七億円**で、営業利益率は**一一・〇%**と、読売テレビと拮抗しています。また、経常利益は四五億円(一三・四%)、当期純利益は三八億円(一一・三%)と、利益および利益率で読売テレビ以外の準キー局を凌いでいます。

残る三社の営業利益と営業利益率も確認しておきましょう。東海テレビ(一五億円/四・八%)、CBCテレビ(二〇億円/七・五%)、名古屋テレビ(一四億円/五・八%)となっています。

このように、こと利益のみを見ると、中部エリアの放送局が、準キー局と渡り合っている様子がうかがえます。

番組を作らずに大きく儲ける

もっとも、現在のネットワークで番組を供給しているのはキー局および準キー局が中心です。番組作りには大きな費用がかかり、関西系の準キー局は、この費用負担に耐えなければならないという事情がその背景にあります。

一方で中京系の放送局は、この番組制作費の負担からかなりの部分で解放されているわけです。

少々口は悪いですが、でき合いの番組を流せばそれで事足りるわけです。この点が、関西系準キー局と中京系放送局の利益率に反映していると考えても間違いではないでしょう。

用語解説

* **CBCテレビ**　旧商号は中部日本放送。同社は2014年に認定放送持株会社に移行し、放送免許はCBCテレビが承継した。

12 番組制作会社なくして放送は成り立たない

番組制作会社とは、放送局や広告会社の依頼で、放送番組やコマーシャルを制作する会社のことを指します。テレビ番組の制作では、番組制作会社が必ず何らかのかたちでタッチしています。したがって、番組制作会社を抜きにして現在のテレビ放送を考えることはできません。

番組制作会社の成り立ち

テレビが誕生した当時、番組のほとんどが生放送でした。そのためテレビ局は、番組を自社で制作すると同時に、それを放送するという役目を担っていました。

ただし、ニュース番組などでは取材も必要となり、局のスタジオの中だけでの閉じた活動とは異質のものでした。そこでニュースの取材を専門とした、テレビ局出資による制作会社が誕生しました。これが、**TBSビジョン**＊、フジ系列の**共同テレビジョン**＊、**テレビ朝日映像**＊などのルーツです。

一方、一九七〇年代になると、もともとはテレビ局の制作畑だった人達が独立して、番組制作の専門会社を立ち上げるようになりました。

この頃に設立された制作会社には、番組制作会社の第一号と言われる**テレビマンユニオン**（一九七〇年設立）、若手放送作家の企画集団としてスタートし、その後番組制作に手を広げることになる**オフィス・トゥー・ワン**（一九六二年設立）、**イースト**（一九七二年設立）、さらには**IVSテレビ制作**（一九七二年設立）などがあります。これらはテレビ業界に興味がある人ならば、一度ならずとも見たり聞いたりしたことのある企業名ではないでしょうか。

番組制作会社の規模

図2・12・1は、大手番組制作会社の資本金と従業

用語解説

＊**TBSビジョン**　1955年設立、旧東京テレビ映画。2019年にTBSスパークルに吸収合併された。

＊**共同テレビジョン**　1958年設立、旧共同テレビジョンニュース。

＊**テレビ朝日映像**　1958年設立、旧朝日テレビニュース社。

員数を見たものです。資本金では**東北新社**や**NHKエンタープライズ**が突出しています。ちなみに東北新社は、番組制作のみならず、映画制作やCM制作、衛星放送事業なども行っています。他の民間番組制作会社では、五〇〇〇万円から一億五〇〇〇万円が資本金の範囲になっています。

また、従業員数では**TBSスパークル**が突出していますが、企業によって大きなばらつきがあります。

さらに年間売上高では、東北新社が五九八億円、NHKエンタープライズが六〇七億円、**日テレアックスオン**が二三二億円などとなっています。

ただし、グラフに示したような資本金の規模や従業員数、さらに一〇〇億円をはるかに超える売上を達成している番組制作会社はまれです。

総務省「二〇一九年情報通信基本調査報告書*」(一八年実績)によると、売上が一億円未満は全体の四〇・一%にも達し、資本金は四七・五%が三〇〇〇万円未満です。さらに従業員に至っては、一〇人未満が三一・六%になっています(図2・12・2~図2・12・4)。

番組制作会社大手の資本金と従業員数(2020年現在)(図2.12.1)

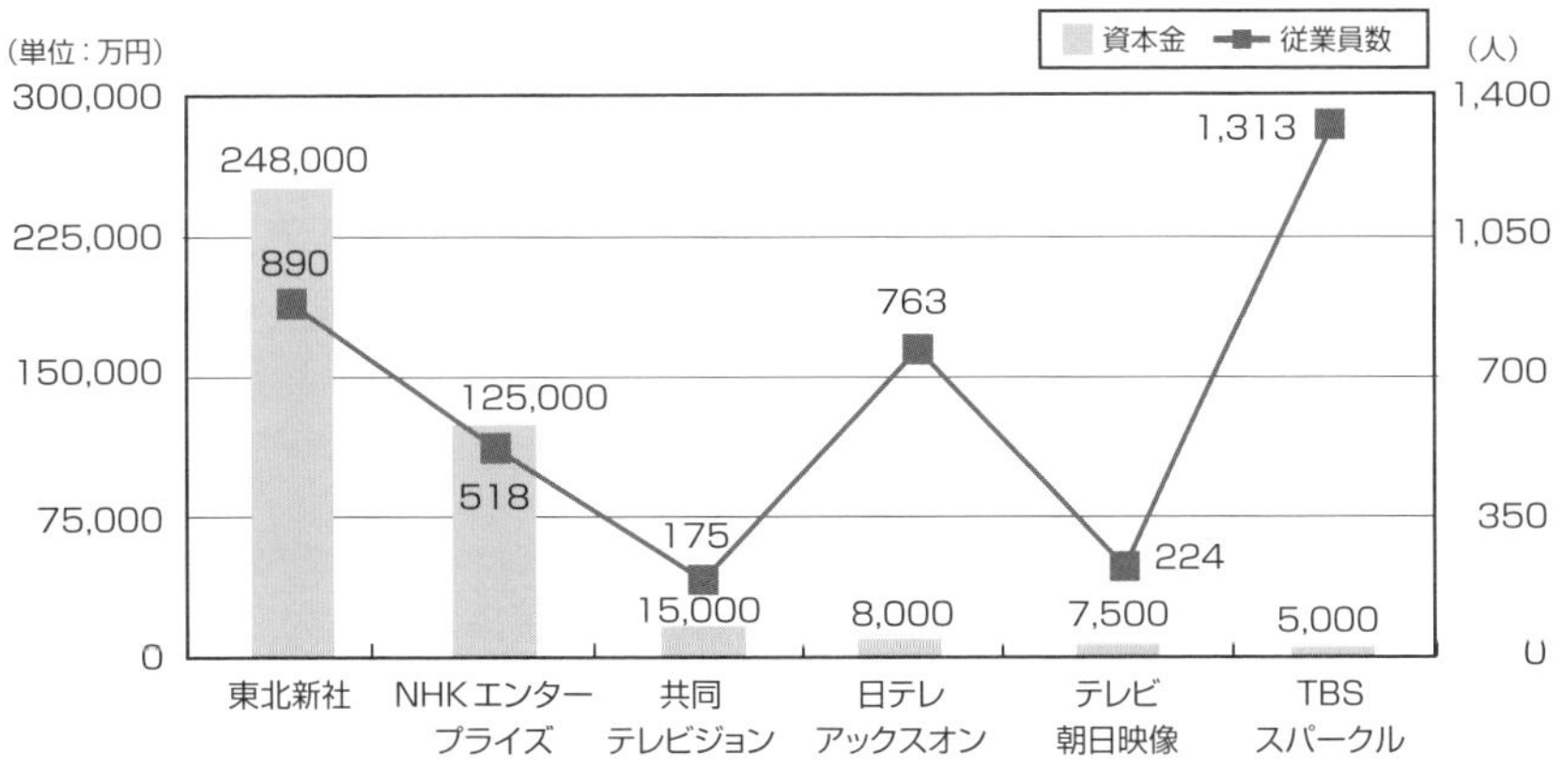

出典:各社の公開資料より作成

用語解説

*情報通信業基本調査報告書　http://www.soumu.go.jp/johotsusintokei/statistics/statistics07c.htmlで各年度の報告書を入手できる。

番組制作会社の売上規模別事業者構成比（2018年度）（図2.12.2）

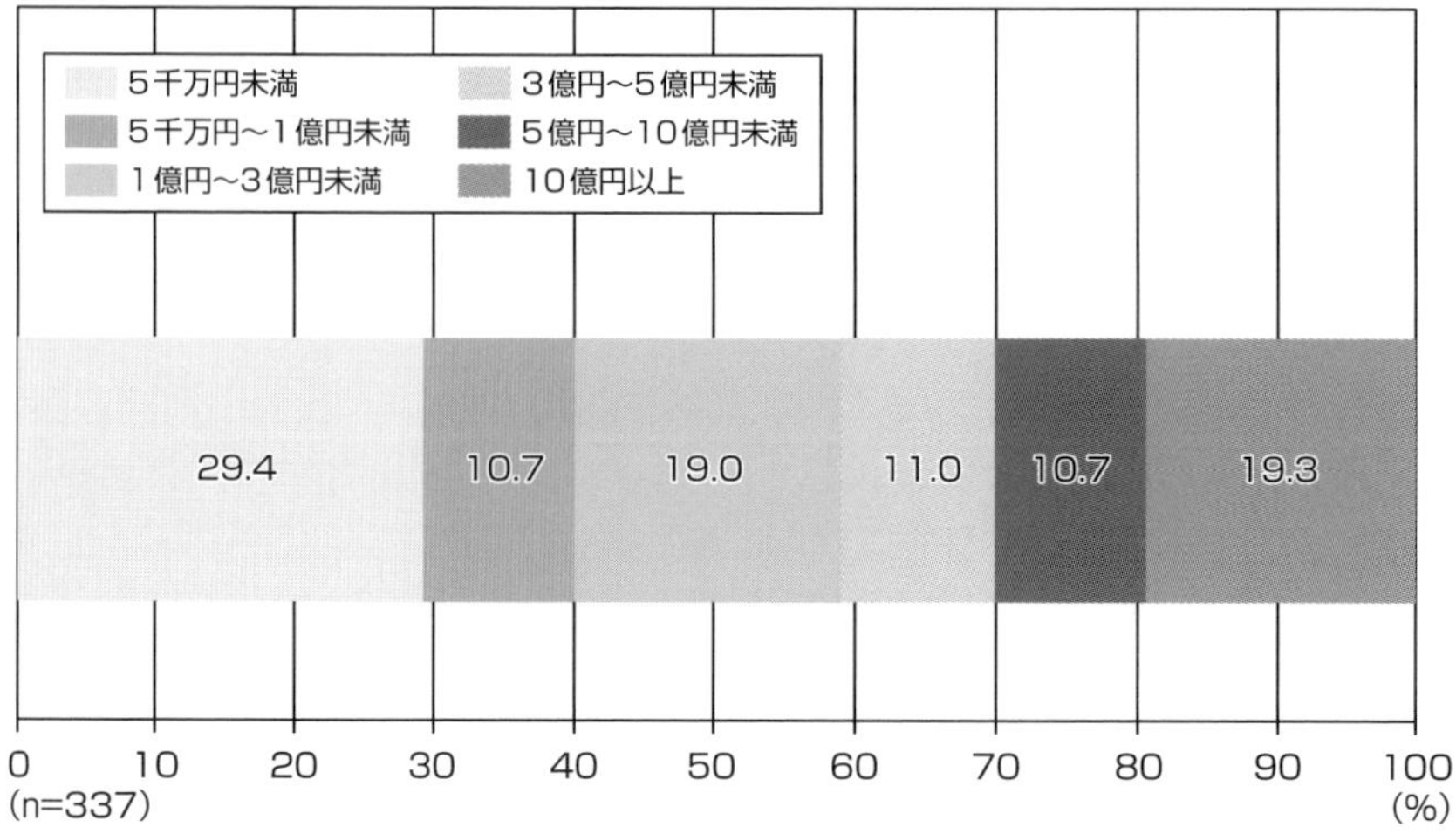

出典：総務省「2019年情報通信基本調査報告書」（2020年3月）

番組制作会社の資本金（2018年度）（図2.12.3）

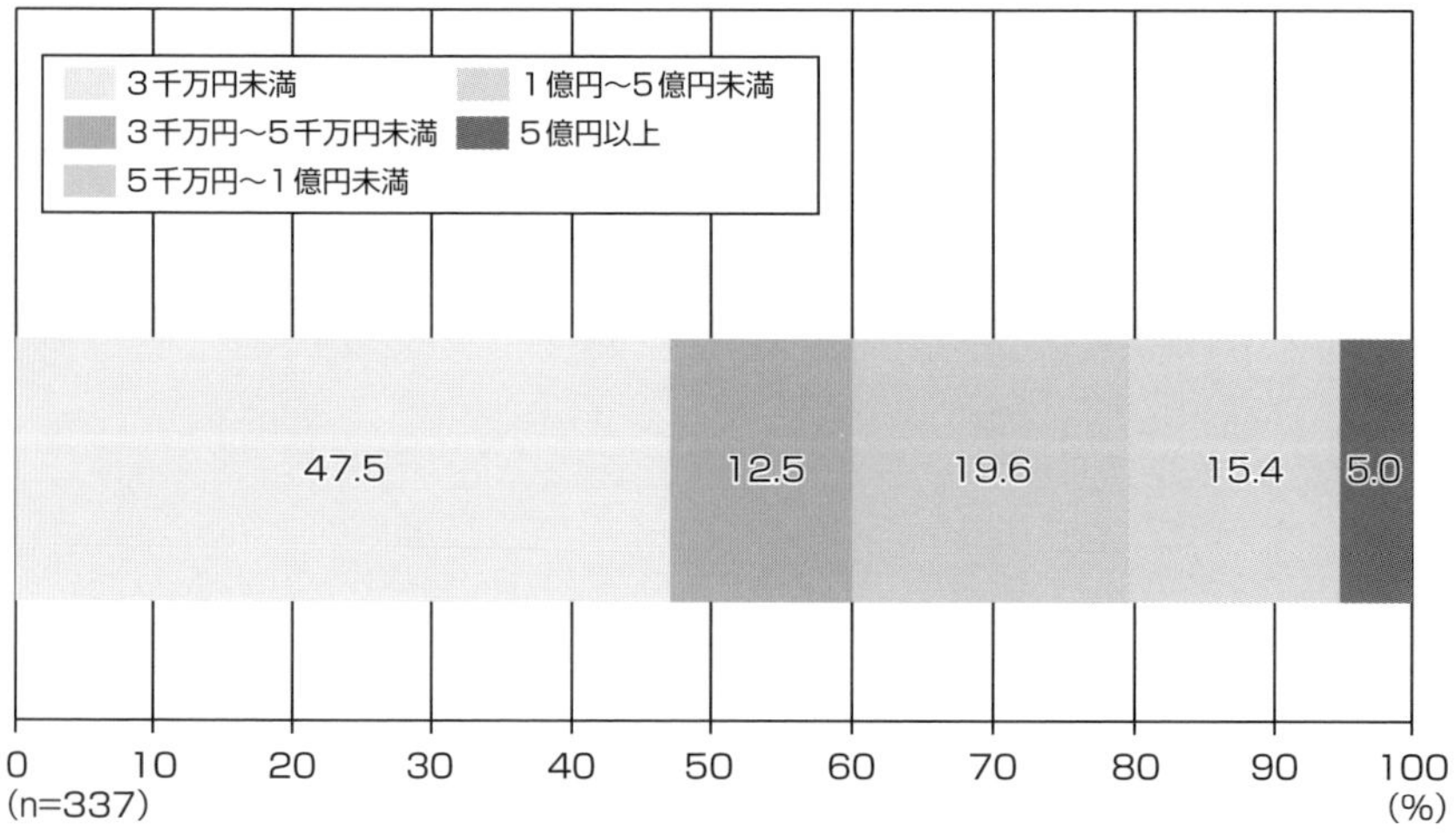

出典：総務省「2019年情報通信基本調査報告書」（2020年3月）

番組制作会社の従業員数（2018 年度）（図 2.12.4）

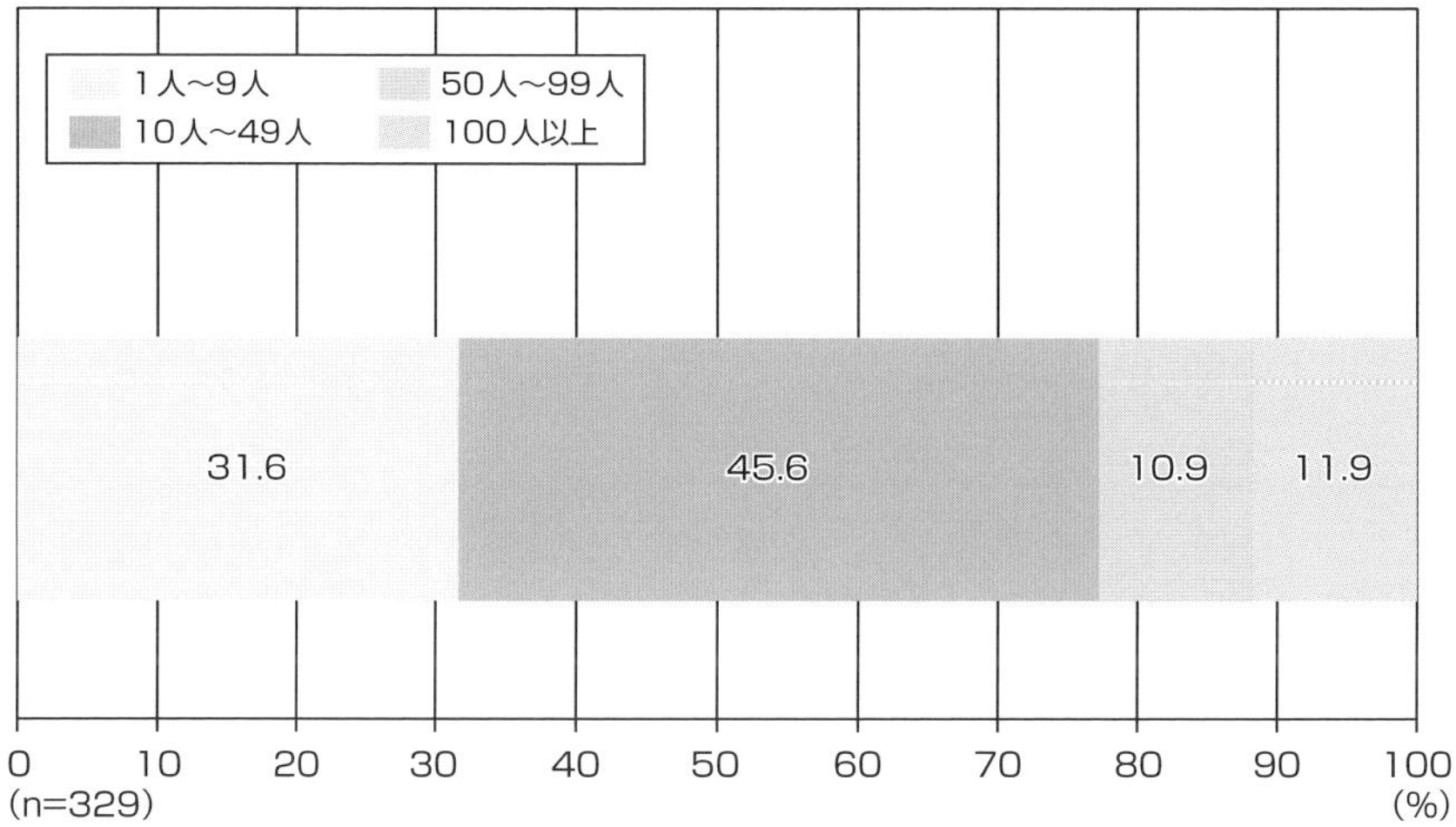

出典：総務省「2019年情報通信基本調査報告書」（2020年3月）

立場の弱い番組制作会社

先に番組制作会社なくして現在のテレビ放送は成り立たないと書きました。しかしながら、番組制作会社の立場は必ずしも強くはありません。

テレビ番組を考えた場合、番組供給の中心となっているのは東京のキー局です。これに関西や中京の放送局を加えたとしても、その数は二〇社にもなりません。これが番組制作の発注権をもつ企業の数です。それに対して番組制作会社の数は比較にならぬほど多く、番組制作の受注競争は自ずと激しくなります。結果、発注側に強い権限が集まることになるわけです。こうした権限を不適切に行使する発注元もあるようです。

例えばこんなケースが報告されています。放送局の子会社が仕事を請け負い、子会社はそれを外部の番組制作会社に発注しました。番組制作会社がその子会社に発注書の発行を求めたところ「子会社なので**下請法**＊の対象外」といわれたそうです。これは下請法逃れの行為とも映ります。テレビ局自体の売上も低迷する中、立場の弱い番組制作会社の経営は前途多難のようです。

第2章　地上放送のキープレイヤーとその動向

用語解説

＊**下請法**　下請代金の支払い遅延など親事業者の濫用行為を取り締まる法律。

13

放送コンテンツの海外輸出

日本の放送コンテンツの海外輸出額が拡大しています。一三年度は一三七億円だったのが、一八年度には五一九億円となりました。その八割をアニメが占めています。安倍政権では、成長戦略の一つとしてクールジャパン戦略を掲げ、放送コンテンツの海外輸出強化を目指しました。

日本のコンテンツを海外へ

安倍政権では成長戦略の一環として**クールジャパン戦略***を掲げ、日本のコンテンツの海外展開に大きな期待を寄せました。

中でも注目が集まっているのが日本の放送コンテンツの海外輸出です。図2・13・1は、日本の放送コンテンツの海外輸出額の推移を見たものです。

一三年度は一三七億八〇〇〇万円だった放送コンテンツの海外輸出額ですが、一八年度には**五一九億四〇〇〇万円**に拡大しています。また、一七年度は四四四億五〇〇〇万円でしたから、市場規模は前年比で一一六・八%の拡大となっています。

その内訳は、番組放送権（一一二億円）、インターネット配信権（一七三億九〇〇〇万円）、商品化権（一六五億三〇〇〇万円）などです。

アニメの輸出額は全体の八一・一%

次に放送コンテンツの海外輸出をジャンル別に見てみましょう（図2・13・2）。

全体の五一九億四〇〇〇万円のうち、アニメが**八一・一%**の四〇五億三〇〇〇万円と断トツでトップになっています。日本のアニメの強さがこの数字からもうかがえます。

以下、バラエティが三二億九〇〇〇万円（六・六%）、ドラマが三三億一〇〇〇万円（六・六%）と続きます。ア

用語解説

＊**クールジャパン戦略**　外国人がクールととらえる「日本の魅力」を発信あるいは創造する活動全般を指す。

日本の放送コンテンツ海外輸出額の推移（図 2.13.1）

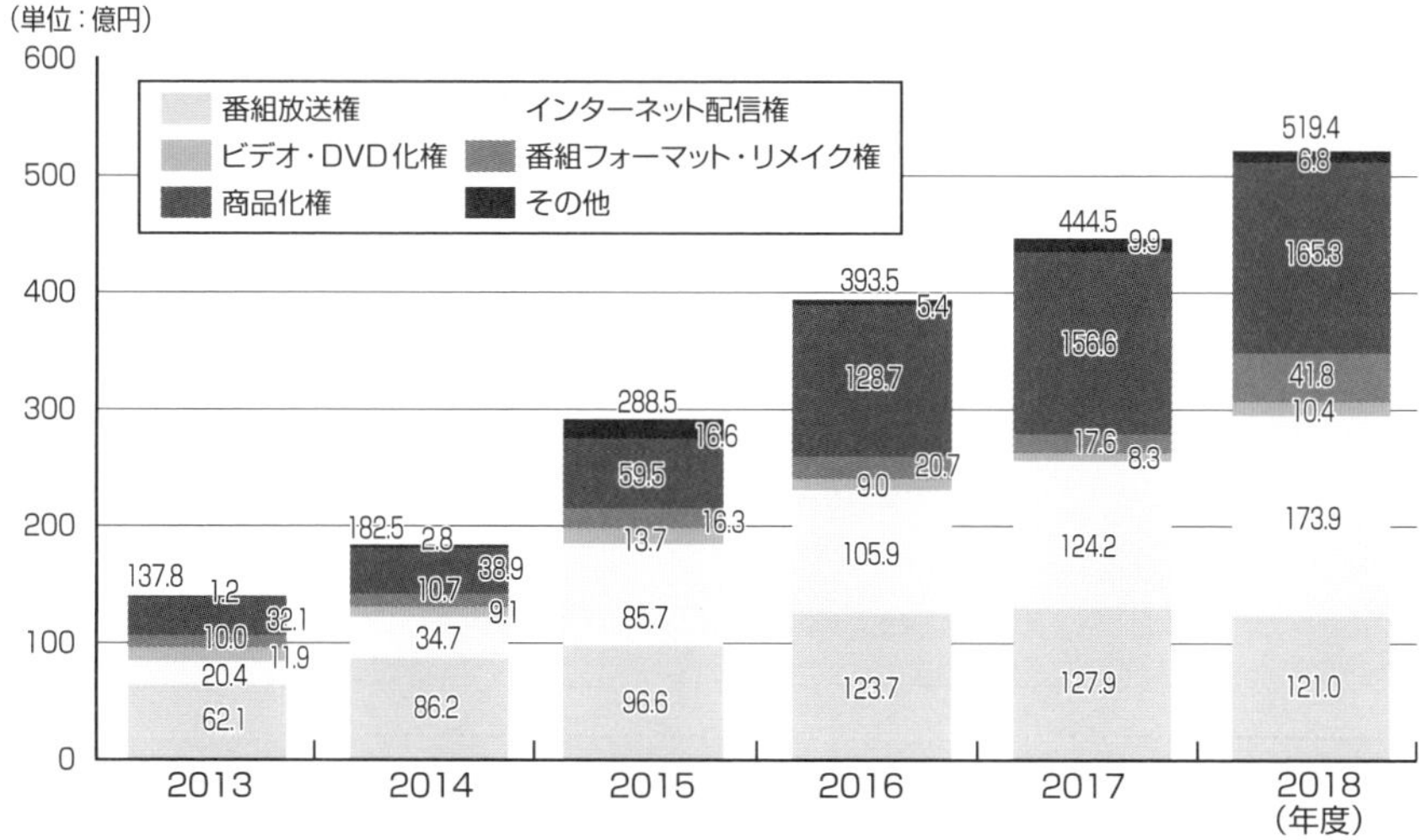

出典：総務省情報通信政策研究所「放送コンテンツの海外展開に関する現状分析（2018年度）」

ジャンル別海外輸出額（図 2.13.2）

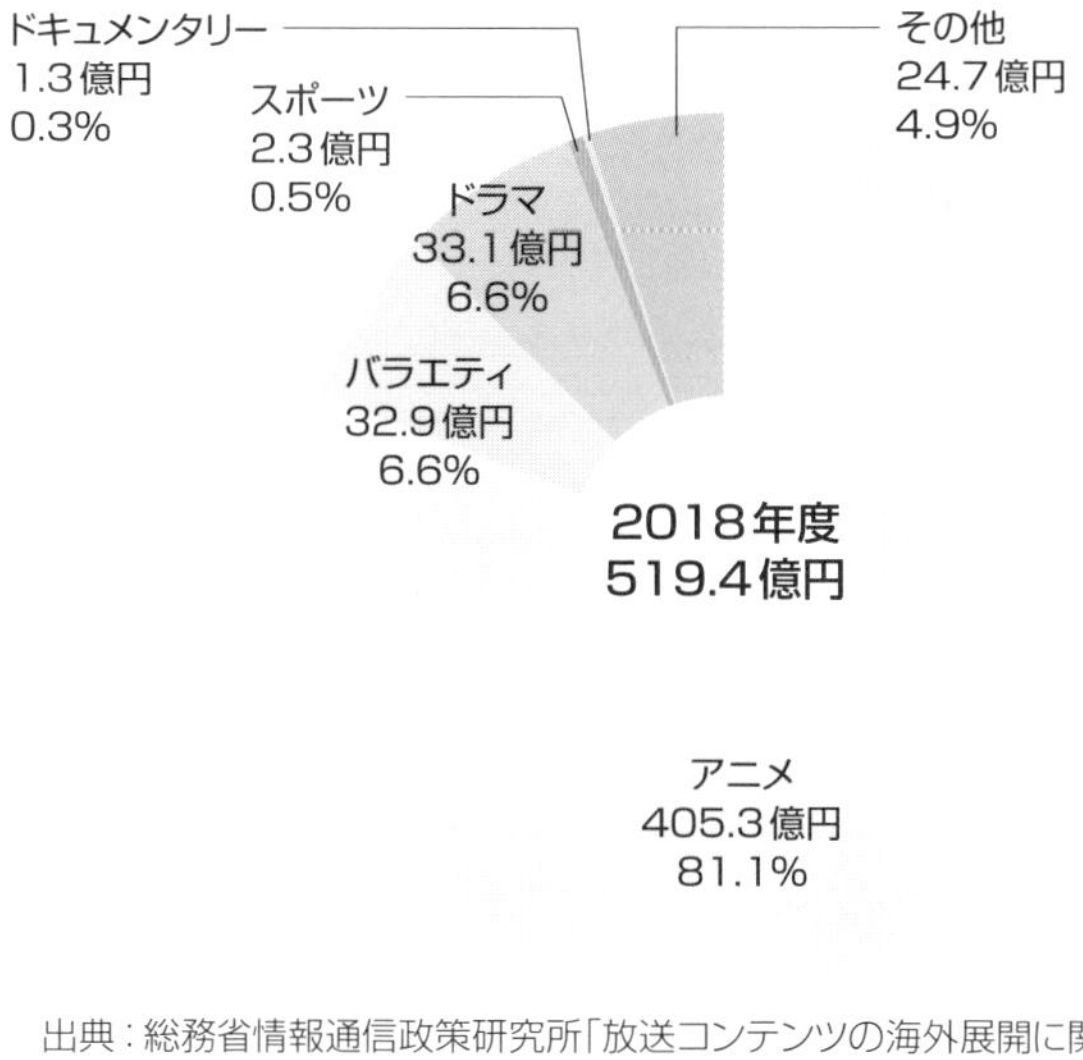

出典：総務省情報通信政策研究所「放送コンテンツの海外展開に関する現状分析（2018年度）」

第2章　地上放送のキープレイヤーとその動向

メリカや欧州ではスポーツ番組の海外輸出が大きなシェアを占めるように思いますが、日本では二億三〇〇〇万円（〇・五%）にしか過ぎません。

輸出先としてはアジアが過半数を占めており、一八年度は一八五億七〇〇〇万円（五〇・五%）となりました。続いて北米（一一一・三億円、三〇・二%）、ヨーロッパ（四〇・四億円、一一・〇%）の順になっています。

政府による強力なバックアップ

なお政府ではコンテンツの海外展開を推進するにあたり、次のような施策を進めています。

まず、コンテンツの海外流通を促進するためにはローカライズやプロモーションが必要ですが、その助成を行っています。

また、東京ゲームショウや東京国際アニメ祭など、日本が誇るコンテンツと関わり深いイベントを効果的に海外へ発信するプロジェクトとして**コ・フェスタ**＊を展開しています。

これらの施策は、日本のコンテンツ発信に一定の効果をもたらしているようです。

輸出先別海外輸出額（図 2.13.3）

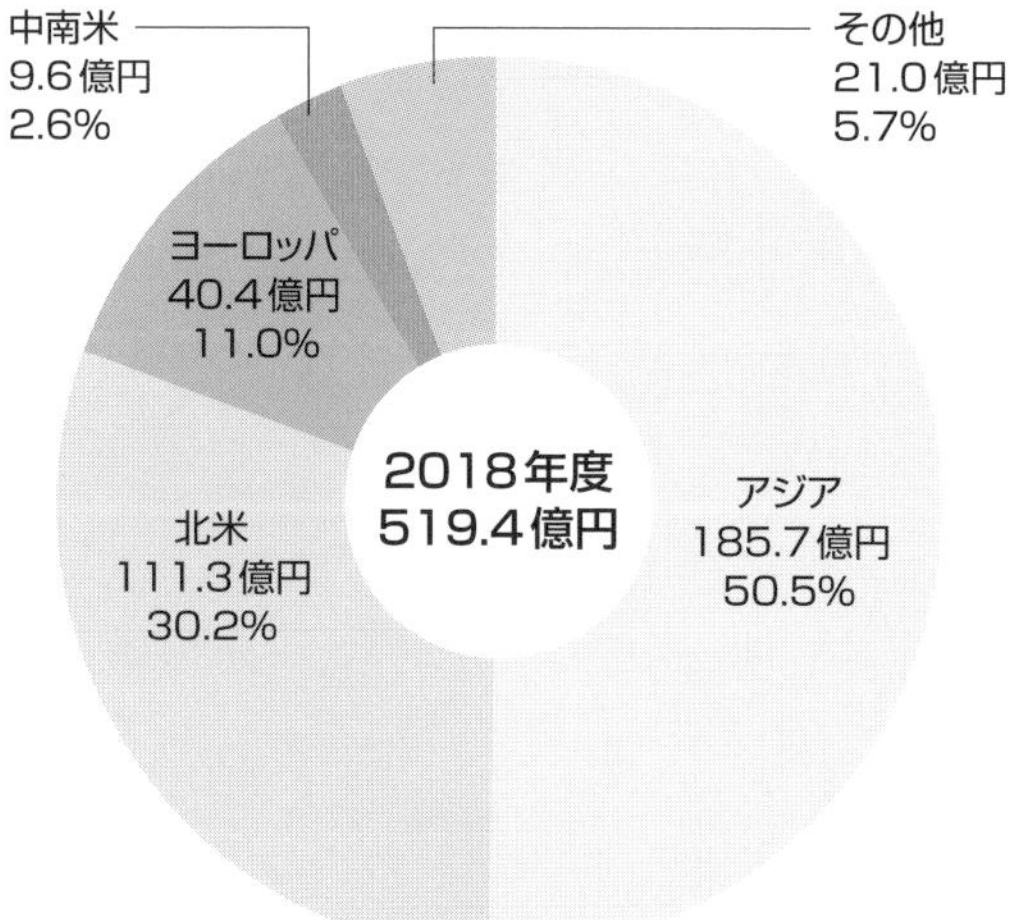

出典：総務省情報通信政策研究所「放送コンテンツの海外展開に関する現状分析（2018年度）」

用語解説

＊**コ・フェスタ**　「JAPAN国際コンテンツフェスティバル」の略称。
https://www.cofesta.go.jp/pc/

第3章

ケーブルテレビと衛星放送の動向

ケーブルテレビと衛星放送も日本における重要な放送インフラです。ケーブルテレビ放送は地上テレビ放送と同じほど古い歴史をもちます。一方、衛星放送は比較的新しい放送サービスです。この新旧の放送サービスがどのような仕組みで成立し、どのような状況にあるのか、本章で詳しく解説したいと思います。

1 広告に頼らないビジネスモデル

地上波を用いた民間放送は、ラジオやテレビを広告媒体にして収入を得るというビジネスモデルで成立しています。一方、同じ民間ながら、有料の衛星放送やケーブルテレビによるビジネスモデルは、民間地上放送と異なるスタイルをとっています。

広告に頼らないビジネスモデル

有料の**衛星放送**や**ケーブルテレビ**は、広告に頼らないビジネスモデルがその特徴です*。もっとも、広告に頼らないといっても、広告収入を否定しているわけではありません。広告のみを収益源にするのではなく、収益源の多様化を図ったビジネスモデルを基本にしているということです。

衛星放送やケーブルテレビの収益源には、具体的に次のようなものがあります。

❶加入料
❷月額の視聴料
❸特別視聴料
❹広告収入

加入料は、そのサービスを購入する初期の段階に支払う料金で、初期費用、または契約料にあたります。

また、**月額の視聴料**は、番組視聴に対して、契約者が月ごとに支払わなければならない料金です。通常は、様々な種類のテレビ番組がパッケージになっていて、月額視聴料で、このパッケージ内の番組ならどれでも見られるようになっています。

このような方式を、**ペイ・パー・チャンネル**(**PPC**)とも呼びます。

それから、**特別視聴料**とは、基本パッケージ外の番組

用語解説
＊…**その特徴です**　キー局の衛星放送には広告モデルで番組を提供するものもある。

の視聴に必要な料金です。番組によっては、視聴した時間によって料金が決まるものもあります。これを**ペイ・パー・ビュー（PPV）**と呼びます。

これら多様な収益源に、四番目の広告収入をも組み合わせ、ケーブルテレビや衛星放送は、経営を成り立たせているわけです。

ビジネスモデルから見た放送業界

以上のように、ビジネスモデルから放送事業を見ると、

❶受信料収入（NHK方式）
❷広告収入（民間地上放送方式）
❸多様な収益源の組み合わせ（ケーブルテレビ、衛星放送方式）

これら三つのパターンがあることがわかります。

そして、この三つのビジネスモデルと、1・3節の図1・3・3と重ね合わせると、次のようなトレンドが見えてきそうです。

図1・3・3で示した積み上げ棒グラフは、放送市場に占めるNHK、地上放送（民間）、衛星放送（民間）、ケーブルテレビの放送市場に占めるシェアの長期推移を表していました。

その変化には、

- **NHKは増加傾向**
- **地上放送は下げ止まりから再び微減傾向**
- **ケーブルテレビは現状維持**
- **衛星放送は減少傾向**

という結果が表れていました。

これをビジネスモデルに当てはめて考えると、

- **受信料によるビジネスモデルは相対的に拡大傾向**
- **広告収入によるビジネスモデルは相対的に下げ止まりから再び微減傾向**
- **収入源の多様化によるビジネスモデルは相対的に停滞。ただし有料衛星放送は減少傾向**

という構図になるのがわかります（図3・1・1）。

かつては衛星放送やケーブルテレビのように収益源を多様化させたビジネスモデルが拡大傾向にありました。しかし潮目が少々変わったようです。

ビジネスモデルから見たトレンド（図 3.1.1）

2 衛星放送の特徴と仕組み

衛星放送は人工衛星を用いて宇宙から電波を降らせて、広範な地域に番組を提供します。人工衛星を用いた放送には放送衛星を用いたBS放送と通信衛星を用いたCS放送の二種類がありました（1-1節）。歴史的にはBS放送の方が古い放送サービスです。

衛星放送の特徴

放送用の人工衛星には**放送衛星**（**BS**＊）と、**通信衛星**（**CS**＊）の二種類があります。かつては前者によるものを**BS放送**、後者によるものを**CS放送**と呼びました。

日本で最初に人工衛星による放送が行われたのは、放送衛星BS―2が打ち上げられた一九八四（昭和五九）年のことです。

その後、八九年（平成元年）六月よりNHKが衛星第一テレビ、衛星第二テレビの本放送を開始しました。さらに九〇年八月には、初の民間衛星放送である**日本衛星放送**（**WOWOW**）が放送を始めています。

衛星放送のメリットは、衛星から送信される一つの電波で、日本全域をカバーできるという点です。従来の地上テレビ放送では届きにくかった山間部や離島でも、衛星放送ならば楽々カバーできます。また、地上テレビ放送でよく見られる、建造物に電波が跳ね返って生じる**ゴースト現象**＊も、衛星放送ではほとんど生じません。つまり衛星放送は、品質の良い映像を、エリアの隅々まで提供できるわけです。これが衛星放送の最大の利点といってよいでしょう。

用語解説
＊**BS**　Broadcasting Satelliteの略。
＊**CS**　Communication Satelliteの略。
＊**ゴースト現象**　画像が重複して見える現象。

アップリンクとダウンリンク（図 3.2.1）

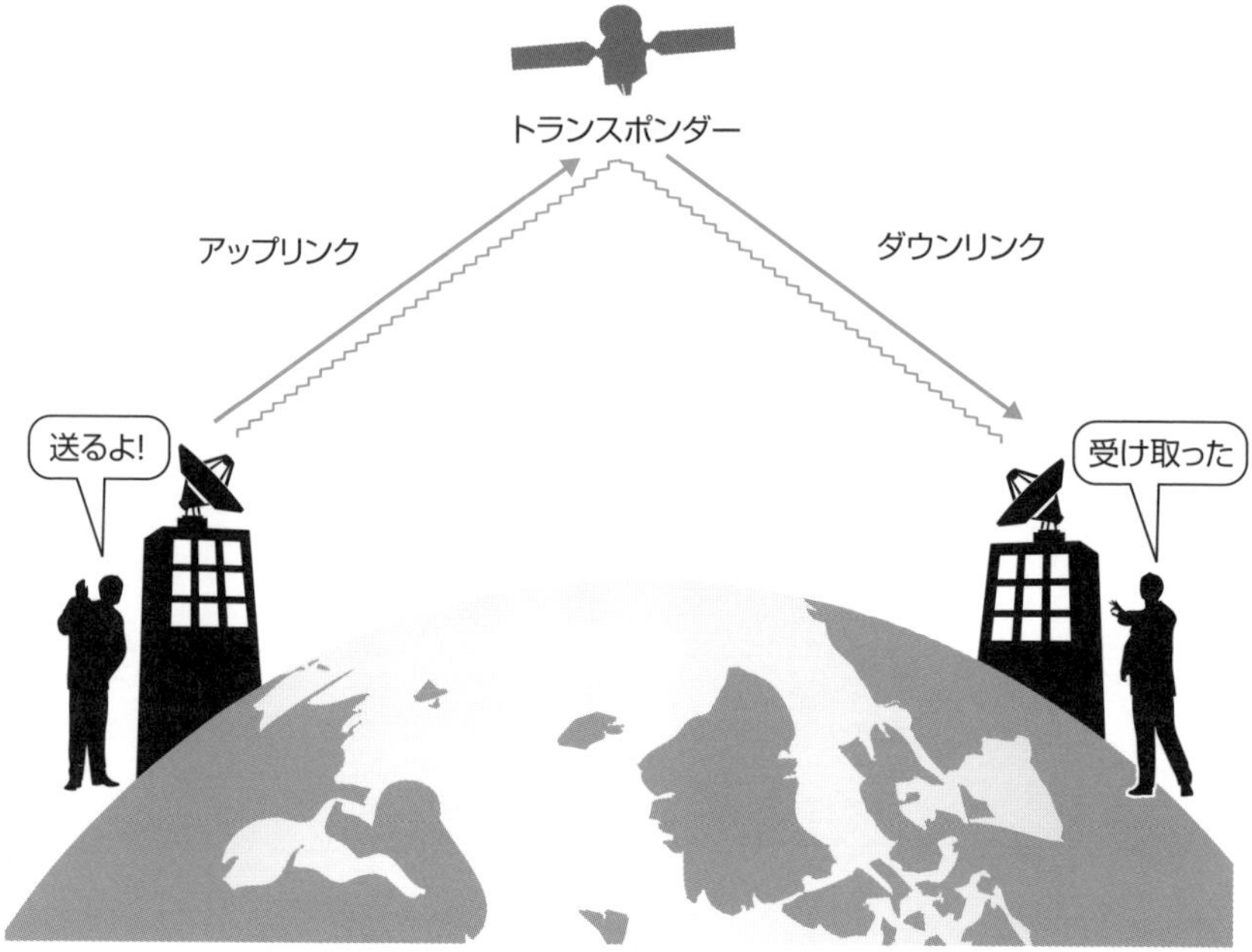

衛星放送の仕組み

衛星放送で番組が提供される仕組みは次のようになっています（図３・２・１）。まず、放送局で作られた番組は、地上局から衛星に向けて送信されます。これを**アップリンク***と呼びます。

三万六〇〇〇キロメートル上空の静止軌道上にある人工衛星では、地上局からの信号を、**トランスポンダー**と呼ばれる中継器で受信し、地上に向けて再送信します。

各家庭では衛星から送られた電波を**パラボラ・アンテナ**で受信します。また、後に説明するケーブルテレビ局の場合だと、センター局が人工衛星から送られた番組信号を受信して、各家庭に配信する仕組みになっています。

ところで、このような衛星放送にもいくつかの弱点があります。まず、放送ができない期間があるということです。これは放送衛星が春と秋に地球の陰に入り、太陽光が遮断さ

用語解説

* **アップリンク**　地上局から衛星に向けて番組を送信するのがアップリンク。一方、衛星から地上に向けて番組を送信することを**ダウンリンク**と呼ぶ。

人工衛星の配置図（図 3.2.2）

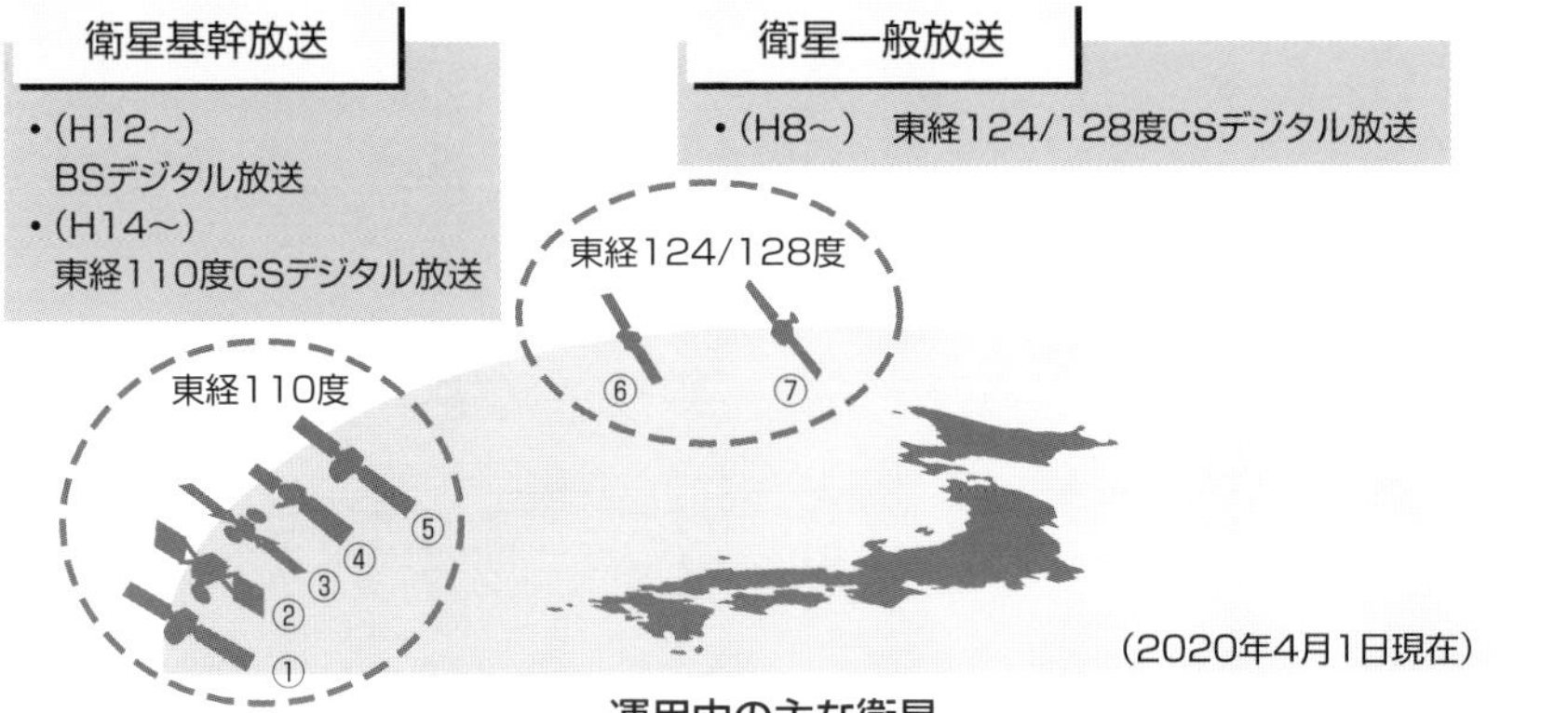

(2020年4月1日現在)

運用中の主な衛星

	衛星名	軌道位置	国際周波数割当上の位置付け	放送種別	運用開始	管理会社
①	BSAT-3a	東経110度	放送衛星業務	衛星基幹放送	平成19年10月	(株)放送衛星システム
②	BSAT-4a	東経110度	放送衛星業務	衛星基幹放送	平成30年12月	(株)放送衛星システム
③	BSAT-3b	東経110度	放送衛星業務	衛星基幹放送	平成23年7月	(株)放送衛星システム
④	BSAT-3c /JCSAT-110R	東経110度	放送衛星業務 固定衛星業務(宇宙から地球)	衛星基幹放送	平成23年9月	(株)放送衛星システム スカパーJSAT(株)
⑤	N-SAT-110 (JCSAT-110A)	東経110度	固定衛星業務(宇宙から地球)	衛星基幹放送	平成29年4月	スカパーJSAT(株)
⑥	JCSAT-4B	東経124度	固定衛星業務(宇宙から地球)	衛星一般放送	平成24年8月	スカパーJSAT(株)
⑦	JCSAT-3A	東経128度	固定衛星業務(宇宙から地球)	衛星一般放送	平成19年3月	スカパーJSAT(株)

出典：総務省「衛星放送の現状」(令和2年度第1四半期版)

れて発電できなくなるために起こる現象です。この現象のことを**食**と呼んでいます。

また、衛星放送では極めて高い周波数の電波を利用しています。このような電波の場合、降雨などの影響で画像が荒れるケースも見られます。

なお、現在利用されている放送用の人工衛星は図3・2・2のとおりで、これらが赤道上空の約三万六〇〇〇キロメートルに配置されています。

ワンポイントコラム

【衛星の寿命】　現在の日本の上空に打ち上げられている衛星の寿命は約10〜15年といわれている。現在、運用開始が最も古い放送用の衛星は東経128度にあるJCSAT-3Aで2007年(平成19年3月)である。

衛星基幹放送と衛星一般放送

すでに述べたように、かつて人工衛星を用いた日本の放送には、BS放送とCS放送がありました。視聴者からするとどちらも同じに見える放送サービスです。そのため、現在はBSとCSで区分するよりも、衛星基幹放送と衛星一般放送に区分するようになりました。

技術面から見たBS放送とCS放送の違い

BS放送に利用する衛星を**放送衛星**、CSに用いる衛星を**通信衛星**と呼ぶのは、前節にふれたとおりです。両者で利用している人工衛星には、技術的な違いが見られます。

本来BSは、各家庭に放送を提供することを主目的にしています。そのため、家庭に設置する小さな**パラボラ・アンテナ**でも容易に受信できるよう、BS放送に利用する人工衛星では、出力の大きな**トランスポンダー**を利用します。

一方、CSは、本来は事業所向けのデータ通信を前提に設計されていました。そのため、出力の小さなトランスポンダーを多数搭載し、多くの利用者が共用できるようにしてあります。また、受信するには大型のアンテナが不可欠でした。

ところが、デジタル化の進展に伴い、映像を圧縮して送信する技術が高度化し、小さなトランスポンダーでも品質の良い映像を送信できるようになり、また、比較的小型サイズのアンテナで電波を受け取れるようになりました。こうした技術的進展により、CSを用いたテレビ放送が可能になったのです。

BS放送とCS放送にはこのような技術上の違いが見られます。しかし、実際番組を視聴している側には、その違いはわかりません。そういう意味で、私たち視聴者側からすると、技術的な違いでBS放送とCS放送を区別するのは、無意味のように思われます。ちなみに海外ではBSとCSの区分けは、特にされていませんでした。

衛星基幹放送と衛星一般放送

CSをさらに細かく見ると、位置により**東経一一〇度CS**と**東経一二四／一二八度CS**の二種類があります（3 - 2節の図3・2・2）。かつてBS放送と東経一二四／一二八度CS放送の双方を視聴しようと思うと、それぞれパラボラアンテナが必要になりました。しかし近年、BS・東経一一〇度CS共用アンテナや三波共用受信機の普及で、BSとCSの違いはさらになくなりました。

このような背景から、現在ではBS放送および東経一一〇度CS放送は地上放送と同類の**衛星基幹放送**、東経一二四／一二八度CS放送はケーブルテレビと同類の**衛星一般放送**と区分されるようになりました。この区分は一一年施行の改正放送法（1 - 4節）による基幹放送と一般放送に準じるものです。

基幹と一般、その仕組みの違い

衛星基幹放送と衛星一般放送は、人工衛星の位置だけでなく、放送を送り出す仕組みにも違いがあります。それを示したのが図3・3・1です。

図に従って説明しましょう。まず、衛星基幹放送ですが、こちらには**衛星基幹放送事業者**と**基幹放送局提供事業者**という二種類の事業者があります。

前者の衛星基幹放送事業者は放送番組の制作・編集を行う主体です。

一方、後者の基幹放送局提供事業者は放送局の運営・管理を行います。

衛星基幹放送事業者は基幹放送局提供事業者に番組の放送を委託し、基幹放送局提供事業者は委託を受けたその番組を丸ごとそのまま放送します。

現在、衛星基幹放送事業者の認定を受けている事業者は三九社です*。また、基幹放送局提供事業者は**放送衛星システム**と**スカパーJSAT**の二社*です。放送衛星システムは放送衛星B - SAT四機を運用し、NHKやキー局のBS局、WOWOWなどの番組を放送

用語解説
*三九社です　事業者の数は2020年4月1日現在。
*放送衛星システムとスカパーJSATの二社　事業者の数は2020年4月1日現在。

制度面に関する違い（図 3.3.1）

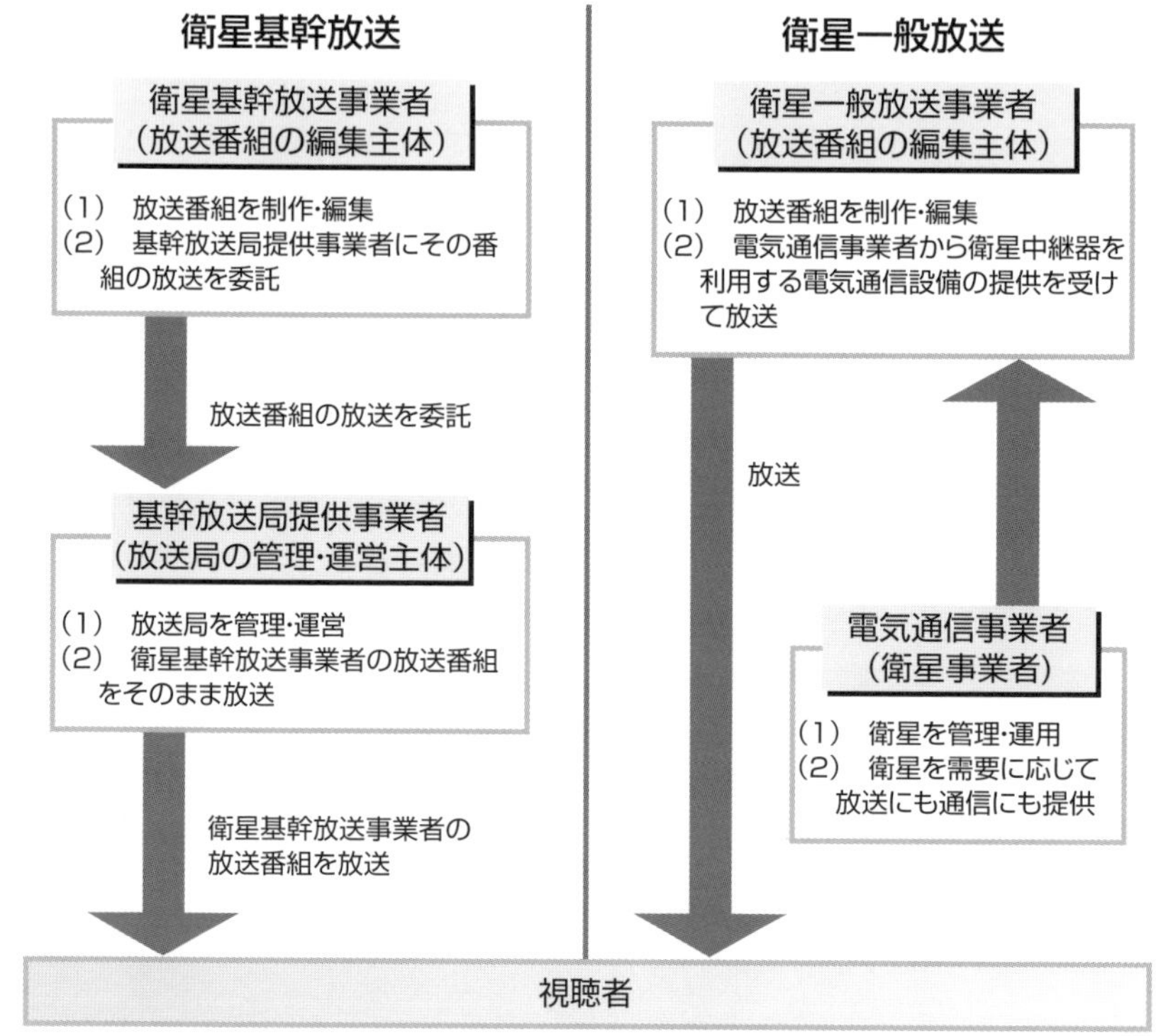

出典：総務省「衛星放送の現状」（令和２年度第１四半期版）

しています。また、スカパーＪＳＡＴは東経一一〇度のほか、東経一二四／一二八度の通信衛星を運用しています。

次に衛星一般放送ですが、こちらには**衛星一般放送事業者**と**電気通信事業者（衛星事業者）**の二者があります。

前者の衛星一般放送事業者は放送番組を制作・編集する主体です。

一方、後者の電気通信事業者は衛星を管理・運用する事業者です。衛星一般放送事業者は電気通信事業者から衛星中継器の提供を受けて番組を放送します。現在、衛星一般放送事業者の登録を受けているのは四社です*。

用語解説

＊**四社です**　事業者の数は2020年4月1日現在。

プラットフォーム事業者の役割（図 3.3.2）

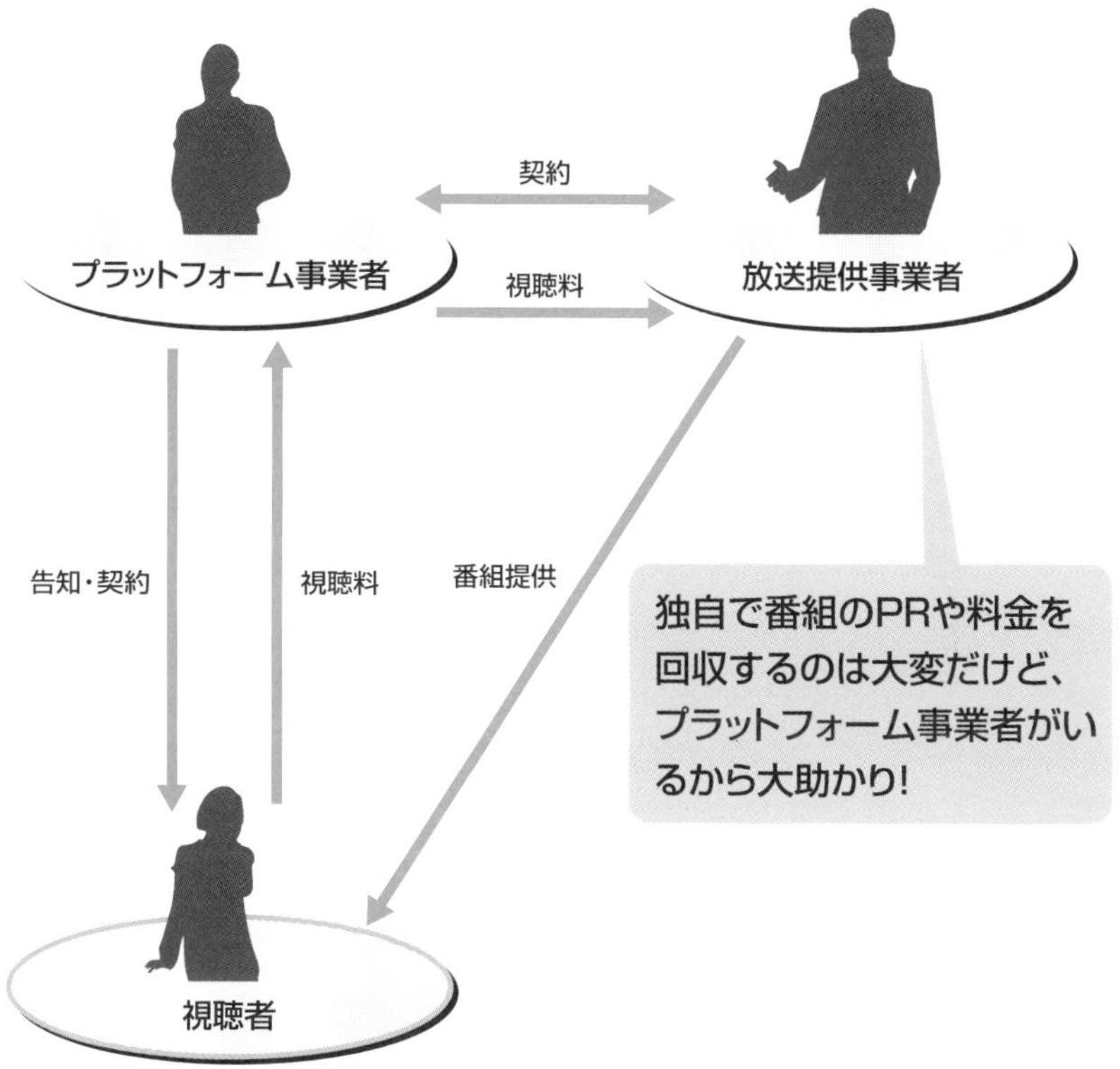

プラットフォーム事業者とは何か

　なお、これらの事業者とは別に、**プラットフォーム事業者**という業態もあります。これは**有料放送管理事業者**とも呼ばれていて、放送提供事業者が有料で行う番組の視聴契約を視聴者と結ぶ仲介をしたり、視聴料を徴収して放送提供事業者に分配するサービスなどを行います。

　現在、衛星基幹放送および衛星一般放送ともそれぞれ**スカパーJSAT**がプラットフォーム事業者になっています。同社は衛星基幹放送を**スカパー！**、衛星一般放送を**スカパー！プレミアムサービス**のブランド名でサービスを提供しています。

4

衛星基幹放送の現状と動向

人工衛星を用いた日本最初の放送はBSアナログ放送で一九八九年にNHKによって始められました。アナログ衛星放送は一一年七月二四日で終了し、現在はデジタル放送になっています。また、BS放送と一一〇度CS放送を合わせて現在は衛星基幹放送と呼んでいます。民間による衛星基幹放送の契約者数の伸びは近年足踏み状態にあります。

BS放送から衛星基幹放送へ

日本の人工衛星を用いた放送ではBSとCSがありましたが、視聴者にとってその違いはさして大きくありませんでした。

このようなことから、〇九年に制度が変わり、BS放送および東経一一〇度CS放送が**特別衛星放送**、それ以外が**一般衛星放送**と区分されました。さらに一一年度施行の改正放送法により制度上、特別衛星放送は**衛星基幹放送**、一般衛星放送は**衛星一般放送**になったという経緯があります。

BS放送が衛星基幹放送に変わる中、NHKの受信契約件数を見たのが図3・4・1です。

ご存知のように、NHKの受信料は地上放送と衛星放送で別々に収める必要があります。衛星契約はNHKの受信契約が伸び悩んだ時期でも右肩上がりで伸びてきました。

この結果、一九年度には衛星契約が二二八九万件に達しています。これは契約総数四五二二万件の五〇・六%に上ります。このようにとうとう地上と衛星の契約件数が逆転しました。

WOWOWそしてスカパー！動向

BSアナログ放送に有料番組のWOWOWが参入し

NHKの受信契約件数の推移（図3.4.1）

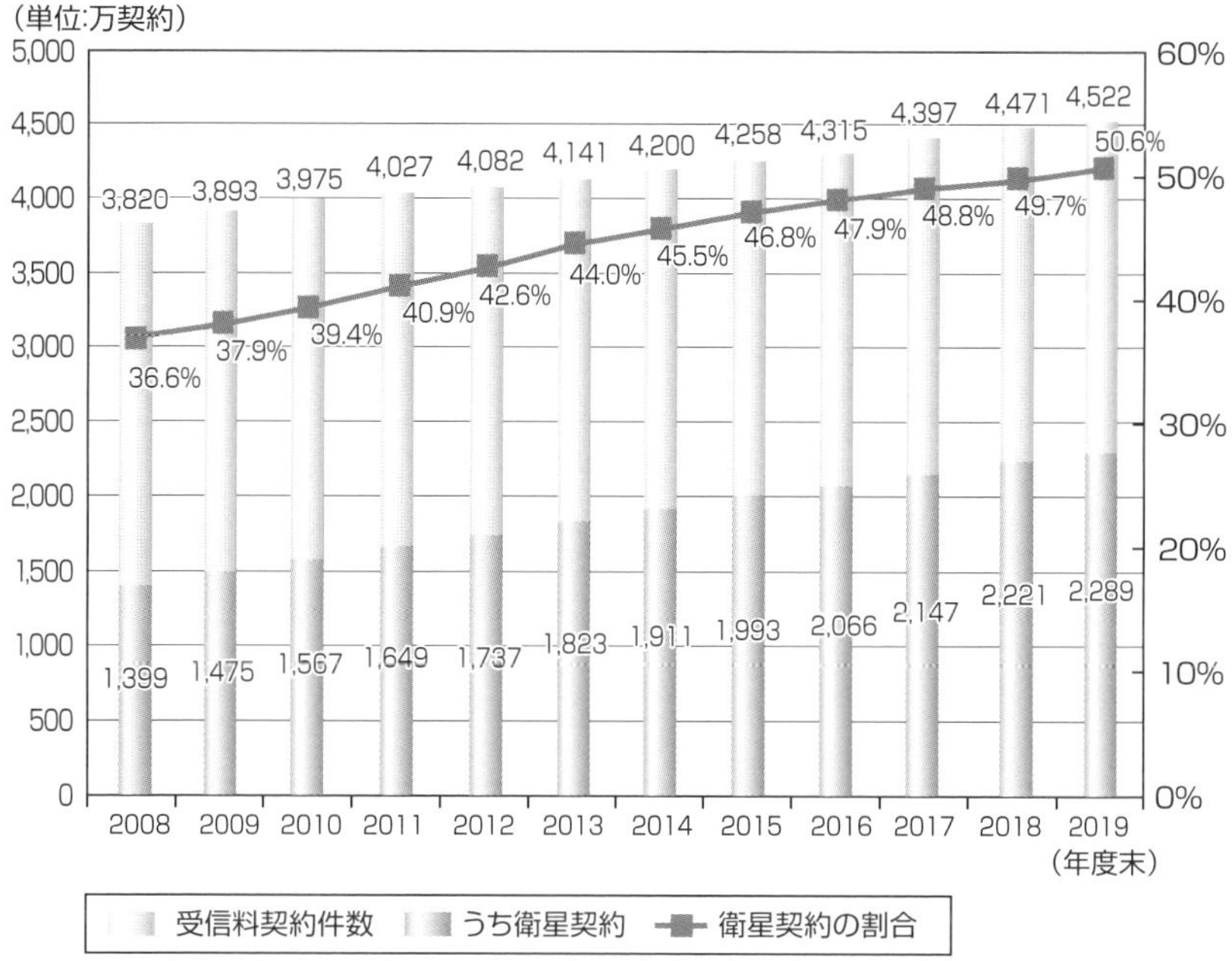

出典：NHKホームページ公開資料をもとに作成

たのは、ＮＨＫがＢＳ放送を開始した翌年にあたる一九九〇年のことです。現在ＷＯＷＯＷも衛星基幹放送の一チャンネルとして番組を提供しています。

また、東経一一〇度ＣＳ放送は〇二年から始まったデジタル放送です。こちらは**スカパー！**（旧名**スカパー！e2**）がサービスを提供していましたが、こちらも現在は基幹衛星放送の一つになっています。

〇八年度から見たＷＯＷＯＷとスカパー！の加入者数の推移は図3・4・2のとおりです。

ＷＯＷＯＷは一一年度にアナログ放送を停止して完全デジタル化に移行しました。契約者数は一九年度で二八五・五万件となっています。ただし、契約者数は、ここ一〇年来で初めて前年割れとなりました。

一方、スカパー！は、〇二年の放送開

WOWOW とスカパー！の加入者数推移（図 3.4.2）

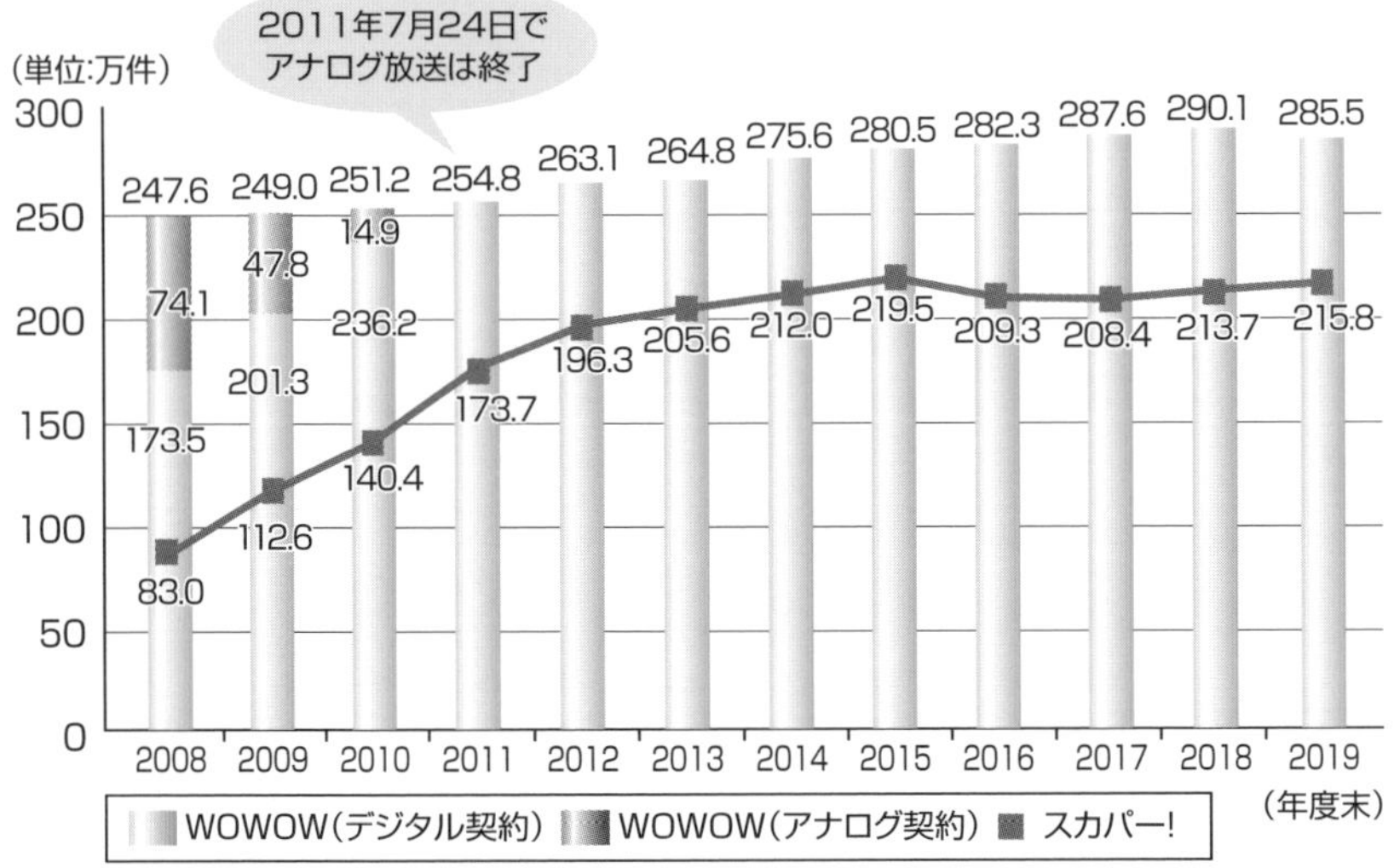

出典：総務省「衛星放送の現状」（令和2年度第1四半期版）をもとに作成

始から順調に契約者を獲得してきましたが、一六年度は前年割れとなってしまい、その後は微増に転じ、一九年度は二一五・八万件でした。

ＮＨＫの衛星契約はともかく、ＷＯＷＯＷやスカパー！の加入者推移はそろって足踏み状態であり、有料の衛星放送は転機を迎えています。

売上・利益とも苦戦

一方、図3・4・3と図3・4・4は、ＢＳ放送および東経一一〇度ＣＳ放送の事業者の収支をとりまとめたものです。

まずＢＳ放送ですが、こちらは〇七年度に四七億円の単年度黒字となり、以後、黒字幅はほぼ拡大していましたが、一八年度の売上は**二一八一億円**、利益は**二〇二億円**で、いずれも前年割れとなりました。

また東経一一〇度ＣＳ放送を見ると、こちらは一〇年度に単年度黒字を達成しています。一六年度に八六八億円あった売上は一七年に急落して七七五億円になりました。一八年度の売上高は**七八九億円**で、利益は**四六億円**でした。

BS 放送の収支状況（図 3.4.3）

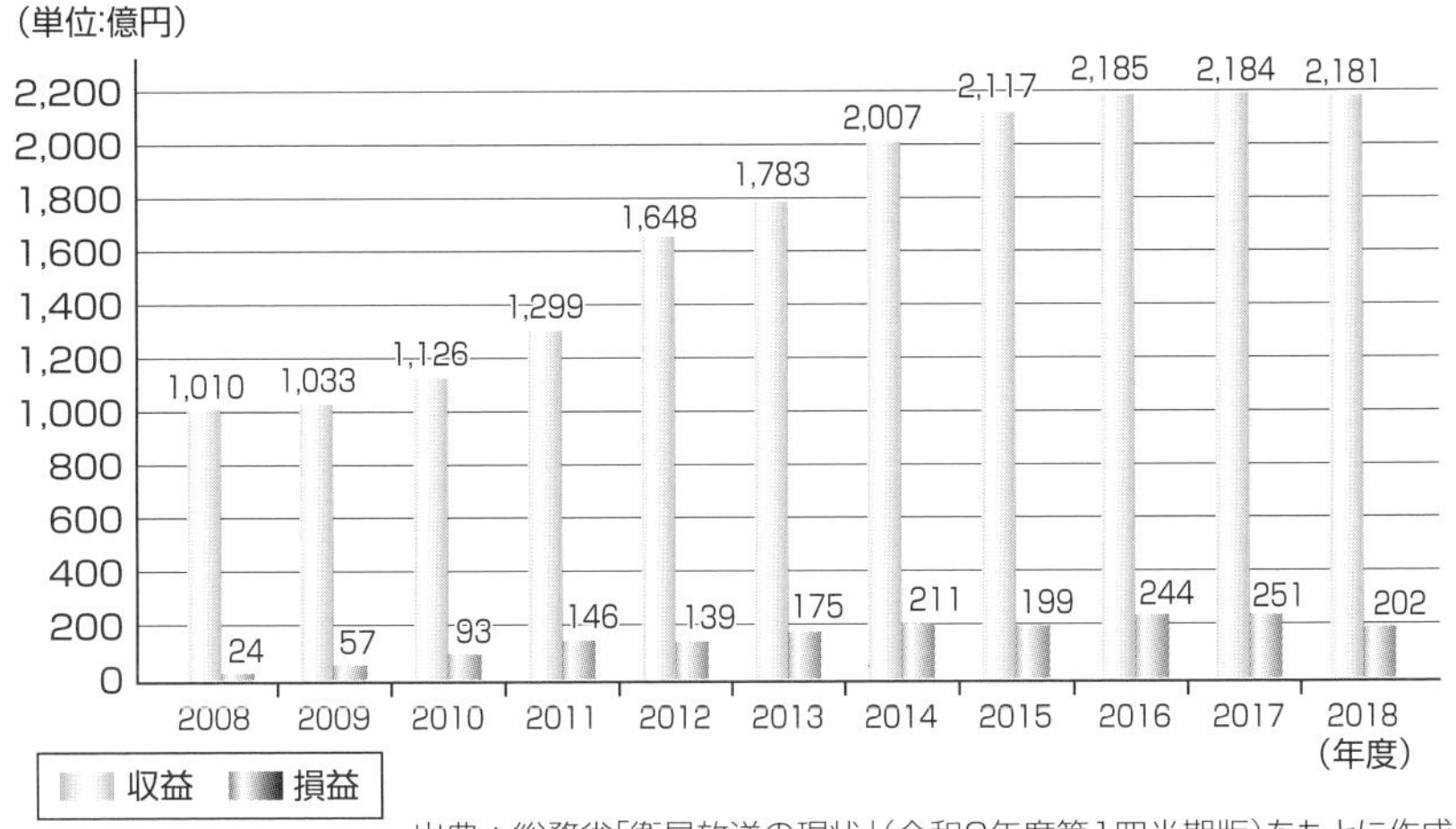

出典：総務省「衛星放送の現状」（令和2年度第1四半期版）をもとに作成

東経 110 度 CS 放送の収支状況（図 3.4.4）

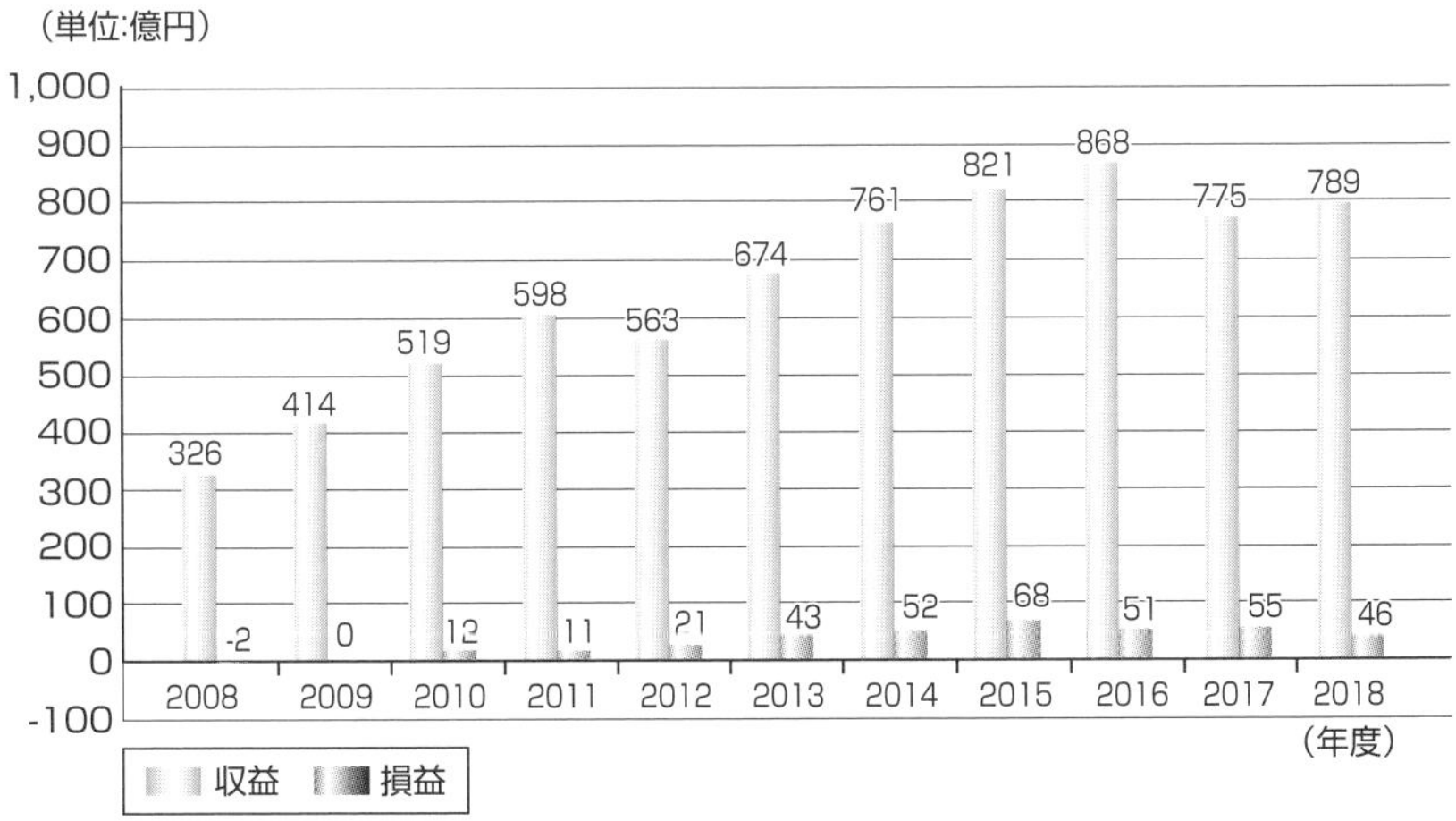

出典：総務省「衛星放送の現状」（令和2年度第1四半期版）をもとに作成

5

衛星一般放送の現状と動向

一九九二年に個人視聴者が、通信衛星による番組提供を受けられるようになりました。この年、CNNやスターチャンネルなどの六チャンネルがCS放送を開始しました。その後、パーフェクTV!やディレクTVの進出、スカイパーフェクTV!の誕生、東経一一〇度CSデジタル放送の開始、衛星基幹放送や衛星一般放送の成立と、CS放送を取り巻く環境は目まぐるしく変化しました。

CS放送のおいたち

民間放送用の通信衛星が初めて打ち上げられたのは、一九八九年のことです。この翌年には、**CS**を用いた音声放送が始まっています。

一九九二年になると、CNN、スターチャンネル、MTV、スペースシャワーTV、衛星劇場、スポーツ・アイの六チャンネルがCSテレビ放送を開始します。こうして衛星テレビ時代がいよいよ本格化します。

さらに一九九四年になると、**CSデジタル放送**が計画されるようになり、現スカパーJSAT＊の前身である企画会社が設立され、一九九六年には、日本初のCSデジタル放送、**パーフェクTV!**がスタートしました。

このようにCS放送では短期間のうちにアナログ放送からデジタル放送へと傾斜します。さらに、これに拍車をかけるように、**ディレクTV**、**Jスカイ B**と、矢継ぎ早にCSデジタル放送への参入がアナウンスされました。

しかしながら、世界のメディア王ルパード・マードック率いるJスカイBは、本放送を開始する前に、パーフェクTV!と合併しました。こうして九八年、**スカイパーフェクTV!**が誕生します。

一方、ディレクTVについては、九七年に本放送を開

用語解説
＊**スカパーJSAT**　2008年にスカイパーフェクト・コミュニケーションズ、JSAT、宇宙通信が統合して成立した。

始しましたが、先発したスカイパーフェクTV！に追いつくことがなかなかできませんでした＊。こうして、ディレクTVもスカイパーフェクTV！と事業統合することになり、二〇〇〇年九月、わずか二年半で放送を終了することになりました。

　こうして、激しい競争が予想されたCSデジタル放送戦争の第一ラウンドは、スカイパーフェクTV！の完勝に終わります。

一一〇度CSデジタル放送の開始

　CSデジタル放送の第二ラウンドは、**一一〇度CSデジタル放送**の開始と同時に始まったといってもよいでしょう。一一〇度CS放送は、東経一一〇度、すなわちBS用放送衛星と同じ位置にある通信衛星を利用するCS放送です。こちらの本放送は〇二年より始まりました。

　放送事業者が一一〇度CSデジタル放送に魅力を感じたのは、この衛星がBSデジタルと同じ東経に位置するからです。つまり視聴者は、東経一一〇度にアンテナを向ければ、BSデジタル放送のほか、CSデジタル放送も視聴できます。一一〇度CSデジタル放送にとっては、既存のBS放送の視聴者を引き込みやすいのでたいへん好都合なわけです。

　一一〇度CSデジタル放送では、当初、2つのプラットフォーム事業者が存在しました。一つは、日本テレビや三菱商事、WOWOWが設立した**プラット・ワン**、もう一つは、一一〇度CSデジタル放送版スカパーとも言える**スカイパーフェクTV！2**です。いずれも〇二年に本放送を開始しました。

　しかしながら、早くも〇三年末には、プラット・ワンがスカイパーフェクTV！2を運営するスカイパーフェクト・コミュニケーションズと合併します。後者が存続会社となり、サービス名称は**スカイパーフェクTV！110**になりました。さらに、サービス名称は**e2 byスカパー！**や**スカパー！e2**、現在は単に**スカパー！**に変更されました。

スカパー！の現状

　この間、BS放送とCS放送には制度上の変化があったことはすでに見たとおりです。東経一一〇度C

用語解説
＊…**できませんでした**　ディレクTVはアーノルド・シュワルツェネッガーを起用したテレビ広告が話題になったが、実需にはつながらなかった。

スカパー！プレミアムサービスの契約件数推移（図 3.5.1）

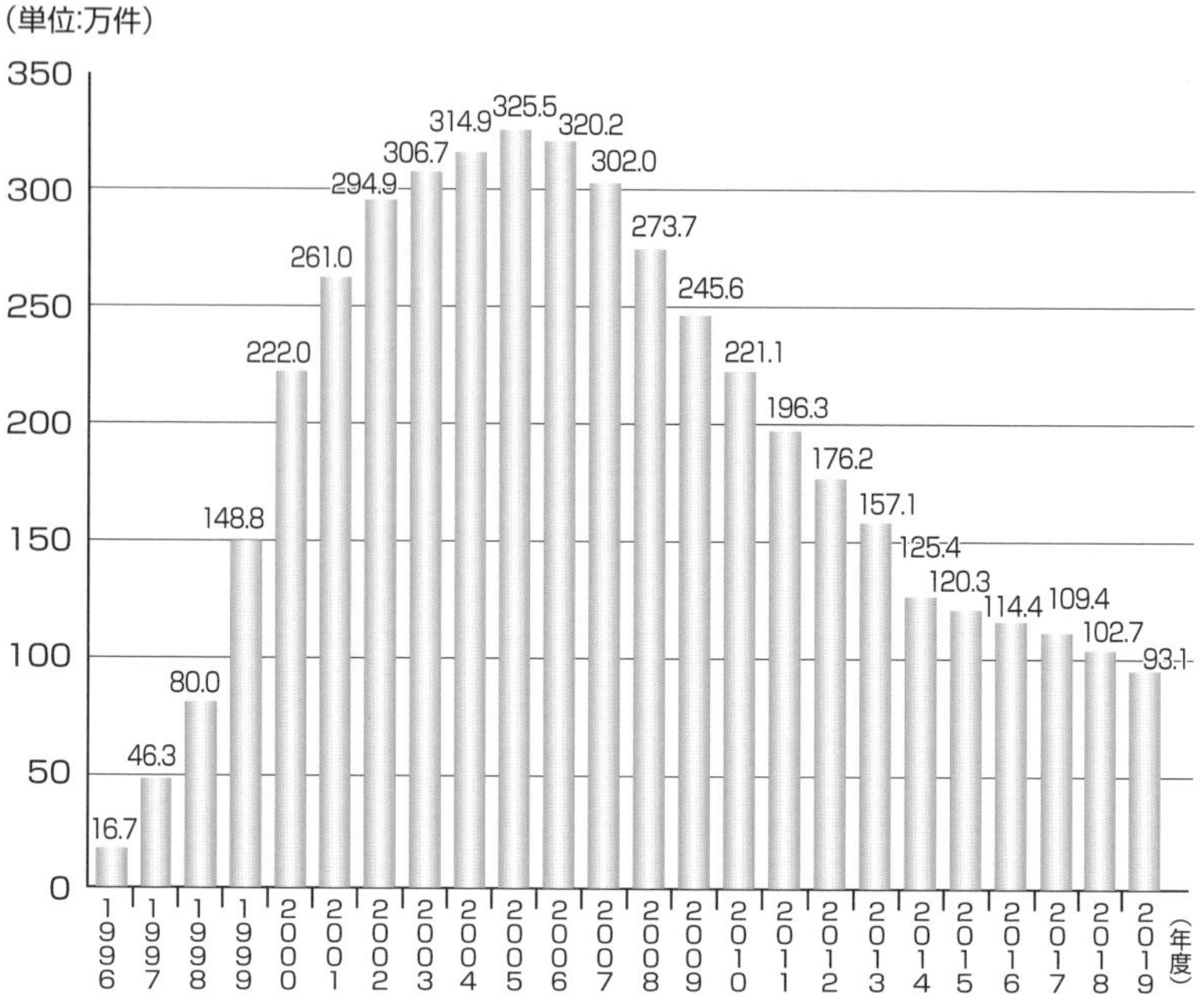

出典：総務省「衛星放送の現状」（令和2年度第1四半期版）

S放送は**衛星基幹放送**、それ以外は**衛星一般放送**になりました。そのため現在、スカパー！は衛星基幹放送に分類されています。また、東経一二四／一二八度CS放送は**スカパー！プレミアムサービス**という呼称でサービスを提供しています。

　スカパー！の呼称がめまぐるしく変わったり、現在も複数のサービスにスカパー！の呼称が用いられているため、一般利用者にとってスカパー！とはいったい何を指しているのかわかりにくいのが現実だと思います。

　一九年度で見ると、衛星基幹放送スカパー！の契約件数は二二五・八万件（3・4節の図3・4・2）、衛星一般放送のスカパー！プレミアムサービスは九三・一万件です（図3・5・1）。衛星一般放送の契約件数が〇五年をピークに大幅に減少しているのがわかります。

東経124・128度CS放送の収支状況（図3.5.2）

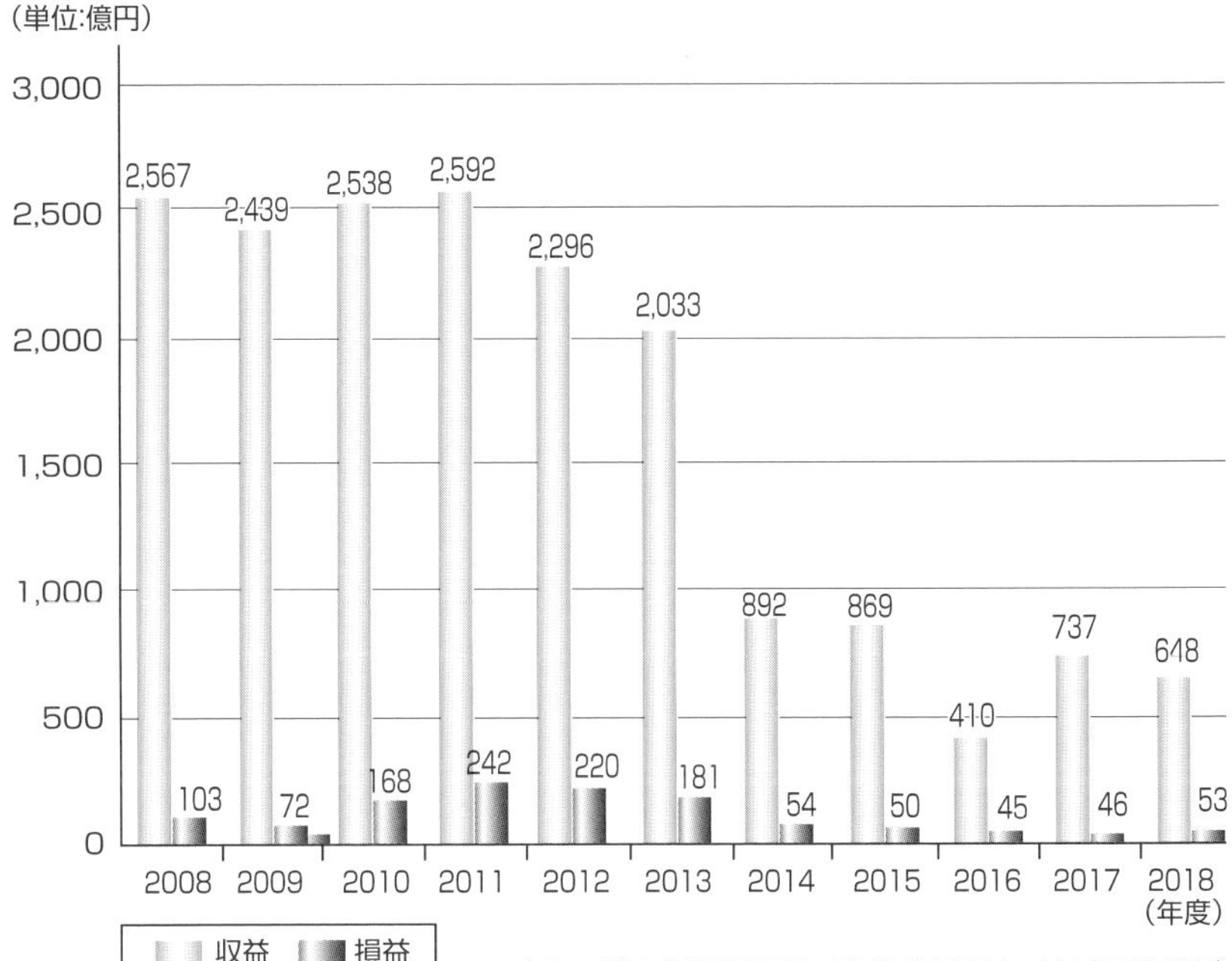

出典：総務省「衛星放送の現状」（令和2年度第1四半期版）

これは視聴者が衛星基幹放送のスカパー！に移行したことやネット経由の動画配信が影響しているものと思われます。

また、スカパーJSATでは、FTTH経由のサービスである**スカパー！光**にも注力しています。これらスカパー！関連の全サービスをトータルした契約件数は三二四万件に達しています。

また、図3・5・2は、衛星一般放送（東経一二四／一二八度CS放送）の収支状況を見たものです。一一年度の売上は二五九二億円ありました。しかし、一二年度以降は売上が急速に下降し、一八年度は**六四八億円**という結果になっています。

衛星基幹放送、衛星一般放送双方のプラットフォーム事業者を務めるのはスカパーJSAT一社ですが、スカパー！のさらなる飛躍は簡単ではなさそうです。

6

ケーブルテレビの仕組み

テレビ放送は、地上波を用いて番組を提供するサービスとしてスタートしました。ところが、地上波の場合、山間部や辺地など、電波の届きにくい場所では、番組を良好に受信することができません。そこで考案されたのがケーブルテレビというシステムです。

ケーブルテレビとは

ケーブルテレビは、テレビ電波が届かない地区にテレビ番組を提供するために考案されたシステムです。このシステムでは、テレビ番組を良好に受信できる地域に共同のアンテナを設置します。そして、そこから同軸ケーブルなどを各家庭に引き込んで、テレビ番組を配信します。

ケーブルテレビが日本にお目見えしたのは、一九五五年(昭和三〇年)のことです。テレビ放送の本放送開始からわずか二年後のことでした。当初は、山間部や辺地の難視聴対策として導入されました。その後、地域のケーブルテレビ局の数が増えるに従って、局独自の自主放送がスタートします。

さらには、都市部でケーブルテレビを提供する**都市型ケーブルテレビ事業者**が登場し、難視聴対策というよりも、多チャンネル化に対応したシステムとして成長することになります。

その後、一九九六年になると日本で最初の**ケーブル・インターネット**の商用サービスが登場し、いまやテレビの再送信のみならず、データ通信にも欠かせないインフラとして定着しています。

ケーブルテレビの仕組み

ケーブルテレビは、大きくセンター施設、伝送路、家庭内端末の三つの設備からなります(図3・6・1)。

ケーブルテレビの仕組みと伝送方式（図 3.6.1）

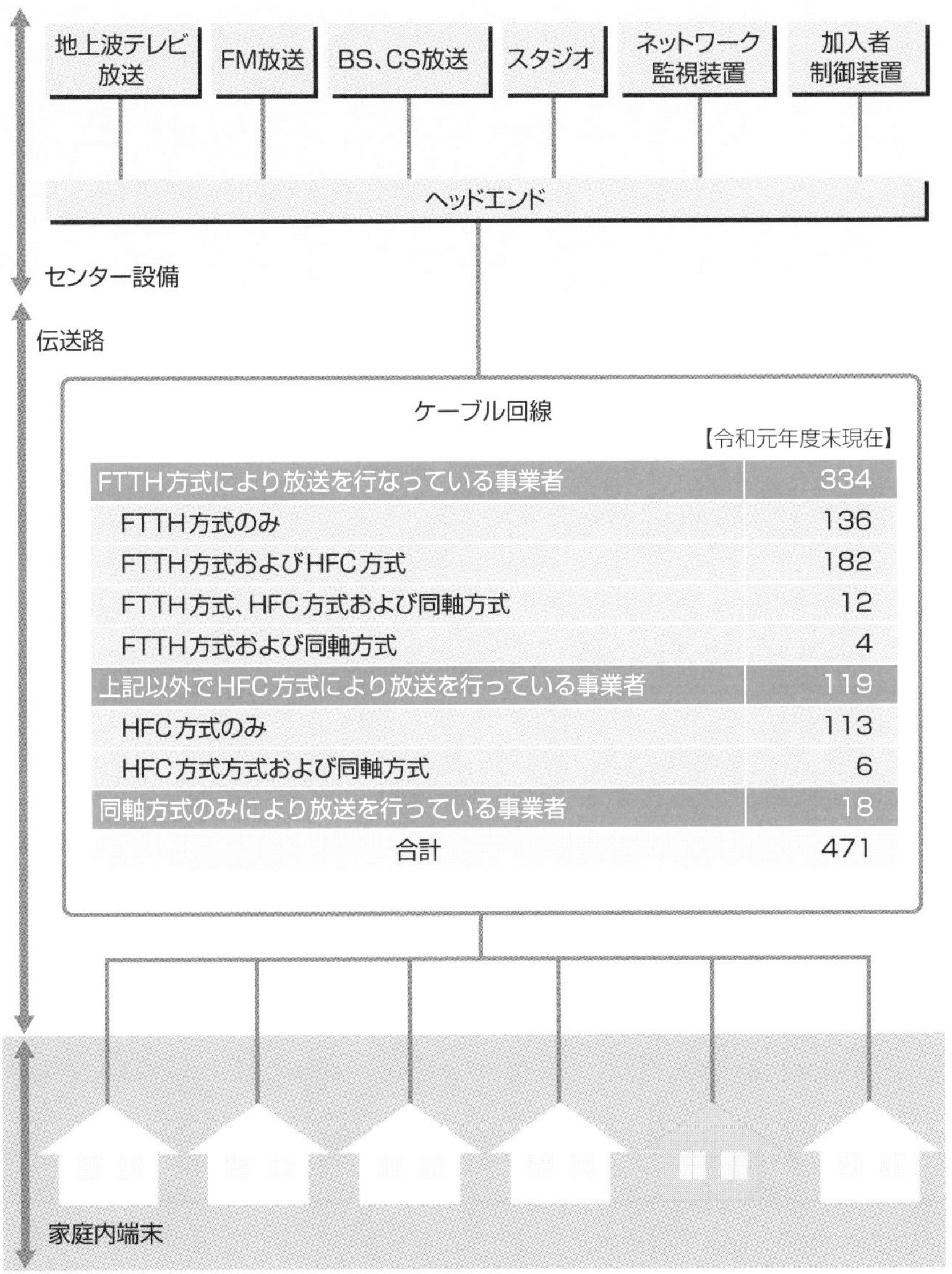

【令和元年度末現在】

FTTH方式により放送を行なっている事業者	334
FTTH方式のみ	136
FTTH方式およびHFC方式	182
FTTH方式、HFC方式および同軸方式	12
FTTH方式および同軸方式	4
上記以外でHFC方式により放送を行っている事業者	119
HFC方式のみ	113
HFC方式方式および同軸方式	6
同軸方式のみにより放送を行っている事業者	18
合計	471

出典：総務省「ケーブルテレビの現状」（令和2年8月版）をもとに作成

まず、センター施設ですが、こちらでは、地上テレビ放送やFM放送、BS放送、CS放送の信号を受信します。そして、これらの信号を**ヘッドエンド**＊で合成して伝送路に送り出します。

センターから出た伝送路は、大きく三つの部分から成ります。幹線、分岐線、引き込み線がそれです。

幹線は、ネットワークの中枢ともいえる伝送路で、これが分岐して分岐線、引き込み線となって各家庭に届きます。

かつて伝送路には主に同軸ケーブルが用いられてきました。これが幹線には同軸ケーブルではなく、大容量のデータを効率良く伝送できる光ファイバーを利用するようになりました。

こうした方式を**HFC**＊と呼びます。また、その後、幹線だけではなく家庭まで光ファイバーを敷設する**FTTH**が急速に普及しました。

分岐線から分岐した引き込み線は、各家庭に設置されている保安器に届きます。そしてテレビと結ばれた家庭内の**ホームターミナル**（または**セットトップ・ボックス**＊）につながります。

このホームターミナルがチューナーの役割を果たし、センターから再送信された放送を、テレビに映し出す仕組みです。

IPマルチキャストによる放送サービスの提供

都市部に拠点を置くいわゆる**都市型のケーブルテレビ**では、いまや提供するケーブル一本で、多チャンネルテレビ、ケーブル・インターネット、ケーブル電話と、放送から通信まで、あらゆるサービスをワンストップで提供する**フルサービス**が一般的になっています。また、インターネットの標準的なプロトコルであるIPを用いた**IPマルチキャスト**（第4章コラム参照）で放送サービスも提供しています。

このように、技術・サービスの両面で高度化するケーブルテレビは、難視聴対策が主用途だった頃のものとは、大きく様相を変えているのが現状だといえます。

もっともケーブルテレビの契約者数の伸びは鈍化しているのが現状です。次節ではこれらの点について数字を見ながら解説しましょう。

用語解説

＊**ヘッドエンド**　地上テレビ放送、BS放送、CS放送、ラジオ放送の信号を合成して、各家庭に送り出す装置。

＊**HFC**　Hybrid Fiber Coaxialの略。

7　ケーブルテレビの現状と動向

すでに述べたように、日本でケーブルテレビがスタートしたのは、テレビ放送の本放送開始からわずか二年後の一九五五年でした。長い歴史をもつ日本のケーブルテレビ事業ですが、MSOの登場や地域間の連携の進展など、近年ではそのビジネスモデルも大きく変化してきています。

ケーブルテレビの市場規模

ケーブルテレビには、①**自主放送を行うもの**、②**再送信のみ行うもの**、という大きく二つの形態があります。後者はテレビ放送の再送信のみを行うもので、**難視聴対策**などを目的とします。一方前者は再送信のほか、事業者が独自の番組を提供するものを指します。さらに、いずれの形態でも規模に応じて**登録施設**や**届出施設**などの区分があります。都市部で展開しているケーブルテレビ事業者の多くは自主放送を行う登録施設に該当します。

図3・7・1は、自主放送を行うケーブルテレビ事業者の加入世帯数の推移を見たものです。加入数は微増で推移しており、一八年度末現在で、加入世帯数は**三〇五五万世帯**、普及率は五二・二％でした。ケーブルテレビ事業の売上は一八年度が**五〇三〇億円**でした（1-3節）。

一方、図3・7・2と図3・7・3は、自主放送を行うケーブルテレビの**登録施設事業者数**および**登録施設数**の推移です。いずれも減少傾向で、一八年度末で四九二事業者、六五九施設となっています。

事業者数の減少は、次節で解説するMSOによる小

用語解説

＊**セットトップ・ボックス**　略してSTB（Set Top Box）と言う。双方向マルチメディア通信などに利用する家庭用通信端末のこと。通信機能を備えた端末をテレビセット上に設置することから、こう呼ばれる。

登録に係る自主放送を行う有線電気通信設備によりサービスを受ける加入世帯数、普及率の推移（図3.7.1）

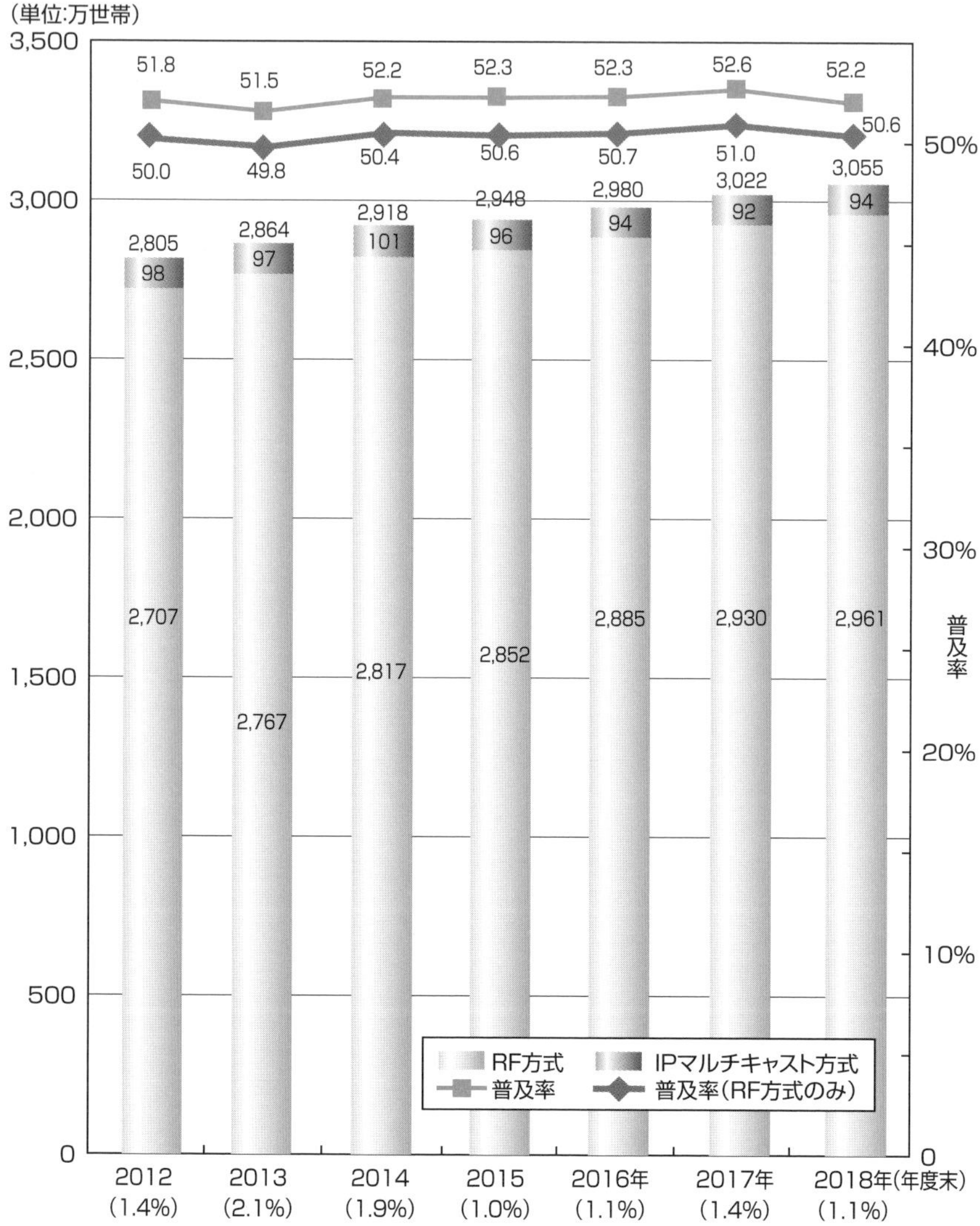

※1　( )内は加入世帯数の対前年度末増加率
※2　最新の普及率は、2019年1月1日現在の住民基本台帳世帯数から算出
※3　RF方式における「加入世帯数」は、登録に係る有線電気通信設備の総接続世帯数（電波障害世帯数を含む）を指す。

出典：総務省「ケーブルテレビの現状」（平成31年3月）および（平成29年2月）

有線電気通信設備を用いて自主放送を行う登録一般放送事業者数の推移（図3.7.2）

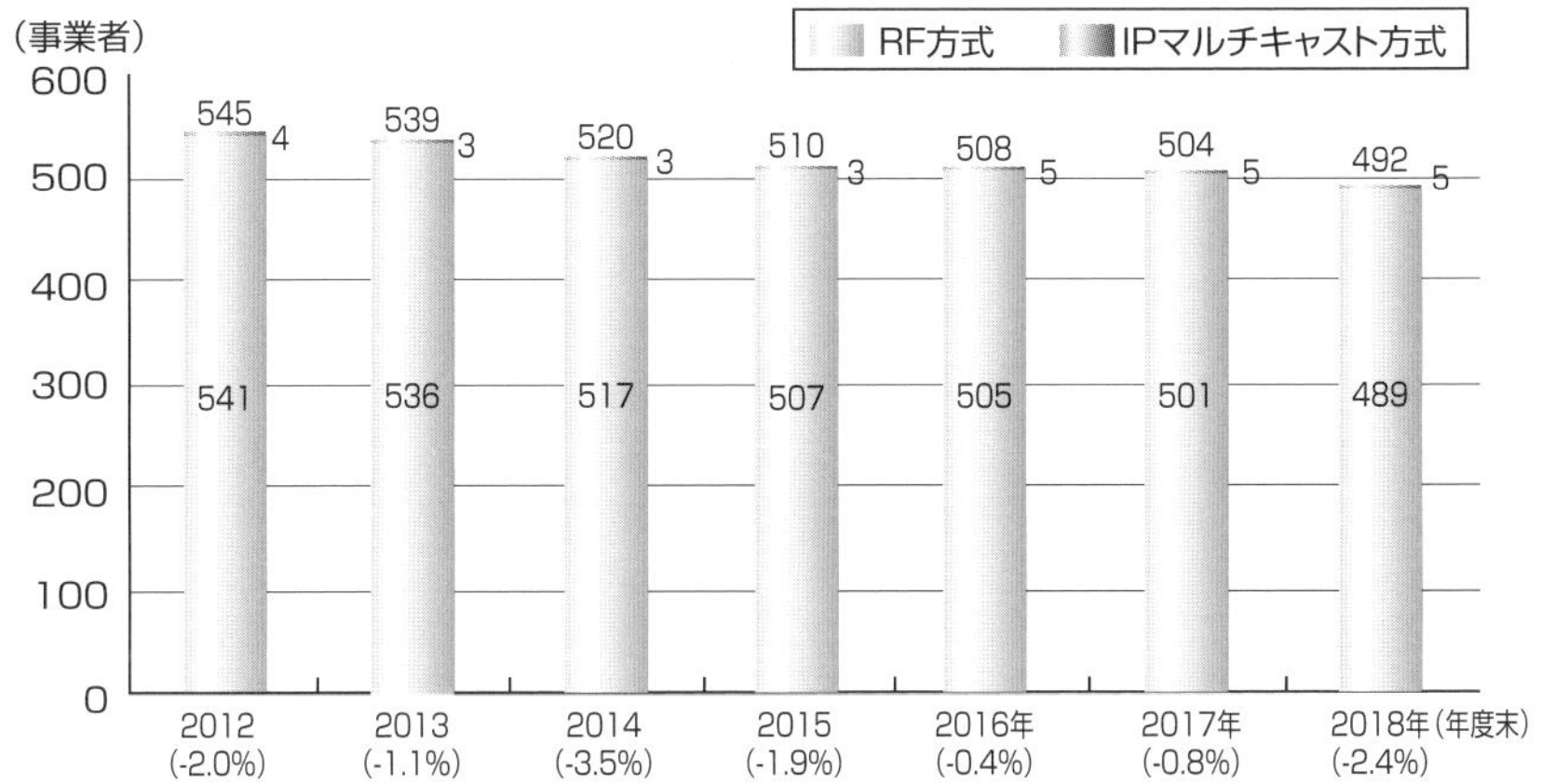

※1　( )内は事業者数の対前年度末増加率
※2　IPマルチキャスト方式およびRF方式の両方式で放送を行う事業者（平成28年度末以降：2者）については両方式にそれぞれ計上している。

出典：総務省「ケーブルテレビの現状」（平成31年3月版）および（平成29年2月）

登録に係る自主放送を行うための有線電気通信設備数の推移（図3.7.3）

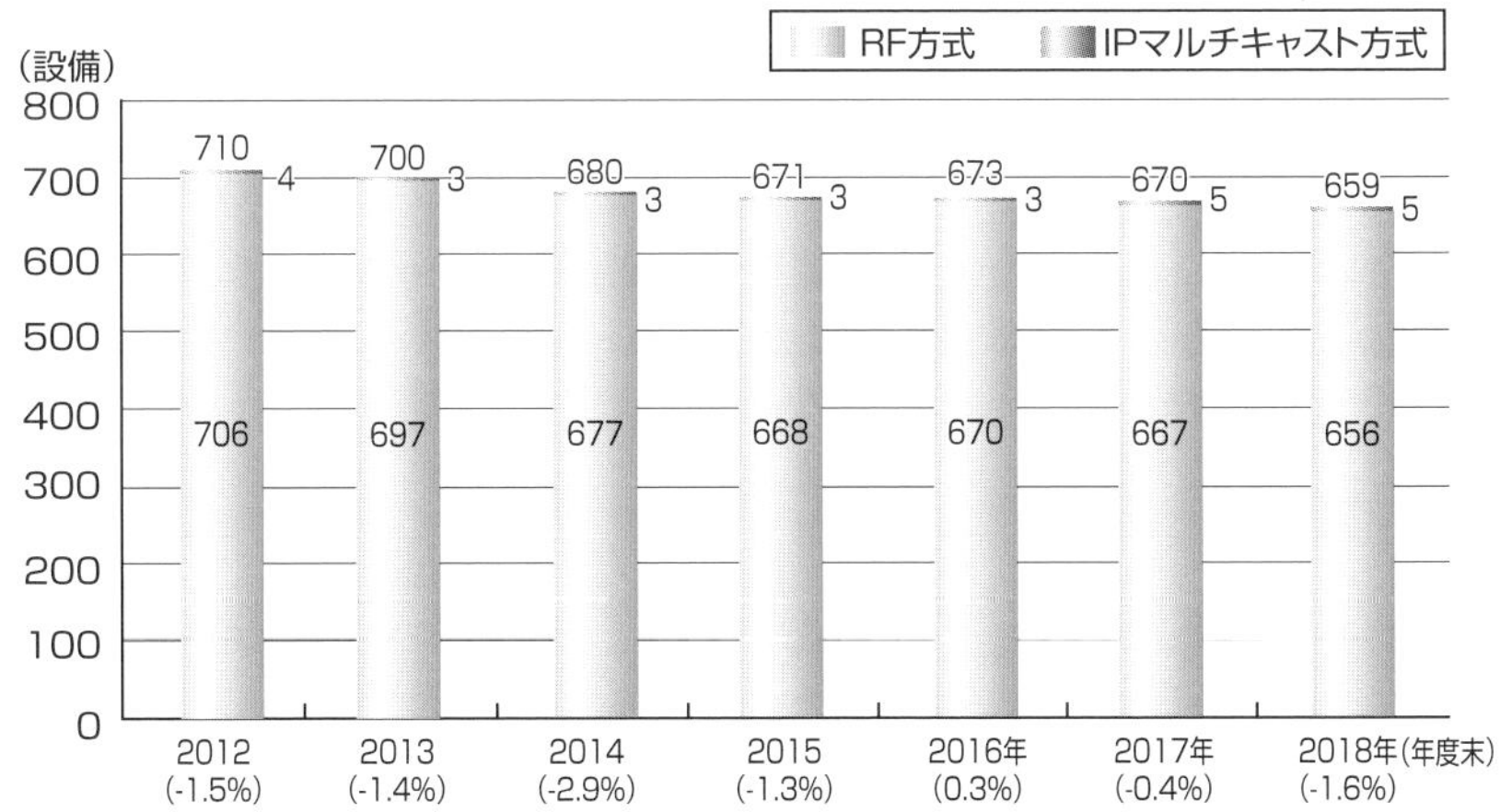

※1　( )内は事業者数の対前年度末増加率
※2　IPマルチキャスト方式およびRF方式の両方式で放送を行う事業者（平成28年度末以降：2者）については両方式にそれぞれ計上している。

出典：総務省「ケーブルテレビの現状」（平成31年3月版）および（平成29年2月）

規模事業者の統合や小規模事業者同士の統合が進んだことをうかがわせます。

規制が妨げたケーブルテレビの普及

日本のケーブルテレビが順調に進展した背景には、規制の緩和があります。かつて日本のケーブルテレビは規制により、事実上、**一地域一事業者制**として発展してきました。このため日本のケーブルテレビ事業者は、実質的に同業者間の競争は皆無という環境で育ってきたので、競争原理が働きませんでした。

一方、一九九三年を境に、ケーブルテレビ事業に対する思い切った規制緩和が行われます。まず、一地域一事業者制や**地元事業者要件**＊は撤廃されました。さらに、外資の出資は五分の一未満という決まりもありましたが、これについても緩和がなされ三分の一未満になりました。さらにこの規制は一九九九年に完全に撤廃されます。これら以外にも、数多くの規制緩和が、相次いで実施されました＊。これがケーブルテレビの普及につながったわけです。

一方、二〇一一年七月二四日の**地上放送の完全デジタル化**は、ケーブルテレビ事業者にとっても大きな問題でした。というのも、アナログ放送が終了するまでに所有する設備を完全デジタル化対応にしなければならなかったからです。しかし大きな問題もなくデジタル化作業は済んだようです。

デジアナ変換とは何か

このケーブルテレビ事業者のデジタル化であまり知られていない事実がありました。**デジアナ変換の暫定的導入**と呼ばれるものです。これはケーブルテレビのヘッドエンドで地上デジタルテレビ放送をアナログに変換して再放送するものです。これを**デジアナ変換**と呼びました。これにより完全デジタル化の後でもアナログのテレビで番組を視聴できました。

もっともケーブルテレビのデジアナ変換は、あまり大きく告知されることはありませんでした。そのためこのサービスが受けられるにもかかわらず、慌ててデジタルテレビを購入した家庭もあったようです。適切に告知がなされていたら、デジタルテレビの販売をもう少し平準化できたかもしれません。

用語解説

＊**地元事業者要件**　ケーブルテレビ事業者は地元事業者でなければならないという規制。

＊**…されました**　複数のケーブルテレビ事業者によるヘッドエンドの共用化や電気通信事業者が提供する光ファイバー網の利用認可、無線システムの利用認可、合併・分割の手続きの簡素化など。

8 巨大MSOの登場

ケーブルテレビの規制緩和により、ケーブルテレビの加入者が急増しました。しかし、この規制緩和は、加入者の増加のみならず、ケーブルテレビのビジネスモデルをも大きく変えることになりました。巨大MSOの登場がそれです。

MSOとは何か

MSO＊とは多施設所有事業者とも呼ばれ、主に都市部で複数のケーブルテレビ局を統括・運営する事業者をいいます。日本最大のMSOは、関東や近畿などを中心に事業展開する**ジュピターテレコム**（**ジェイコム**）です。同社は一三年にKDDIの連結子会社になりました。サービス加入世帯数は**五五四万世帯**（二〇一〇年六月末）で、グループケーブルテレビ局は全国に一一社七〇局を有しています。

MSOは、地域のケーブルテレビ事業者を傘下に収めながら業容を拡大して**規模の経済**を目指してきました。つまり、組織のスケールを活かして番組を廉価で購入し、購入した番組を多くの契約者に向けて効率的に配信するこで利益を一挙に上げる戦略です。

実質上、一地域一事業者制度だったケーブルテレビの規制時代には、MSOのようなビジネスモデルは考えられませんでした。この規制が緩和されることでMSOが登場し、積極的に顧客を獲得して現在に至ります。そのような意味で、MSOが日本のケーブルテレビの普及を底上げしたといっても、間違いではないでしょう。

用語解説

＊**MSO**　Multiple Systems Operatorの略。

巨大MSOジェイコムの経営状況

図3・8・1は、一三年度から一九年度にかけてのジュピターテレコムの加入世帯数の推移を見たものです。一三年度は三七四万七〇〇〇世帯だった契約世帯ですが、その後順調に伸び、一九年度は**五五三万六〇〇〇世帯**となっています。ただし、近年の成長の伸びは鈍化しており、成長率は決して高くありません。

これに対して売上高の推移を見ると、契約世帯数以上に右肩上がりで推移しているのがわかります。特に一六年度は前年比一三・三%という高い成長率を達成しています。直近の一九年度の売上は**七八二一億円**、前年比で一〇三・四%となりました。契約数の成長率より高いのは、既存の契約者がより高付加価値のサービスを受ける傾向にあることを意味している模様です。

ちなみにフジメディアHDの一九年度の売上高は**六三一四億円**でした(2-5節参照)。また、その上を行くNHKの一九年度の経常事業収入は**七三七二億円**でした(2-10節参照)。つまりジュピター・テレコムは、NHKそれにフジという日本のテレビ放送業界の巨人を凌ぐ売上を達成しているわけです。

放送事業でキー局やNHKといえばとても目立つ存在です。その中にあって、あまり目立たないジュピター・テレコムですが、決して無視できない存在であることがよくわかります。

小規模事業者の広域連携

MSOが大きな力を振るう中、地域の小規模事業者はデジタル化を機に**広域連携**でこれに対抗しようとしています。連携の形態としては次のようなものがあります。

第一に、地域の隣接する事業者が、新たなネットワークを整備して連携するパターンです。これは、地域の事業者が集まって、最新のサービスを提供可能な最新のネットワークを整備します。これを参加した事業者が共同で利用します。第二は、県が広域のネットワークを整備し、これに地域のケーブルテレビ事業者を束ねる方式です。すでに一部整備済みのネットワークを利用することで、重複投資が避けられるというメリットがあります。さらに第三は、**デジタル・ヘッドエンド**＊を共同で設置し、これを共用しようとするものです。

用語解説

＊**デジタル・ヘッドエンド**　デジタル対応のヘッドエンド。ヘッドエンドについては3-6節参照。

ジュピター・テレコムの加入世帯数推移（図 3.8.1）

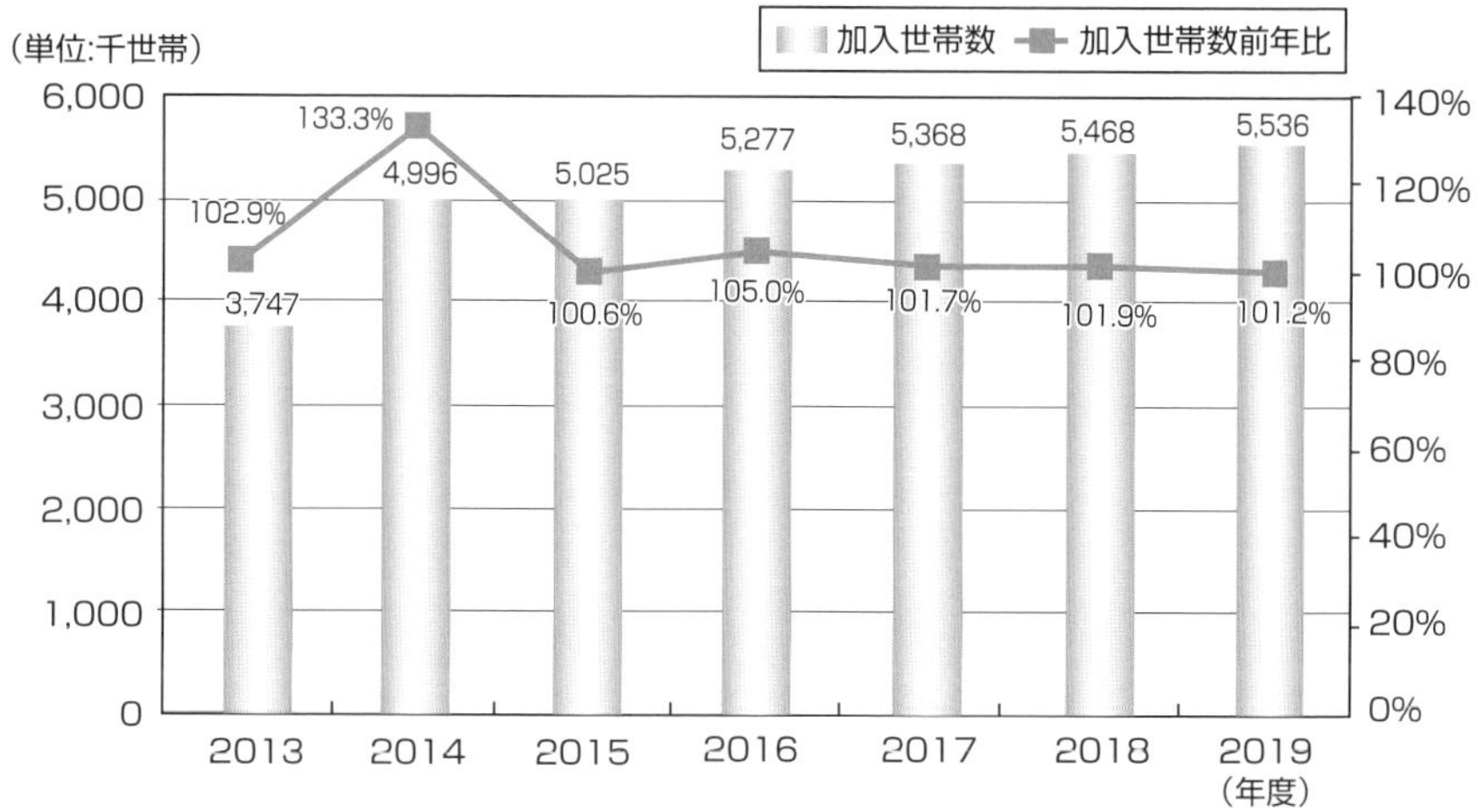

出典：ジェイコムのホームページ

ジュピター・テレコムの売上高推移（図 3.8.2）

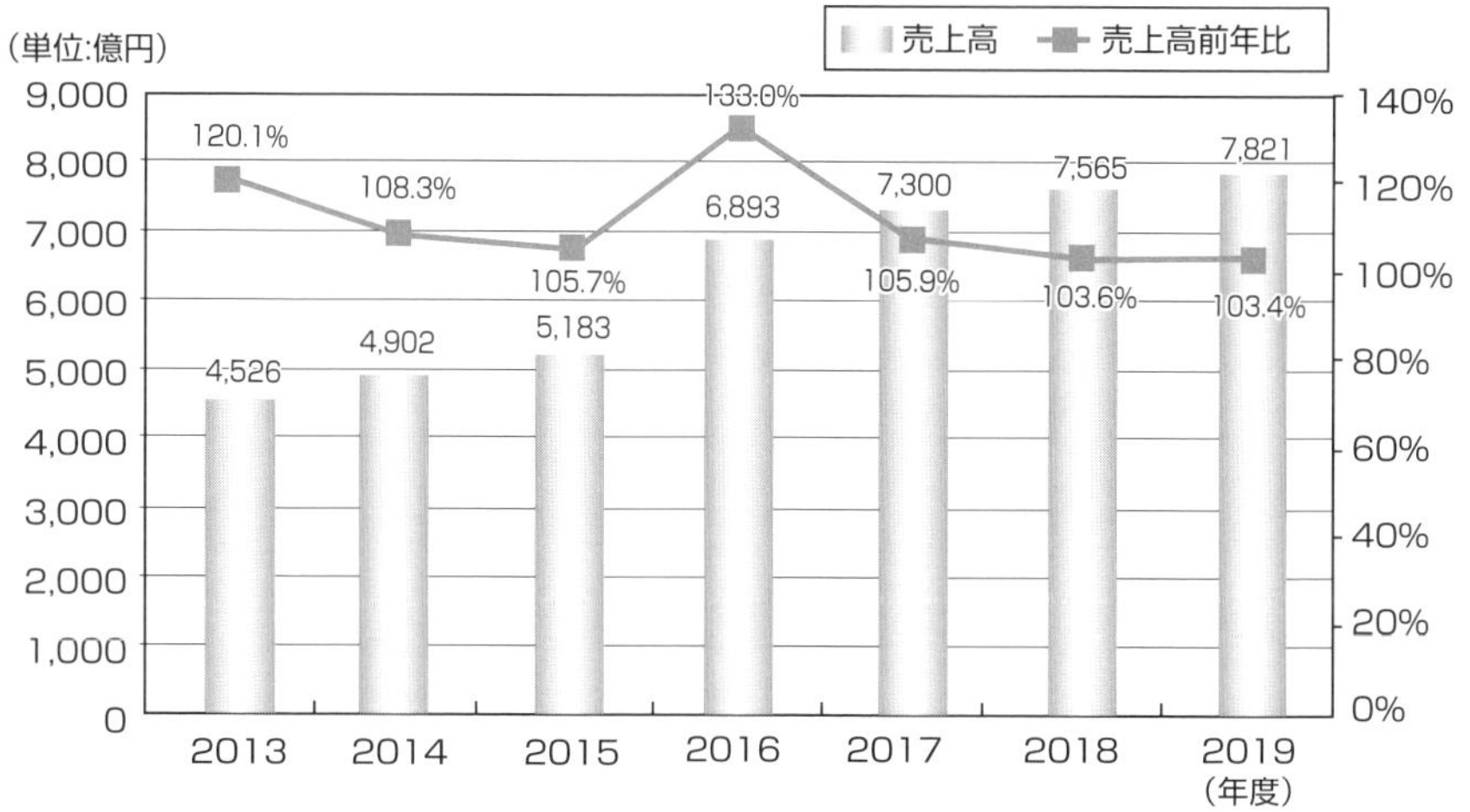

出典：ジェイコムのホームページ

9 IPTVの現状と動向

インターネット・プロトコルを用いた放送や映像配信をIPTVと呼びます。中でも事業者閉域網を用いた狭義のIPTVでは、4K8Kへの対応が進んでいます。

広義と狭義のIPTV

IPTV*とはインターネット・プロトコルを利用した放送および映像配信の総称です。IPTVには利用するインフラの特徴から大きく二種類あります。一つはオープンなインターネットを利用した**広義のIPTV**です。もう一つはサービスを提供する事業者内で閉じたネットワークを利用する**狭義のIPTV***です。

広義のIPTVには、定義上ネットフリックスなどの定額動画配信も含まれます。一方、狭義のIPTVは**インターネット・テレビ**とも呼ばれており、家庭に引き込んだ光回線を通じてテレビ放送を視聴できます。サービスは有料で、NTTぷらら*が提供する**ひかりTV**、NTT東西の**フレッツ・テレビ**、KDDIが運営する**auひかり**などがあります。

これら狭義のIPTVでは、**IPマルチキャスト放送**(第4章コラム)による、地上デジタル放送のほか、衛星4Kデジタル放送の同時再送信(いわゆる**IP放送**)を行っている点が大きな特徴です。また、こうしたテレビ放送の同時再送信のみならず、4Kに対応した動画配信(**ビデオ・オン・デマンド**)や自主放送も提供しています。

ちなみに、IPマルチキャストによるテレビ放送の同時再送信は、放送法上は放送の扱いになります。これに対して動画配信の場合、放送法上は通信の扱いになります。したがって、IP放送のサービスを提供するには、再放送事業者としての登録が必要であり、誰もが勝手に行えるわけではありません。

用語解説

* **IPTV** Internet Protocol Tele-Visionの略。
* **狭義のIPTV** ITUの定義によるIPTVは、映像品質を担保した後者のみをIPTVと定義している。本書ではこちらを狭義のIPTVととらえている。

二種類あるIPTV（図3.9.1）

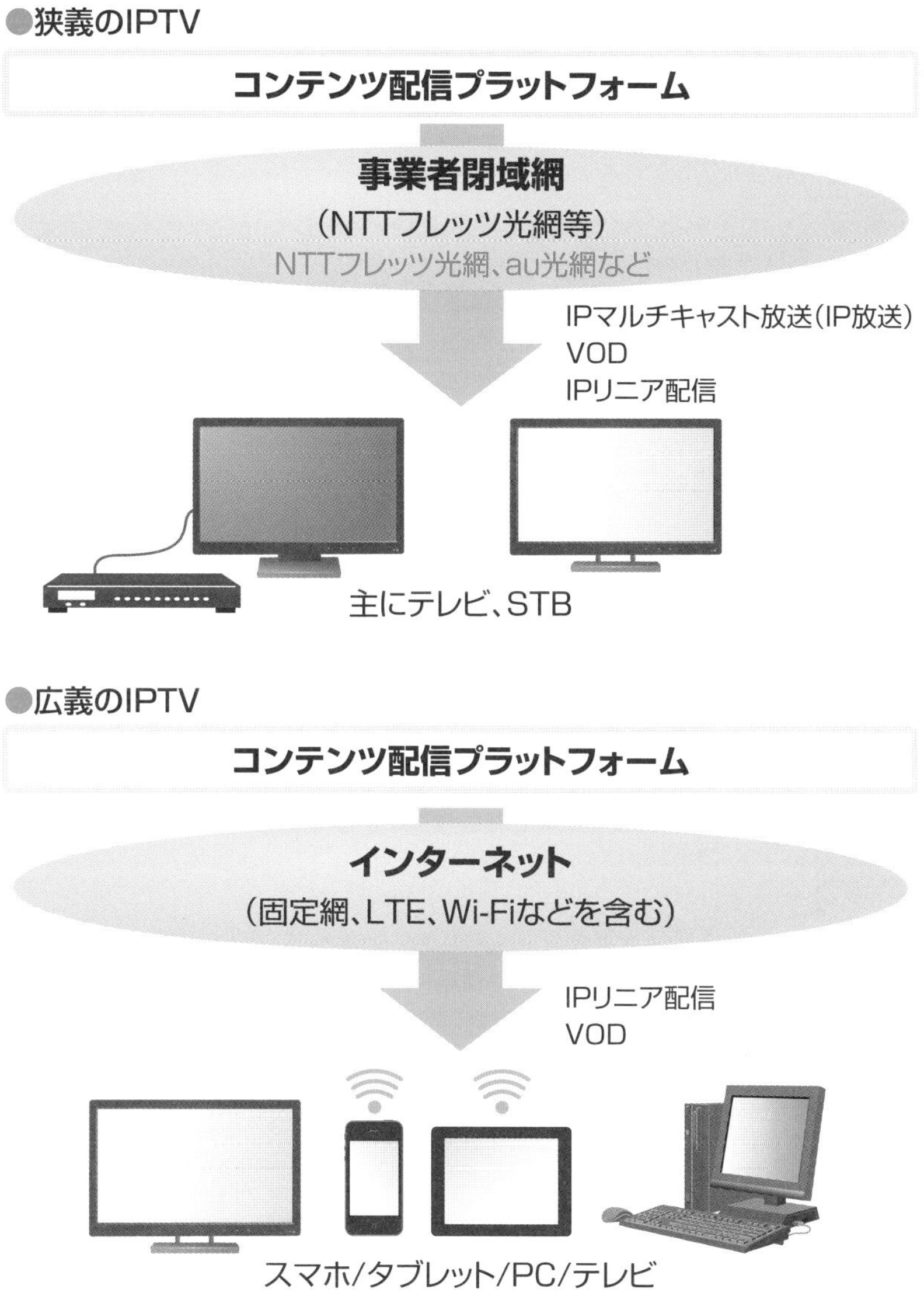

出典：NTTぷらら「IPTVの現状と課題」をもとに作成

用語解説

＊**NTTぷらら**　同社は配信プラットホーム提供事業者の位置づけで、電気通信役務利用放送事業者はアイキャストが担当している。

column

IP アドレスと地域の絞り込み

■そもそもIPとは何？

IP（インターネット・プロトコル）とはインターネットで標準的に用いられている通信規約のことです。通信経路を制御する仕組みやパケットの分割と再構成などに関する機能を持ちます。

この中で、通信経路を制御する仕組みとして利用されているのが**IPアドレス**です。これは、インターネット上の端末に世界に一つしかない番号（アドレス）を割り振るものです。そして、これをもとにして特定の端末と特定の端末がデータのやり取りをできるようにします。

■IPアドレスの数は？

従来のIPは**IPv4**でした。IPv4では32個の「0」か「1」の組み合わせでIPアドレスを表現します。そのため、2の32乗で、約43億個のIPアドレスを作り出せます。

ただ、インターネットが爆発的に普及する中、IPv4ではアドレスの個数が少ないことが明らかになってきました。そこで、新たに**IPv6**が策定されました。こちらはIPアドレスの数が2の128乗個という、とんでもない数字になりました。その数およそ340澗（かん）というイメージするのすら困難な量です。

■IPアドレスはどうやって管理されている？

IPアドレスは**ICANN**という非営利公益法人が管理しています。そしてICANNから地域のIPアドレスを管理する組織へ、さらに各国の管理組織へとIPアドレスが割り当てられていきます。

日本では、アジア地域を管理する**APNIC**から**JPNIC**へと割り当てられます。さらに、このJPNICからプロバイダーや組織に対してIPアドレスがまとめて割り当てられます。さらにそれが、個々の利用者に割り当てられるわけです。

IPアドレスがいま見たような方法で割り当てられていることから、**地上デジタル放送IP再放送**（3-9節）では利用者の居住地とIPアドレスをヒモ付けしておくことで、IPアドレスから地域を割り出してサービスを提供しています。

IPv4
32ビットで1つのアドレスを表す
42億9496万7296個

↓

IPv6
128ビットで1つのアドレスを表す

澗 溝 穣 秭 垓 京 兆 億 万
340,282,366,920,938,463,463,374,607,431,768,211,456

第4章

民間放送局の収益源、コマーシャル

民間放送局のビジネスモデルは広告収入が基礎になっています。テレビの広告収入は、日本の総広告費の約4分の1を占める額です。本章では、民間放送局のビジネスモデルに迫りつつ、民放が具体的にどのような手法で収益を上げているのかをクローズアップしました。これにより、放送ビジネスの仕組みがわかるはずです。

1

広告は嫌いですか？

本来、民間放送局は、放送を広告メディアにすることでビジネスをスタートさせました。民間放送局にとって広告は収益の柱です。ここでは改めて民間放送局と広告の関係について考えたいと思います。

広告メディアとしてのラジオ放送の成立

日本で**ラジオ放送**が始まったのは一九二五年で、この年、社団法人東京放送局、同大阪放送局、同名古屋放送局が相次いで開局しました。そして翌二六年には、これら三局が合併して**社団法人日本放送協会**（ＮＨＫ）が成立し、その後、一九五一年に民間によるラジオ放送が始まるまで、同協会が日本で唯一の放送局として運営されてきました。

この間、ラジオ受信機は九七〇万台も普及しており、すでにラジオ放送は国民生活になくてはならないメディアになっていました。

一方、当時の広告媒体の中心は**新聞**の右に出るものはありませんでした。また、九七〇万台も普及しているラジオながら、放送は日本放送協会が掌握していて、広告は提供されていませんでした。

このようなことから、民間のラジオ放送を成立させ、そこで広告を提供すれば、ラジオは巨大な広告媒体として成功するだろう――。このような大きな夢を持つ人物が現れました。その一人が電通の四代目社長**吉田秀雄**です。

まず広告ありきで始まった民間放送

吉田は、広告のあるラジオ番組など聞く者はいない、などという批判に耳も貸さず、民間ラジオ放送の設立に邁進します。また、多くの人にラジオ放送を聞かせるには、魅力あるラジオ番組が不可欠と考え、良質のラジオ番組作りにも積極的に取り組みました。

ワンポイントコラム

【ラジオ放送に対する吉田秀雄の考え】　民間ラジオも聴取料が不可欠という声に対して、吉田秀雄は「聴取者が増えれば利用者の利用価値も増え、従って民間放送局も電波を高い値で多く売れるようになるから必ずしも聴取料にこだわる必要はない」（舟越健之輔『われ広告の鬼にならん』）と答えたという。ここに日本の広告放送の原点がある。

こうして、民間によるラジオ放送がスタートします。ここで重要なのは、民間によるラジオ放送が、国民の喜ぶ番組や教養を深める番組などといった、番組オリエンテッドで設立されたのではなく、新たな広告媒体の開発を第一義に設立されたという事実です。つまり民間ラジオ放送は、ラジオが有力な広告媒体、すなわち大きなビジネスチャンスになるという発想から始まったものであり、あくまで広告が「主」で、番組は「従」なのです。言い換えるなら、ある意味で番組は広告を聴取してもらうための「狂言回し」にしか過ぎなかったわけです。

電波は公共財です。その電波の一部を利用する放送は公共的な役割を果たさなければなりません。しかし、民間の放送局は、収入を得なければ、事業として成り立ちません。そして、その収入源を広告に頼るというビジネスモデルの上に成り立っている以上、広告なしの民間放送など考えられないわけです。

そして、まず広告ありきという基本姿勢は、ラジオからしばらくして誕生した民間テレビ放送も、何ら変わることがありません。

忘れがちな、地上放送がタダの理由

とかく忘れがちなのですが、民間のラジオ放送やテレビ放送の聴取者または視聴者は、広告のおかげでタダで放送を聞いたり見たりできます（図4・1・1）。このように、広告によって成り立つ放送を**広告放送***とも呼びます。そして、広告放送の内容が低俗だ、どの放送局の番組もよく似ている、などという議論も、それから視聴率の問題も、結局は民間放送のビジネスモデルが広告収入によって成り立っているという、この一点に行きつきます。ビジネスモデルが広告収入に頼っている以上、放送は広告主の影響力をもろに受けざるを得ないからです。

「共有地の悲劇」に注意せよ！

ゲーム理論*でよく取り上げられるテーマの一つに**共有地の悲劇**があります。共有地は皆の財産ですが、誰かが「一本くらいかまわないだろう」と、そこにある木を勝手に切り倒して私的に利用したとします。しかし同様の人が次々と現れると共有地は存続できませ

用語解説

＊**広告放送**　広告を放送することを指して、「広告放送」という場合もある。
＊**ゲーム理論**　数学者ジョン・フォン・ノイマンが創始した学問分野。ゲーム的状況の中で主体がいかに意思決定するかを研究する。

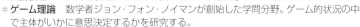

放送がタダで見られる理由（図 4.1.1）

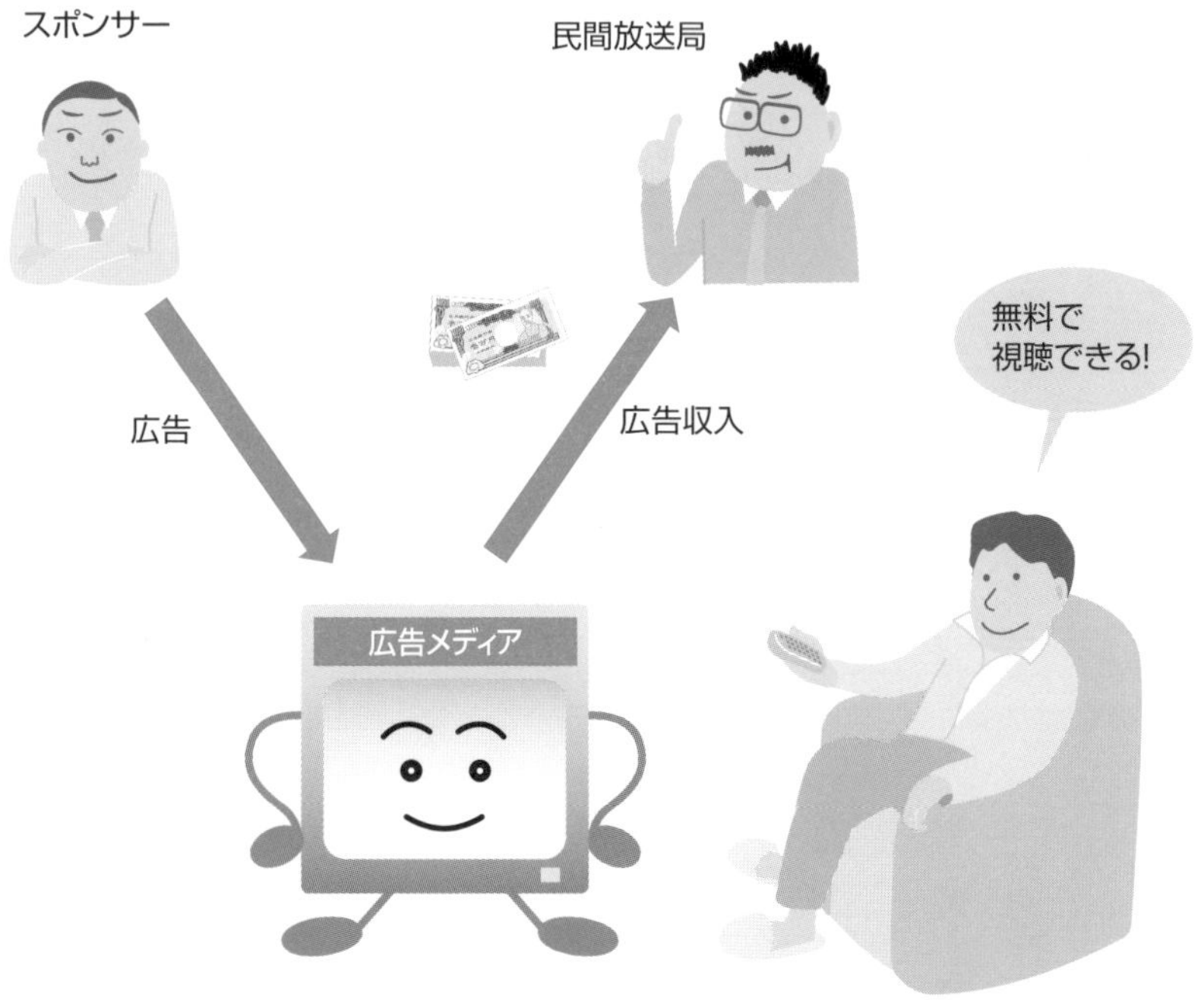

ん。したがって、違反者には厳しい罰則が科せられることになります。

　いまや民間テレビ放送もこの共有地の悲劇にさらされています。テレビ広告をスキップしたり、広告に変わったらスマートフォンを見たりすることは、民間テレビ局からすると共有地の木を一本切り倒す行為に映ります＊。そして誰もテレビ広告を見なくなったら、無料のテレビ番組は放送が不可能になります（図4・1・2）。よって、こうした事態を避けようと思ったら、本来はテレビ好きこそテレビ広告を見るべきです。

　あくまで番組は広告のおまけ。そして、おまけであるテレビ番組がつまらないのは、ある程度仕方がないこと――。広告放送と付き合って行くには、このような割り切った考えも必要だと思います。

用語解説

＊…**映ります**　ただし共有地の場合、違反者には厳しい罰則を科すことができるが、広告の場合、視聴者が見ないからといって罰を与えられるわけではない。

テレビ版「共有地の悲劇」（図 4.1.2）

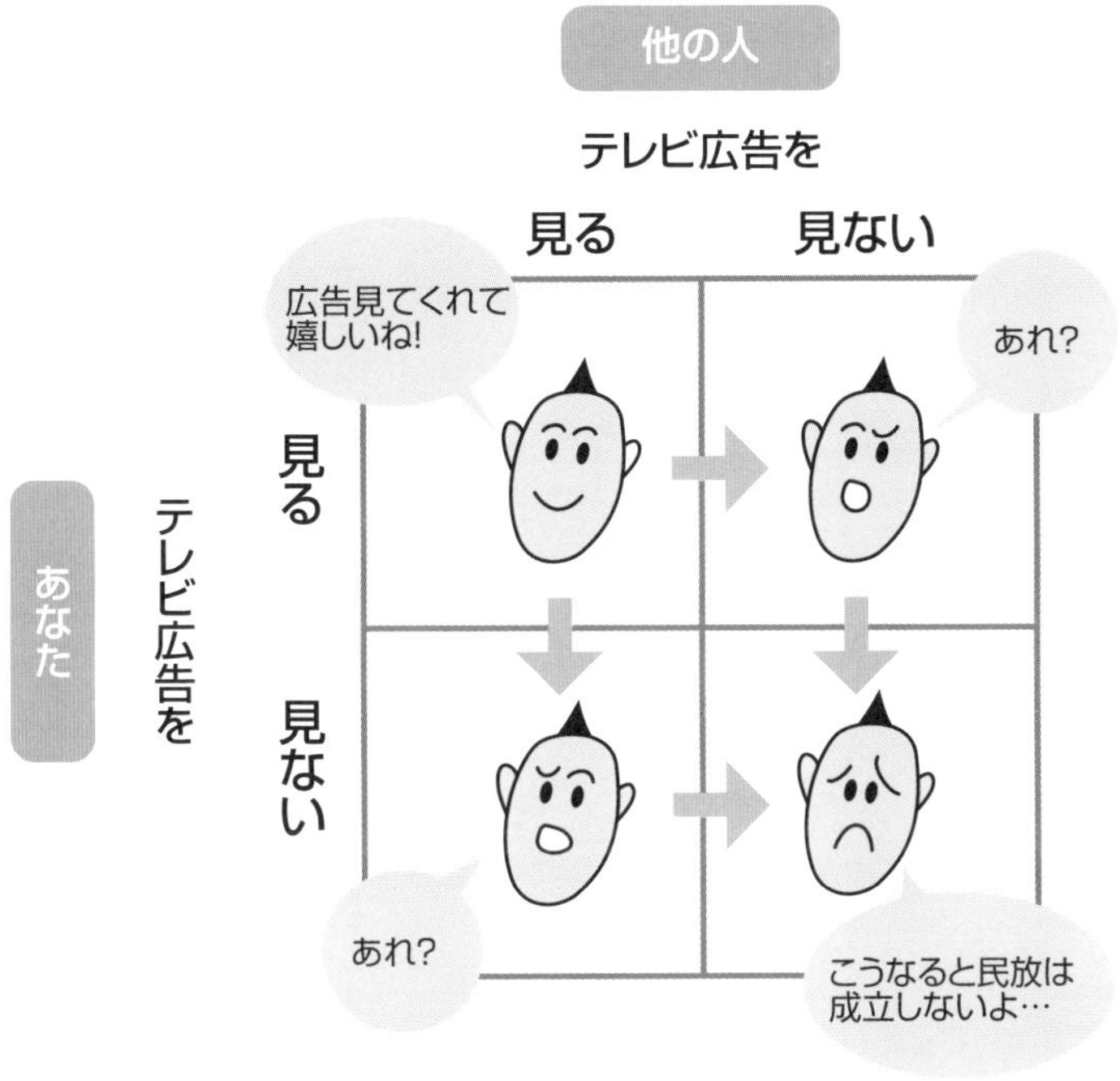
他の人
テレビ広告を
見る
見ない
広告見てくれて嬉しいね!
あれ?
あなた
テレビ広告を
見る
見ない
あれ?
こうなると民放は成立しないよ…

本当に公共財の無駄遣いならば

しかしそれでも、公共財である電波でふざけた番組を放送するなという意見もあるでしょう。そういう意見の持ち主はテレビ放送を見ないようにするのが一番です。そうした人が大多数になれば、テレビ放送の媒体価値は下落しますから、広告収入が主体の民間放送は経営が成立しません。結果、テレビ放送もできなくなります。そうしたら余った無線帯域は携帯電話にでも利用すればいいでしょう。これで公共財の無駄遣いを解消できます。

まぁ、これは極論ですが、いずれにしても民間放送と広告は切っても切れぬ関係にあります。以下、民間放送局の収益源・コマーシャルについて詳しく見ていきたいと思います。

広告媒体に占めるテレビのポジション　2

テレビ放送が始まって六〇年以上が過ぎました。すでに還暦に達したメディアであるテレビは、その広告媒体価値に陰りが見えてきました。日本の総広告費の中で大きなシェアを占める巨大広告媒体にもかかわらずです。テレビ広告にいったい何が起きているのでしょうか。

広告媒体の王様・テレビに忍び寄る影

図4・2・1は、日本における広告費の推移を見たものです。ピークは〇七年の**七兆〇一九一億円**でしたが、この年にあったリーマン・ショックの影響でその後低迷が続きます。ようやく一一年の五兆七〇九六億円を底に回復基調となり、一九年は**六兆九三八一億円**になりました。しかし一〇年以上経過してもピーク時の規模に戻っていません*。

一方、地上波テレビを見てみましょう。〇七年には一兆九〇〇〇億円台にあった地上波テレビ広告費も、その後下降をたどり、〇九年以降は一兆七〇〇〇億円台で推移しました。一四年には一兆八〇〇〇億円台に戻しましたが、直近の一九年は**一兆七三四五億円**になりました。

その間、地上波テレビ広告が日本の広告費全体に占める割合はほぼ二八％台から三〇％台で推移していました。広告費がピークだった〇七年、地上波テレビ広告が占める割合は二八・五％でした。これが市場規模の底となる一一年には三〇・二％ありました。

しかしながら、その後はシェアの低下に歯止めがかかりません。一九年にはとうとう**二五・〇％**にまで落ち込みました。

この傾向から推測できるのは、地上波テレビ広告は、広告市場が大不況になっても、一定の需要があるため、市場全体の落ち込みよりひどい事態にはなりません。

用語解説
＊…**戻っていません**　20年は今回の新型コロナ禍により、大幅減が予想される。

日本の広告費の推移（図 4.2.1）

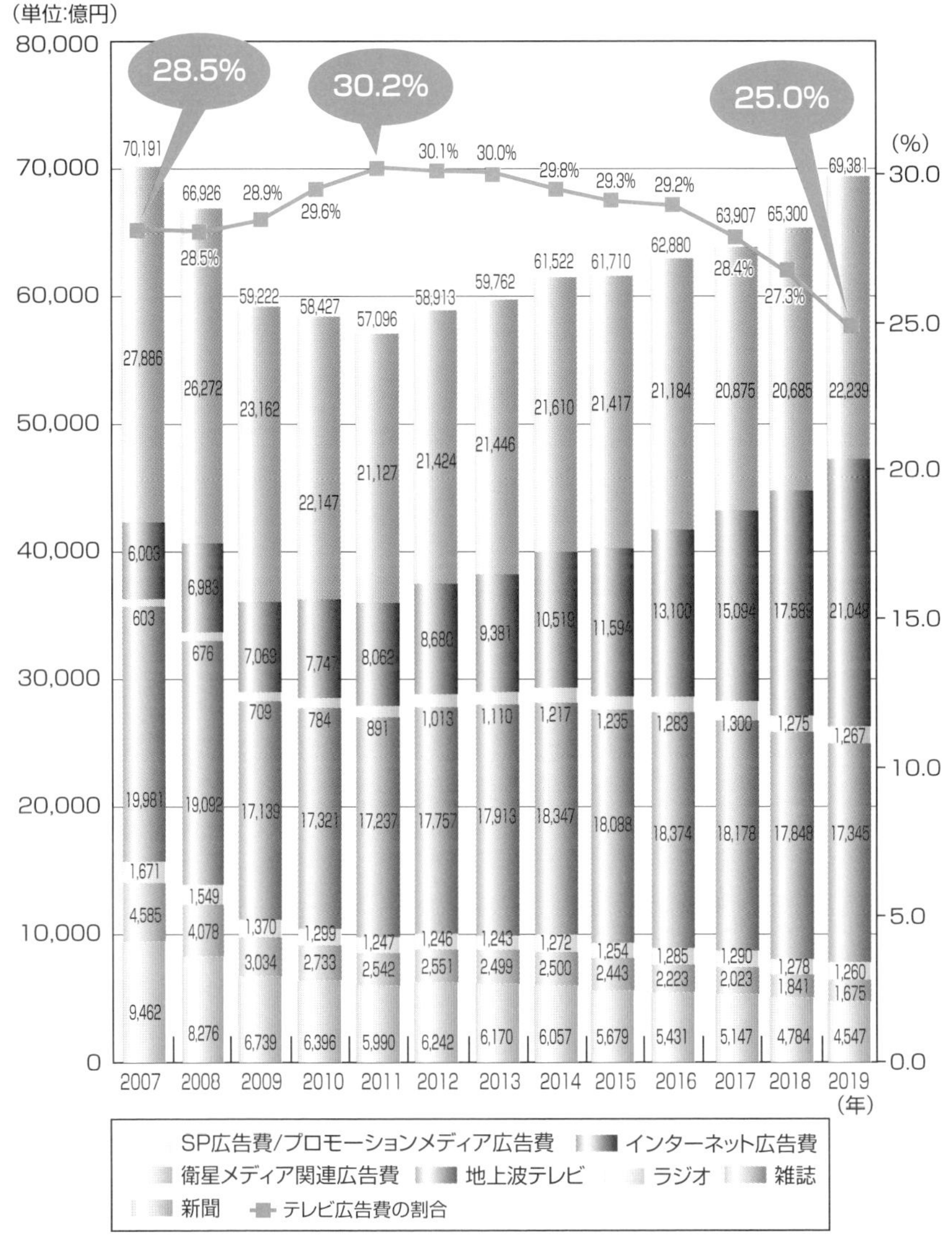

出典：電通「日本の広告費」（各年）をもとに作成

しかし、逆に市場が拡大している時期には相対的にシェアを落としており、一九年はその落ち込みの幅がかなり大きかった模様です。

その一方で気を吐いているのが**インターネット広告**です。インターネット広告は〇六年に雑誌広告を上回り、〇九年には新聞広告も凌駕しました。そして一九年のインターネット広告は**二兆一〇四八億円**と、初めてテレビ広告を上回りました。日本の広告費を牽引しているのはもはや地上波テレビ広告費ではなく、インターネット広告費とプロモーションメディア広告費だといえます。

CMスキップが常態化

キーワード検索に見られるように、インターネットが「調べる」メディアだとすると、テレビは何を調べるのかそのきっかけを作る「知らせる」メディアとしてまだまだ強大な力をもっています。これは日本全国の市場を対象に広告を打ちたいナショナルブランドにとっては大きな魅力です。

ただし六〇年間、テレビ広告の仕組み自体には大きな変化はなく、それが時代の変化とマッチしない状況があちこちで見られるようになってきました。その一つに視聴者がテレビ広告を本当に見ているのかという疑問があります。

一八年、マーケティング・リサーチ会社のインテージでは、スマートテレビの視聴履歴を解析し、**タイムシフト視聴***の実態を公表しました。これによると、六割程度の録画機で**CMスキップ（CM飛ばし）**が行われていたといいます*。

また、CMスキップはタイムシフト視聴だけの話ではありません。総務省「平成三〇年度情報メディアの利用時間と情報行動に関する調査報告書」によると、リアルタイムでテレビを視聴しながらスマホでインターネットを利用する、**ながら視聴**に関する調査で、テレビを視聴する人が最も多い二〇時台において、**四人に一人**が「ながら視聴」を行っていたと報告しています。この「ながら視聴」が広告放送の時間帯に行われていたかどうかまでは調査で明らかになっていませんが、その可能性は非常に高そうです。

番組のスポンサーにとってはゆゆしき問題です。

用語解説

* **タイムシフト視聴**　放送された番組を、リアルタイムではなく、録画などの手段を用いてあとで見る視聴形態。
* **…といいます**　MarkeZine『「CM飛ばし」の実態は？インテージ、スマートTVログを用いて視聴態度を調査』（https://markezine.jp/article/detail/28733）

3

若低高高のテレビ視聴時間

視聴者の行動に異変が起きているのは、何もCMスキップばかりではありません。そもそもテレビ離れの傾向が比較的若い世代で目立ちます。その一方で、高齢者のテレビ視聴時間は伸びており、これが日本人のテレビ平均視聴時間を底上げしています。若い世代で低く高齢者世代で高い「若低高高」が現在のテレビ視聴時間の特徴です。

世代で大きく異なるテレビ視聴時間

前節でふれた総務省「平成三〇年度情報メディアの利用時間と情報行動に関する調査報告書」によると、一八年度に国民全体が平日にテレビをリアルタイム視聴する平均時間は**一五六・七分**（二時間三六・七分）となりました。六年前の一二年度は**一八四・七分**（三時間四・七分）でしたから、この六年間でテレビのリアルタイム視聴時間は約三〇分減少したことになります。

ただし、このテレビ視聴時間は、世代によって大きな違いがあるのが特徴です。図4・3・1は、一八年度における、平日一日のテレビ視聴時間を世代別で見たものです。

まず注意をひくのが、比較的若い世代で、テレビのリアルタイム視聴の時間が、平均よりもかなり少ないという実態です。しかも世代が若くなるほど時間は少なくなっており、一〇代に至っては**七一・八分**（一時間一一・八分）と、全体平均の半分を大きく下回る結果になっています。

これに対して五〇代から平均時間を上回り、六〇代

主なメディアの平均利用時間（平日 1 日）（図 4.3.1）

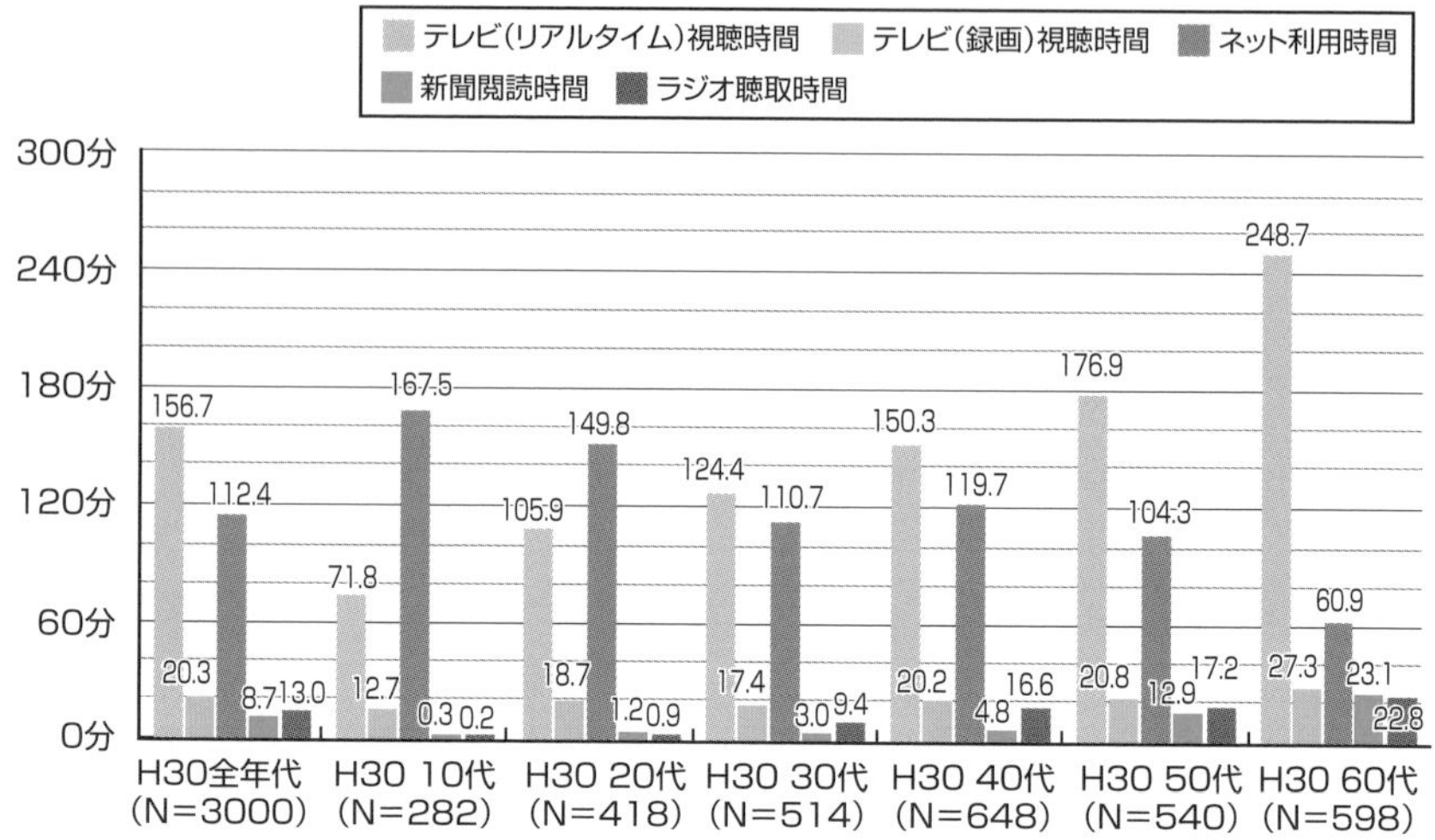

出典：総務省「平成30年度情報メディアの利用時間と情報行動に関する調査報告書」

主なメディアの平均利用時間（休日 1 日）（図 4.3.2）

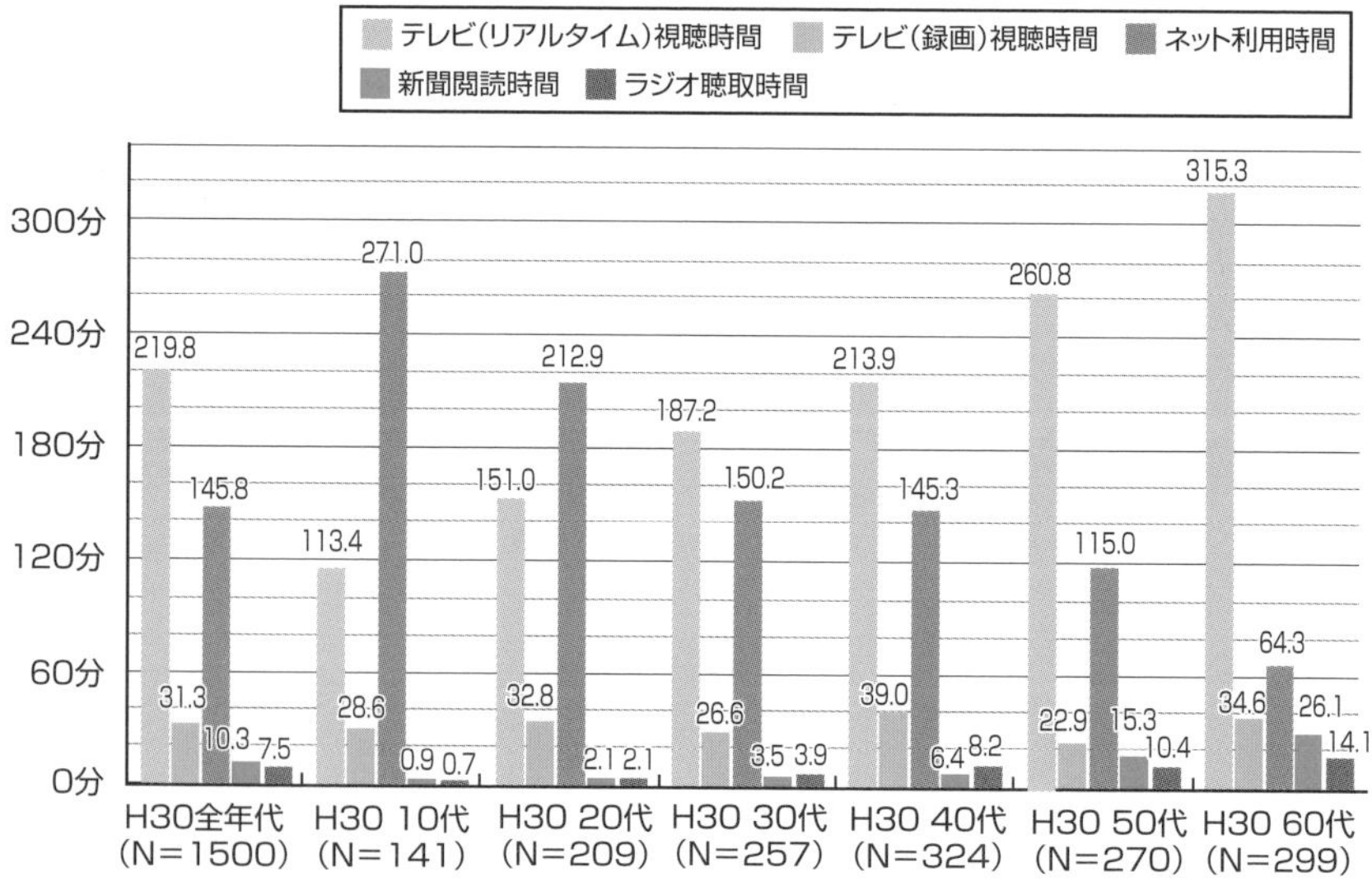

出典：総務省「平成30年度情報メディアの利用時間と情報行動に関する調査報告書」

に至っては**二四八・七分**（四時間八・七分）と平均よりも大幅に長い時間になっています。同様の結果は休日でも見られます（図4・3・2）。このように、全体平均のテレビ視聴時間は高齢者世代が底上げしているのがわかります。

「テレビなんか見ていないで勉強しなさい」という言葉は、子供がいる家庭ならどこからでも聞こえてきそうです。ところが、若い人たちはそれほどしょっちゅうテレビを見ているわけではないのです。

一〇代の三人に一人はテレビを見ない

さらに注目したいのが、**行為者率**についてです（図4・3・3）。行為者率とは、一日に一五分以上何かに接触した人の割合を示しています。これを見ると、平日のテレビ視聴の行為者率（リアルタイム視聴）は全体平均で**七九・三％**でした。

これに対して一〇代を見ると、テレビ視聴の行為者率は**六三・一％**となっています。つまり一〇代では残りの**三六・九％**、**三人に一人以上**が、平日はまったくテレビを見ていないことになります。

同様の傾向は二〇代でも見られます。この世代のテレビ視聴の行為者率は**六七・五％**で、残りの**三二・五％**、つまり**ほぼ三人に一人**がテレビをまったく見ないことになります*。

一〇代や二〇代がテレビの代わりに利用しているのはインターネットでした（前掲の図4・3・1、図4・3・2）。一〇代では平日で**一六七・五分**（二時間四七・五分）、休日で**二七一・〇分**（四時間三一分）をインターネットの利用に使用しています。これはテレビ視聴平均時間（平日七一・八分、休日一一三・四分）の倍を優に超える使用時間です。

一〇代ほど極端ではないものの、二〇代でも傾向としては同様です。インターネットの使用時間は平日が一四九・八分、休日が二二一・九分でした。これに対してテレビ視聴は平日が一〇五・九分、休日が一五一・〇分になっています。

このように、インターネットが若い世代でのテレビのリアルタイム視聴時間減少に影響を及ぼしています（4-4節）。テレビの若者離れは、これまた放送業界にとってゆゆしき問題と言わざるを得ません。

用語解説

＊…**ことになります**　ただしスマートフォンなどを使って見逃し配信のテレビ番組を見ている可能性はある。したがって、「テレビをまったく見ない」とは、「テレビ端末にふれない」という意味になる。

主なメディアの行為者率・行為者平均時間（平日1日）（図4.3.3）

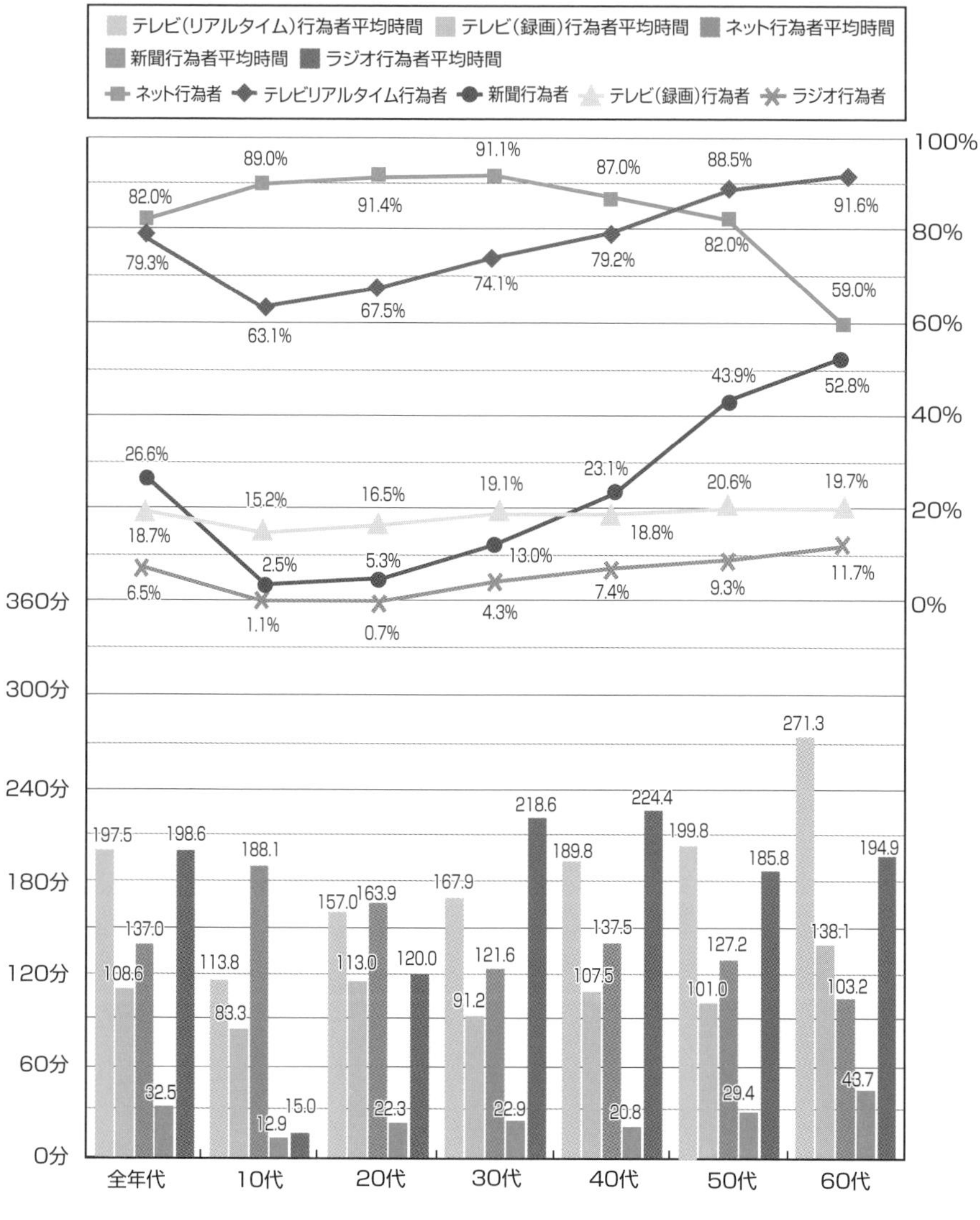

出典：総務省「平成30年度情報メディアの利用時間と情報行動に関する調査報告書」

4 テレビを抜いたスマホの接触時間

日本人のメディア総接触時間は四一一・七分で最も長い時間接触しているのはテレビです。しかし四〇代以下の男性や三〇代以下の女性では、テレビよりもスマホ・携帯電話の接触時間が長くなっています。タブレットを加えたモバイル端末ではその傾向がより顕著です。

日本人のメディア総接触時間は六時間五一分

前節では、若い世代でテレビ視聴時間よりもインターネット利用時間のほうが長いことを見ました。すでにおよその予測はつくと思いますが、では彼らは一体どのような器機でインターネットを利用しているのでしょうか。

図4・4・1は、博報堂DYメディアパートナーズによるメディア総接触時間の時系列推移を見たものです。直近の二〇二〇年を見ると、一日あたりのメディア接触の総時間は**四一一・七分**（**六時間五一・七分**）でした。そのうちテレビが一四四・二分（二時間二四・二分）、携帯電話・スマートフォンが一二一・二分（二時間一・二分）、タブレット端末が二六・四分でした。

また図4・4・2は、メディア総接触時間のシェアの時系列推移を見たものです。これを見るとテレビが総じてシェアを落としているのがわかります。直近の二〇二〇年は**三五・〇%**になっています。

これに対してシェアを大きく伸ばし続けているのが携帯電話・スマートフォンです。二〇二〇年は**二九・四%**という結果になりました。

メディア総接触時間の時系列推移（1日あたり、週平均）：東京地区（図4.4.1）

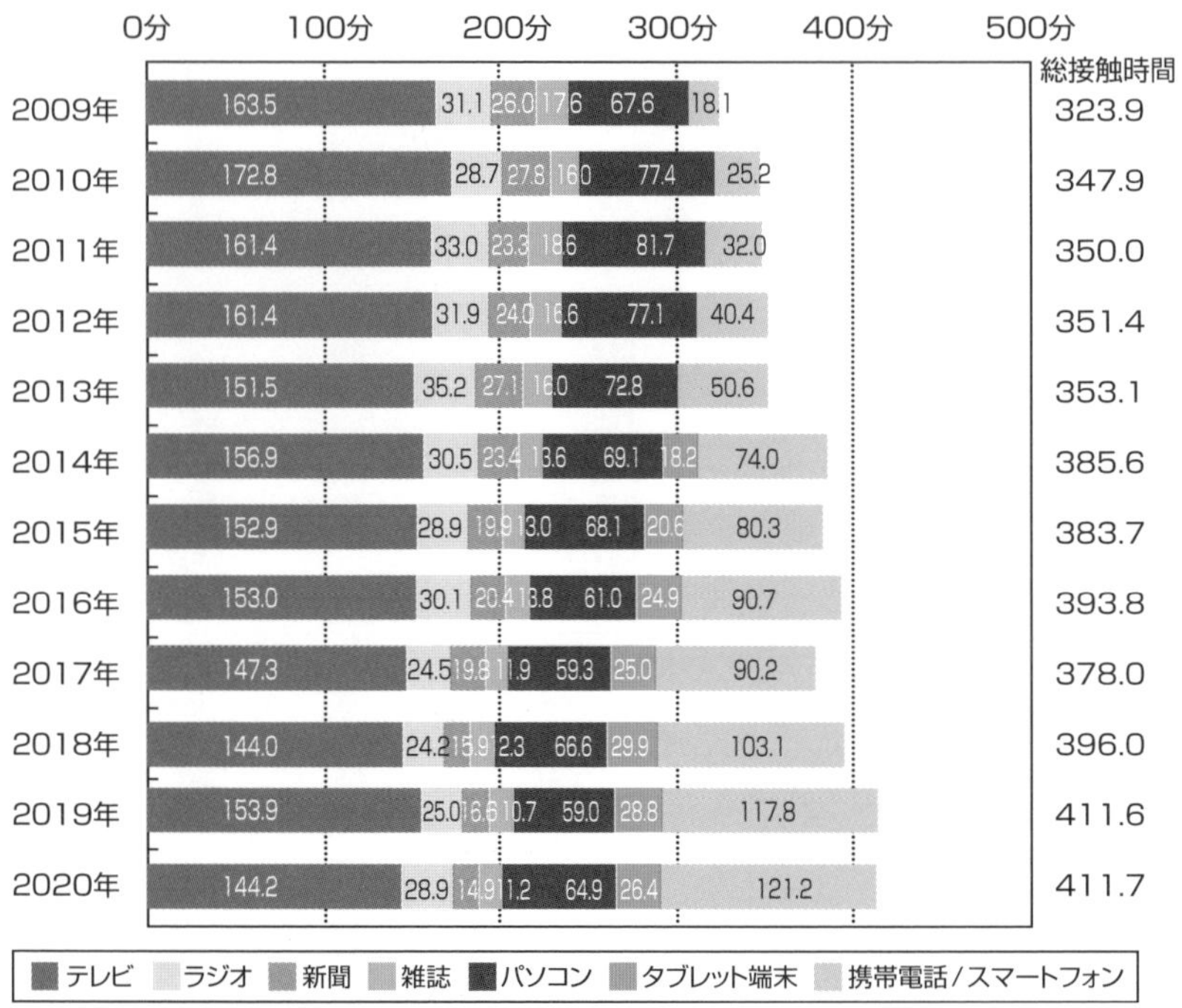

※1　メディア総接触時間は、各メディアの接触時間の合計値、各メディアの接触時間は不明を除く有効回答から算出
※2　2014年より「パソコンからのインターネット」を「パソコン」に、「携帯電話（スマートフォン含む）からのインターネット」を「携帯電話・スマートフォン」に表記を変更
※3　タブレット端末は、2014年より調査

出典：博報堂DYメディアパートナーズ「メディア定点調査2020」時系列分析

さらに、この携帯電話・スマートフォンに、一四年から調査対象に加わったタブレット端末を加えたモバイル端末のシェアは**三五・八%**になっています。さらにパソコンも加えると**五一・六%**になり、テレビ視聴を大きく引き離します。インターネットはこれらの器機で利用されていることがわかります。

スマホ優位の時代

ただし、世代別で見ると、若い年代でPCよりもモバイル端末の利用が優位になります（図4・4・3）。注目したいのは男性一五～一九

メディア総接触時間の構成比（1日あたり、週平均）：東京地区（図4.4.2）

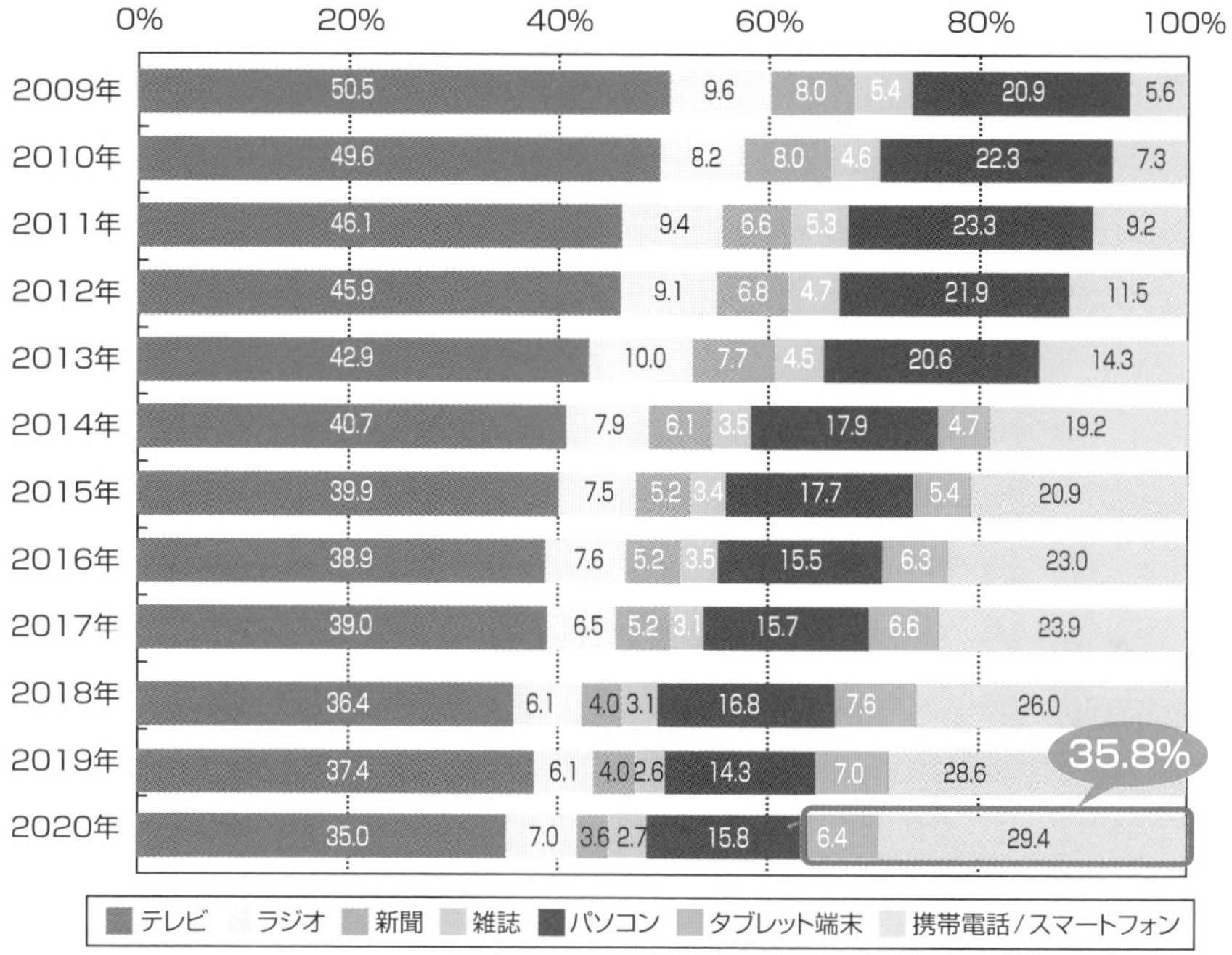

※1　メディア総接触時間は、各メディアの接触時間の合計値、各メディアの接触時間は不明を除く有効回答から算出
※2　2014年より「パソコンからのインターネット」を「パソコン」に、「携帯電話（スマートフォン含む）からのインターネット」を「携帯電話・スマートフォン」に表記を変更
※3　タブレット端末は、2014年より調査

出典：博報堂DYメディアパートナーズ「メディア定点調査2020」時系列分析

才、男性二〇代、三〇代、四〇代、女性一五～一九才、女性二〇代、三〇代です。いずれの層でも携帯電話・スマホ単独の接触時間が、テレビ視聴時間よりも長くなっています。

　例えば、男性一五～一九才を見ると、テレビの視聴時間が**九四・一分（一時間三四・一分）**だったのに対して、スマホ・携帯電話の接触時間は**二〇一・二分（三時間二一・二分）**と倍の時間になっています。

　この調査から、特に若い世代で、テレビよりもスマホの使用により時間を割いていることがわかります。

メディア総接触時間の男女別・年代別比較（1日あたり、週平均　2019年）：東京地区（図4.4.3）

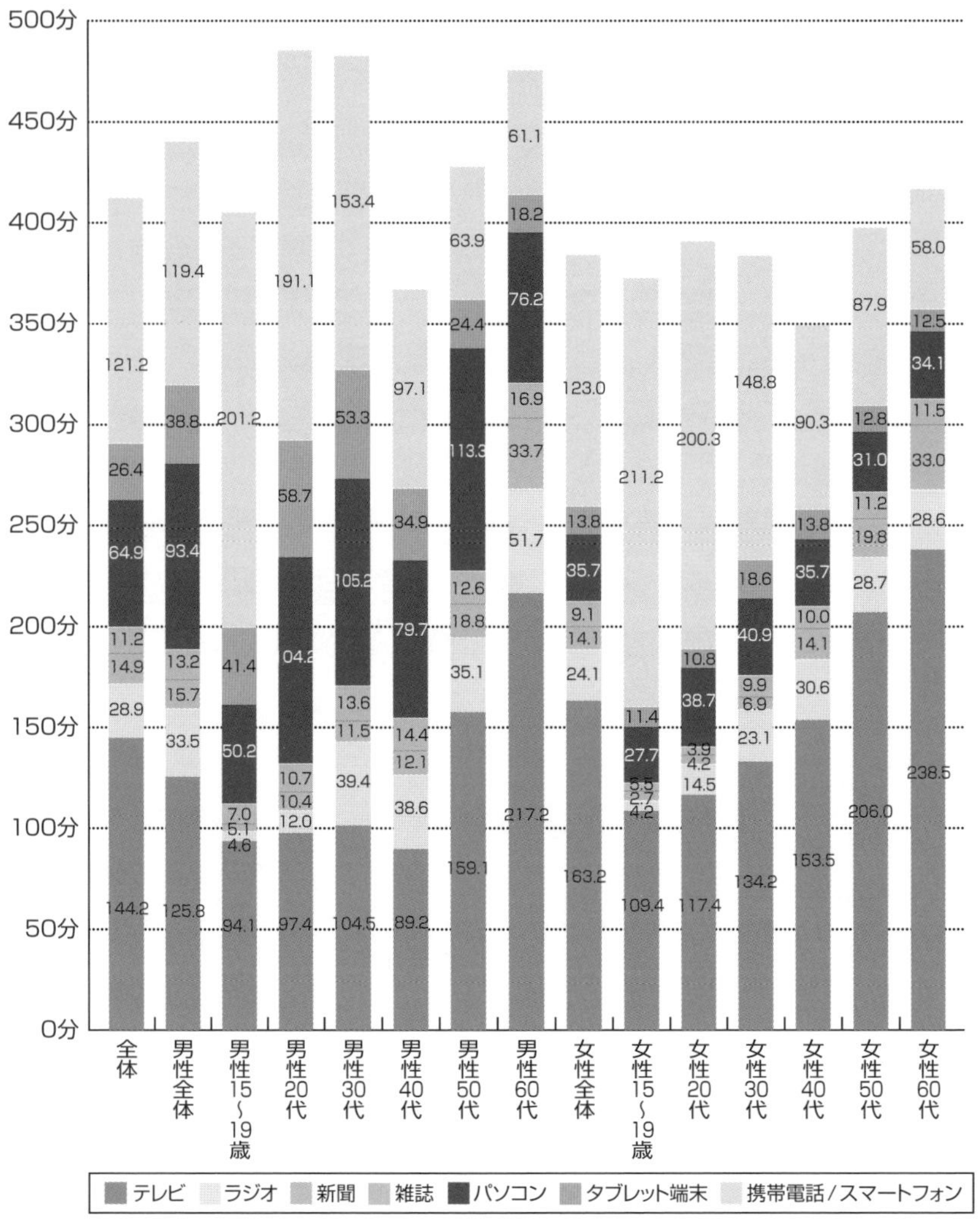

※1　メディア総接触時間は、各メディアの接触時間の合計値、各メディアの接触時間は不明を除く有効回答から算出

※2　2014年より「パソコンからのインターネット」を「パソコン」に、「携帯電話（スマートフォン含む）からのインターネット」を「携帯電話・スマートフォン」に表記を変更

※3　タブレット端末は、2014年より調査

出典：博報堂DYメディアパートナーズ「メディア定点調査2020」時系列分析

5 一本の番組を提供するタイムＣＭ

テレビ広告はタイム（番組）ＣＭとスポットＣＭに大別できます。タイムＣＭとは三〇分とか一時間など、ある決められた時間帯の番組を提供する広告手法のことです。一方、スポットＣＭとは、もともと番組と番組の間に流すテレビ広告を指しましたが、最近では様々なタイプのものが現れてきています。これらタイムＣＭとスポットＣＭは、放送局経営の柱になるものです。

タイムＣＭの特徴

放送局が提供する一日の放送時間には、二四時間という限りがあります。いわば放送時間は有限なる資源です。この資源をいかに有効に切り売りして最大限の利益を獲得するか、この点が民間放送局経営の根幹になります。そして、この根幹を支えるのが**タイムＣＭ**と**スポットＣＭ**です。一五年の関東地区で見ると、全ＣＭのうち、タイムＣＭが二四・三％、スポットＣＭが七五・七％を占めます。

タイムＣＭは番組ＣＭとも呼ばれ、次のような様々な形式があります。

❶**全国エリアを対象としたネットタイム**
❷**特定エリアの一局を対象としたローカルタイム**
❸**毎週一回提供する箱売り**
❹**週五〜週七曜日ごと毎日流すベルト**
❺**週五〜週七曜日ごと隔日で流すテレコ**

タイムＣＭの購入は、原則として最低三〇秒単位で

タイムCMと提供クレジット（図4.5.1）

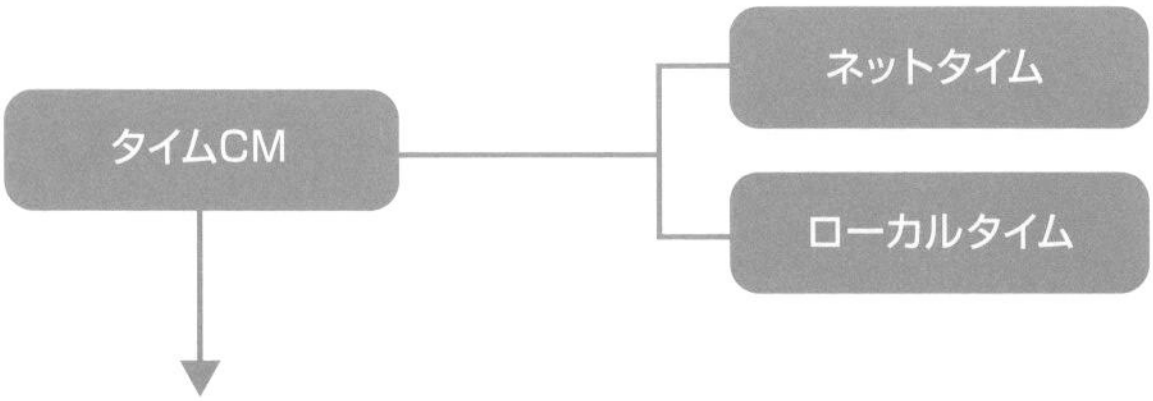

購入枠	提供クレジット
30秒	ごらんのスポンサーの提供でお送りしました。
60秒	社名または商品名
90秒	キャッチフレーズ付き

す。また、契約は原則として、四月～九月または一〇月～三月の半年間（二クール＊）が基本になります。

ご覧のスポンサーで…の不思議

タイムCMでは、番組前後の提供クレジット付が基本になります。ただし、提供クレジットについては、購入枠の長さによって、紹介のされ方が異なります（図4・5・1）。

これはどういうことかというと、番組の始まりや終わりのクレジットの際、企業名や商品名のアナウンスのほか、「美容と健康に奉仕する○○○の提供でお送りします」のようにキャッチフレーズが付くものもあります。一方で、「ご覧のスポンサーの提供でお送りいたします」のように、アナウンスなしでクレジットのみの場合もあります。これらは、購入枠の長さによって扱いが変わっているのです。すなわち、提供クレジット時に社名または商品名のアナウンスを付けてもらうには、六〇秒以上の広告枠の購入が必要になります。さらに、九〇秒以上の枠を購入すると、キャッチフレーズのアナウンスが可能になります。

用語解説

＊**クール**　テレビ業界で用いる期間の単位。3ヶ月（13週）のことを1クールと呼ぶ。上記のように番組CMは2クールが基本のため、26週の連続提供が基本になる。

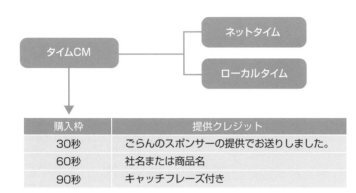

一方、購入枠が三〇秒の場合、提供クレジットは表示されますが、「ご覧のスポンサーの提供でお送りしました」のように紹介され、企業名や商品名のアナウンスはありません。このようにタイムCMでは、どれだけお金を積んでいるかによって、広告主の扱いをはっきり差別化しているわけです。

莫大なお金が動くテレビ広告

タイムCMを出稿する場合、スポンサーは番組料金を支払うことになります。この料金には、電波料、制作費、ネット費の三種類の料金が含まれています。

電波料とは、放送局が放送時間の一部を広告主に提供し、その見返りとして得る料金のことです。広告主から見ると、電波や放送施設を、一定時間占有した対価として支払う料金、これが電波料ともいえるでしょう。

また、**制作費**は、提供する番組そのものを制作するのにかかる費用です。

加えて**ネット費**という料金も必要になります。キー局で制作した番組を他局へ送り出す際、NTTコミュニケーションズの回線を利用していますが、この回線使用料に相当するのがネット費用です。

では、ネットタイムの番組料金は、どの程度が目安になるのでしょうか。

これは、番組の人気や時間帯、時期によって料金が大きく変わりますが、ゴールデンタイムの全国ネットで一ヶ月あたりおよそ一五〇〇万円～一八〇〇万円(三〇秒)が一つの目安になりそうです。念のために付け加えると、この料金は月額で、半年間(二クール)が契約の基本になりますから、三〇秒の番組CMにかかる費用は、およそ一億円前後になります。

ただしこの料金には、CMそのものの制作費は含まれていません。

ちなみに、一回あたり(三〇秒あたり)の広告費用を算出しようと思うと、放送回数で右記料金を割り算することになります。一クール(三ヶ月間)の番組回数は一三回として計算しますから、半年(二クール)で二六回になります。つまり、一億円割ることの二六回=約三八〇万円という計算になります。

いかかでしょう。日頃見慣れているテレビ広告ながら、実は莫大なお金が動いているのがよくわかります。

用語解説

＊**カウキャッチャー**(次ページ)　本来は、機関車の前にある牛除けのスカートを指す。CMが「本体の前」にあることから付いた名か。ちなみに、かつての「市電」には牛除け状の網があったのをご存知？

番組CM挿入パターン例（図 4.5.2）

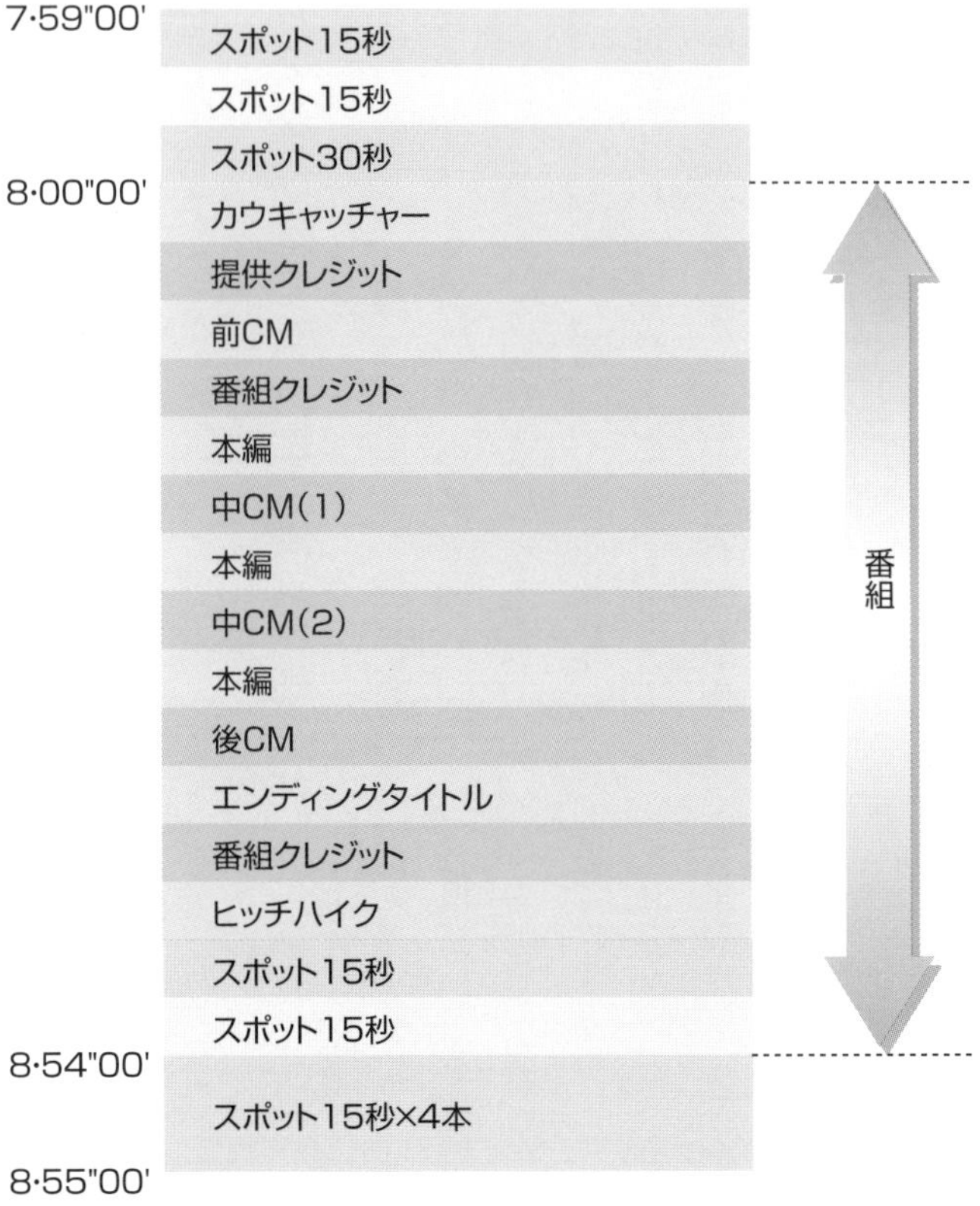

7·59"00'
スポット15秒
スポット15秒
スポット30秒
8·00"00'
カウキャッチャー
提供クレジット
前CM
番組クレジット
本編
中CM(1)
本編
中CM(2)
本編
後CM
エンディングタイトル
番組クレジット
ヒッチハイク
スポット15秒
スポット15秒
8·54"00'
スポット15秒×4本
8·55"00'
番組

改めてテレビのすごさを思い知らされるようです。

なお、図4・5・2に示したのは、番組CMのフォーマット例です。**前CM**や**中CM**は、番組の本編中に挿入されるCMで最もオーソドックスなものです。一方、番組開始クレジットの前に挿入するCMを**カウキャッチャー***(**CC**)、終了クレジット後に挿入するものを**ヒッチハイク***(**HH**)と呼びます。提供クレジットの外に出ているので、一見スポットCMのように見えますが、番組CMとして提供されているケースが多数あります。

用語解説

＊**ヒッチハイク**　ヒッチハイカーを乗せるために車を止めると、たいがいはハイカーを追い越して停車するもの。こうしてヒッチハイカーは、自動車のあとからやって来て車に乗り込む。このようなことから、終了クレジットのあとに来るCMを「ヒッチハイク」と呼ぶようになったという。

6 局ごとにゾーン決めするスポットCM

スポットCMは、本来、番組と番組の間に流す広告のことを指しましたが、近年は様々なパターンのスポットCMが登場し、それぞれの局がスポットCMの挿入ゾーンを決めます。従来、テレビ広告の大部分を番組CMが占めていましたが、近年ではその立場が逆転し、スポットCMが番組CMを上回るようになっています。

スポットCMとは何か

番組と番組の間の時間を**ステーション・ブレーク**（通称**ステブレ**）と呼びます。もともとはこの番組と番組の間の時間は、フィルムや回線の切り替えを行うなど、技術上不可欠な時間でした。そのため昔は、この時間帯に局の名称などを静止画像を映し出していました。

その後、技術的な発展もあって、技術面からのステーション・ブレークの必要性はなくなりました。しかし、前節でもふれたように、限られた時間を切り売りして最大の利益を上げたいのは、どこの放送局も同じです。そこで、このステーション・ブレークに広告を挿入するようになりました。これが**スポットCM**の始まりです。

ステーション・ブレークは番組の末尾一分間*を取ります。また、スポットは通常一五秒が基本ですから、ステブレの間に四本のスポットが流れる勘定になります。当初は、スポットCMを販売できるのかと危惧されたようですが、いまでは放送局の売上に占めるスポットCMの割合が番組CMを上回っています。

また、最近では、ステーション・ブレーク以外にもス

用語解説

＊…**の末尾一分間**　したがって、30分番組も実質は番組CM込みで29分。

ポットCMが多数見られます。たとえば、番組CMの枠に挿入するスポットCMもその一つです。これを**パーティシペーティング・スポット（PT）**と呼んでいます。

また、番組CMが皆無ですべてスポットCMで構成されている番組も多数あります。なお、スポットCMが番組の中に入っている場合でも、開始・終了時の提供クレジットでの、企業名の表示やアナウンスはありません。

料金はパーコストで計算する

広告主がスポットCMを発注する際の基準になるのが、**GRP**＊**（世帯延べ視聴率）**です。GRPとは、**リーチ（累積到達率）**と**フリクエンシー（平均到達率）**の掛け算で算出できます。例えば、視聴世帯一〇世帯の地域で、ある広告を複数回放送したとします。一度目は五世帯、二度目は三世帯…というふうに視聴し、視聴世帯は全一〇世帯の六世帯だったとすると、リーチは六〇%になります。

また、広告を視聴した人の全回数が二四回だったとすると、これを視聴した六世帯で割った数は四となり、フリクエンシーは四回になります。そしてリーチとフリクエンシーを掛け合わせて、結果、GRP二四〇%という数字が得られるわけです。

スポットCM枠は、このGRPを基準にして購入します。つまり一GRP、すなわち視聴率一%につきいくら、というような料金設定です。これを一般に**パーコスト**と呼んでいます。そして、あらかじめ目標とするGRPを設定し、パーコストからスポットCM予算をはじき出します。

このような数値目標の設定に、**スリーヒット・セオリー**を利用するケースが見られます。これは、「広告効果を得るには、CMに三度以上接触させることが必要」という考え方で、一〇〇〇GRPを投下すると約七〇%、二〇〇〇GRPで約九〇%の人が、テレビ広告に三度接触するという＊ものです（図4・6・1）。この考え方をベースに、スポットCMの投下量を算出するわけです。

例えば一〇〇〇GRPのスポットを出稿する場合、料金はパーコスト×一〇〇〇になります。ちなみに、パーコストが二〇万円だとすると、この場合、これに一

用語解説

＊**GRP**　Gross Rating Pointの略。

＊**…という**　もちろん、商品やターゲットによって数値は変化する。

スポット投下量の設定（図 4.6.1）

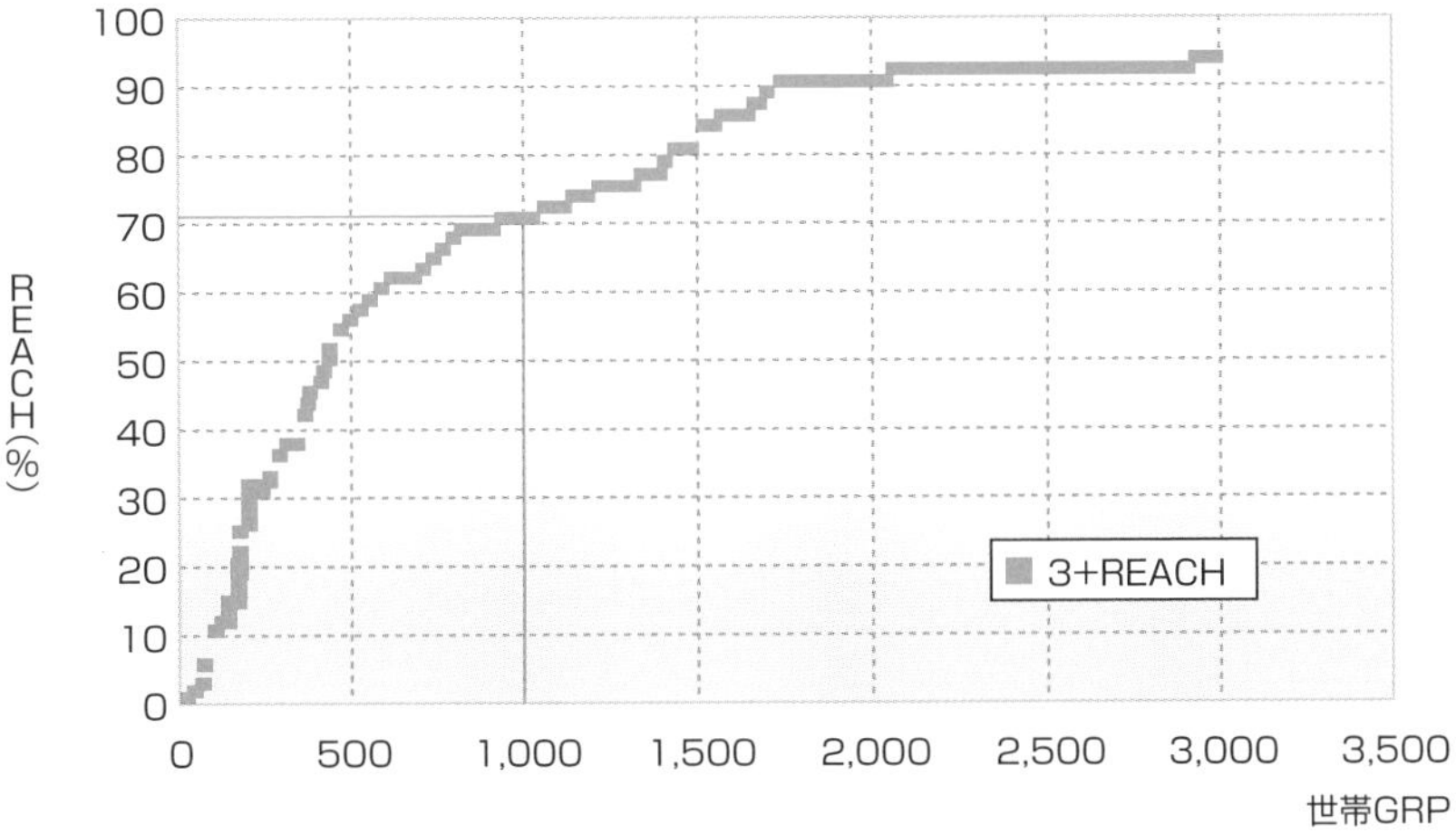

○○○GRPを掛け合わせて、二億円のお金が必要になるわけです。

視聴率と深く関連するスポットCM

以上のような料金体系が把握できると、なぜ視聴率競争が激しくなるのか理解できます。

例えば、ここに平均視聴率一○%のAテレビ局と、平均視聴率二○%のBテレビ局があったとします。そして、両テレビ局に一○○○GRPのスポットCMを投下するケースを考えてみてください。Aテレビ局の場合、平均視聴率が一○%ですから、一○○○GRPを達成するには一○○本のCMを投下しなければなりません。

一方、Bテレビ局は平均視聴率が二○%ですから、五○本のCMを出稿するだけで、一○○○GRPを達成できます。両テレビ局ともパーコストを二○万円だとすると、Aテレビ局は一○○本のスポット、Bテレビ局は五○本のスポットで、それぞれ二億円を稼ぐわけです。言い換えると、一○○本のスポットで、Aテレビ局は二億円、Bテレビ局は四億円を稼ぐことになります。

スポットCMの料金計算（図 4.6.2）

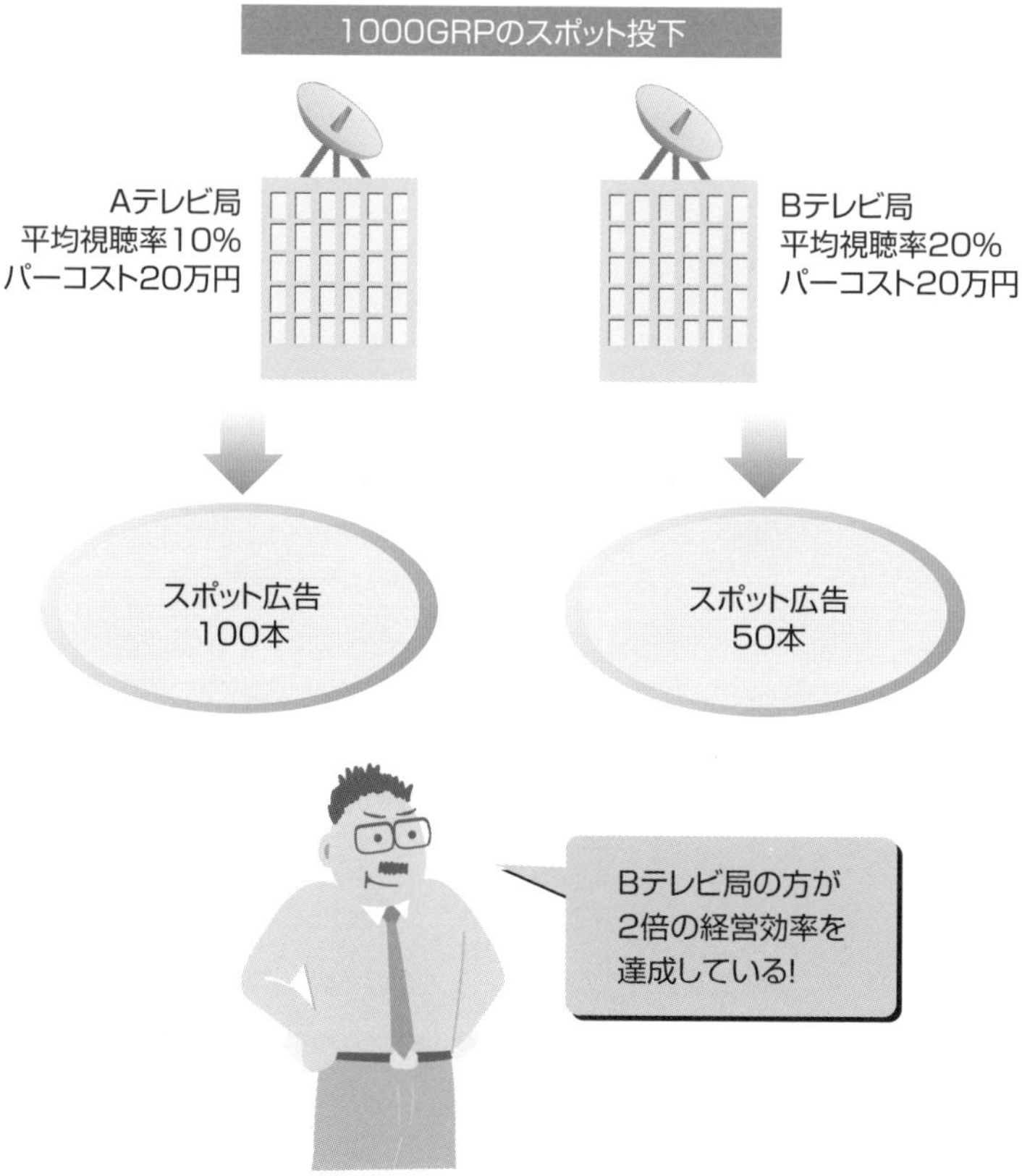

つまり、Bテレビ局の方がAテレビ局よりも二倍も経営効率が良いわけです（図4・6・2）。

先に放送時間は有限と書きました。そして番組の視聴率が高いと、この限られた資源のパフォーマンスは向上します。すなわち、視聴率が高ければ高いほど、広告収入の効率化が図られ、放送局の利益を最大化できるわけです。

以上から、民間放送局が視聴率競争に邁進する理由が理解できたと思います。

7 スポットCMの出稿パターン

スポットCMを出稿する場合、広告主としてはできるだけゴールデンタイム、しかも人気番組の前後で放送してほしいと考えるでしょう。しかし、放送局としては、ゴールデンタイムばかりにスポットCMが集中したのでは商売になりません。そこで、スポットCMをまんべんなく散らばらせる工夫が凝らされています。

スポットの時間取りにはパターンがある

スポットCMを出稿する広告主は、原則として時間帯の指定ができないようになっています。時間指定が可能だと、**ゴールデンタイム**＊や人気番組の前後にスポットが集中するからです。これを避けるため、スポットについては、放送局側が広告を流す時間を配分します。これを**時間取り**＊といいます（図4・7・1）。

この時間取りには一般的なパターンがあります。例えば、会社員を対象とした広告の場合、平日の夜や土曜、日曜にテレビ視聴する可能性が高くなります。したがって、この時間に集中的にスポットCMを投下するパターンが選ばれます。一週間のタイムテーブルに夜間と土日をプロットすると、プロットエリアが逆L字になることから、このようなスポットパターンを**逆L**と呼びます。

あるいは、OLや若い主婦などを対象にした場合、平日の午前中と夜、そして土曜、日曜あたりにターゲットの視聴が増えそうです。このような時間取りをすると、プロットエリアはコの字型になることから、**コの字**と呼んだりします。

パーコストは、時間取りのパターンによって上下し

＊**ゴールデンタイム**　19時から22時までの時間帯を指す。似た言葉にプライムタイムがあるが、こちらは19時から23時までの時間帯をいう。

＊**時間取り**　**線引き**とも呼ばれる。「この線引きじゃあ、スポンサーの了解はムリだね」のような使い方をする。

用語解説

時間取りのパターン（図 4.7.1）

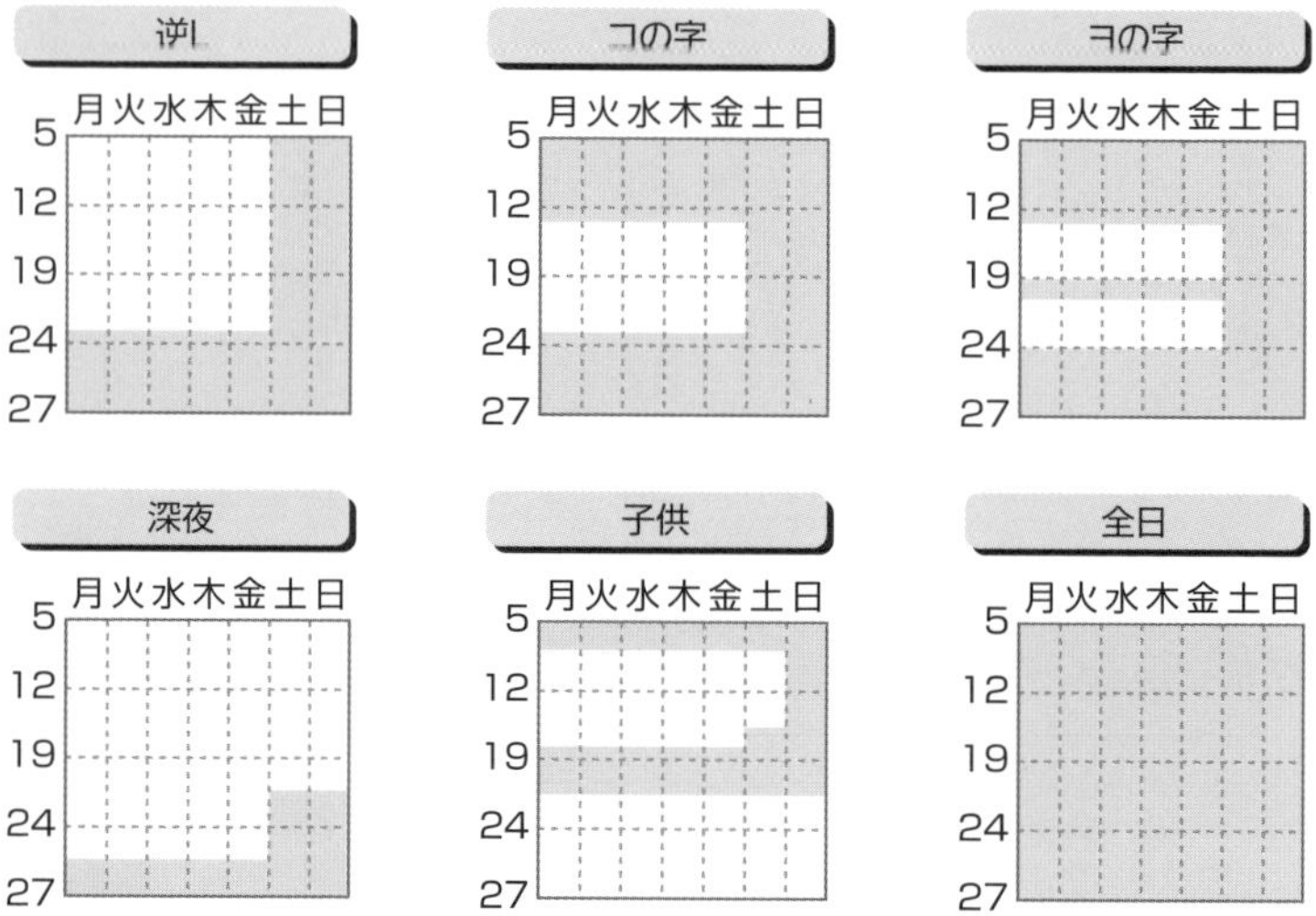

ます。例えば、特に時間帯の指定のない**全日取り**というスタイルがあります。放送局としては、どうしても視聴率の低い時間帯が存在します。全日取りの場合、そのような時間帯に広告を挿入できるので、放送局としては助かるわけです。そのため、全日型のような時間取りではパーコストが安くなります。

また、パーコストの単価は、スポンサーや季節、混み具合によって個別に決定します。放送局に貢献している企業（すなわち広告をレギュラーで多数出稿している企業）のパーコストは安くなります。逆に、一見の会社などの場合、当然ながらパーコストは高めになります。

このように、日頃何気なく見ているテレビCMですが、そこでは広告主や広告会社、放送局が様々な思惑を働かせているのがわかると思います。

番組CMとスポットCMのメリットとデメリット

以上、数節にかけて番組CMとスポットCMについて説明してきました。

最後に、番組CM、スポットCMのメリットとデメ

番組CMとスポットCMのメリットとデメリット（図4.7.2）

	メリット	デメリット
番組CM	・選ばれたポジションを獲得できる ・企業のイメージアップに役立つ ・ある程度ターゲットを絞り込める ・提供クレジットを出せる	・6ヶ月単位の購入が基本で、やや柔軟性に欠ける ・多くの視聴者を獲得するのにやや不向きである
スポットCM	・季節、地域、期間など、臨機応変な広告投下が可能である ・集中投下できる	・長めのメッセージが必要な広告にやや不向きである ・需給関係で価格が大きく変動する

リットを取りまとめておきます（図4・7・2）。

まず**番組CM**ですが、この広告のスポンサーは、番組を提供しているという、ある意味選ばれたポジションを確保できます。これは企業イメージを高めるのに効果が高いといわれます。また、番組内容によってターゲットの絞り込みを行え、効率良く広告を投下できるというメリットもあります。

一方、番組CMの契約は原則半年単位になります。そのため、機動的な広告展開が難しいというデメリットがあります。

その点、**スポットCM**は季節や地域、期間など広告主のニーズに合わせて、臨機応変に広告を投下できるという点が大きな魅力です。

しかしながら、スポットCMは通常一五秒のコマーシャルが原則で、長めのメッセージが必要な広告には若干不向きです。また、需要と供給により、コストに大きな開きが出ます。そのため場合によっては、予算に応じた広告出稿が困難になることもあります。

スポンサーは両広告のメリット・デメリットを考えて、広告効果の最大化を目指しています。

ワンポイントコラム

【土地の価格と似ているテレビCMの価格】　テレビCMの価格設定は土地の価格設定にも通じる。駅前の土地や高級住宅街の土地が高いように、人気番組やステータスのある番組付近に投下するCMは、どうしても料金が高くなってしまう。

8 テレビ広告の長さにはルールがある

放送局は限りある時間帯を切り売りしてスポンサーの広告を挿入し、これにより利益を得ています。このように考えると、広告時間、すなわち「売り場面積」をいまよりも広げれば、放送局の利益はさらに拡大するように思えます。しかし、ことはそう簡単ではありません。

番組と広告の関係

すでに述べたように、そもそも民間放送とは、まず広告ありきの発想で企図されたものです。そのため、民間放送の番組は、ある意味で広告を聴取または視聴させるための手段にしか過ぎないわけですから、放送局としては番組放送時間を減らして、広告を放送する時間を広げた方が「理」、というよりも「利」にかないます。極端な話し、番組など取っ払ってしまって、広告のみを放送するようにすれば、広告放送時間、すなわち、放送局の「売り場面積」を最大化できます。

しかしこれは非現実的な話です。先に放送業界が自主的に定める「**日本民間放送連盟　放送基準**」についてふれました（1-5節）。実は、この中の「一八章　広告の時間基準」に、テレビ放送における週間のコマーシャルの総量に関する取り決めがあるのです。

> 週間のコマーシャルの総量は、総放送時間の一八％以内とする。

要するに、広告ばかり放送することは、放送基準のこの取り決めからして不可能です。それどころか、一週間の総放送時間が一四〇時間とした場合、広告の総量はその一八％で約二五時間しかありません。したがって、一日にだいたい三時間半しか広告の放送はできないようになります。

【重大ニュースとテレビ広告】　重大事件が起こると、テレビ番組はすぐさま特別報道番組に切り替わる仕組みになっている。その際に、スポンサーへの許可はいっさい行われない。これはテレビが重要な報道機関として認められている証拠でもある。

1 時間番組が 54 分の理由（4.8.1）

広告時間量の取り決め

5分以内の番組	1分00秒
10分以内の番組	2分00秒
20分以内の番組	2分30秒
30分以内の番組	3分00秒
40分以内の番組	4分00秒
50分以内の番組	5分00秒
60分以内の番組	6分00秒

60分以上の番組は上記の時間量を準用する

54分と6分の番組で
8分の広告が可能に!

また、広告の放送時間は、週間総量を遵守すればよいかというと、決してそれだけではありません。番組の長さごとに広告の時間量を定めた取り決めが、先の放送基準の続きに明記されています。

> プライムタイムにおけるコマーシャルの時間量は、以下を標準とする（SB*を除く）。ただし、スポーツ番組および特別行事番組については各放送局の定めるところによる。

このような規定のもとに図4・8・1のような広告時間量が示されています。三〇分の番組で三分の広告、六〇分番組で六分の広告は、この**広告時間量の取り決め**が根拠になっているのです。

六〇分番組が五四分の理由

この広告時間量の取り決めをよく観察すると、いわゆる六〇分番組（一時間番組）が何故、五四分なのかが理解できます。

六〇分番組を実質五四分に縮めれば、残り六分間の余裕ができます。これにより五四分番組と六分番組を編成できるわけです。

一方、五四分番組は、「六〇分以内の番組」ですから、広告を六分間流してもかまいません。また、六分番組は「一〇分以内の番組」ですから、二分間の広告を流せます。つまり、合計で八分間の広告を流せる計算です。六〇分間番組だと六分間の広告が、五四分と六分に番組を分けることで、広告の放送時間を二分間延ばせるわけです。

さらに、番組と番組の間には一分間の**ステーション・ブレーク**（SB）を挿入できます（上記放送基準に「SBを除く」とある点に注目）。この時間帯にもスポットCMを放送できますから、「八分」プラス「二分」で一〇分間の広告を放送できる仕組みです（図4・8・2）。これは、広告の時間量の最大化を図ろうとするテレビ局にとっては、非常に都合がよいわけです。

番組と番組の間がやけに長い、すなわち妙に広告が多いと思うことがありますが、実はこのような事情があるのです。売場面積の確保に懸命な放送局の姿が目に浮かびます。

用語解説
*SB　ステーションブレークの略。「ステブレ」とも呼ぶ。4-6節参照。

広告時間の最大化を図る（図 4.8.2）

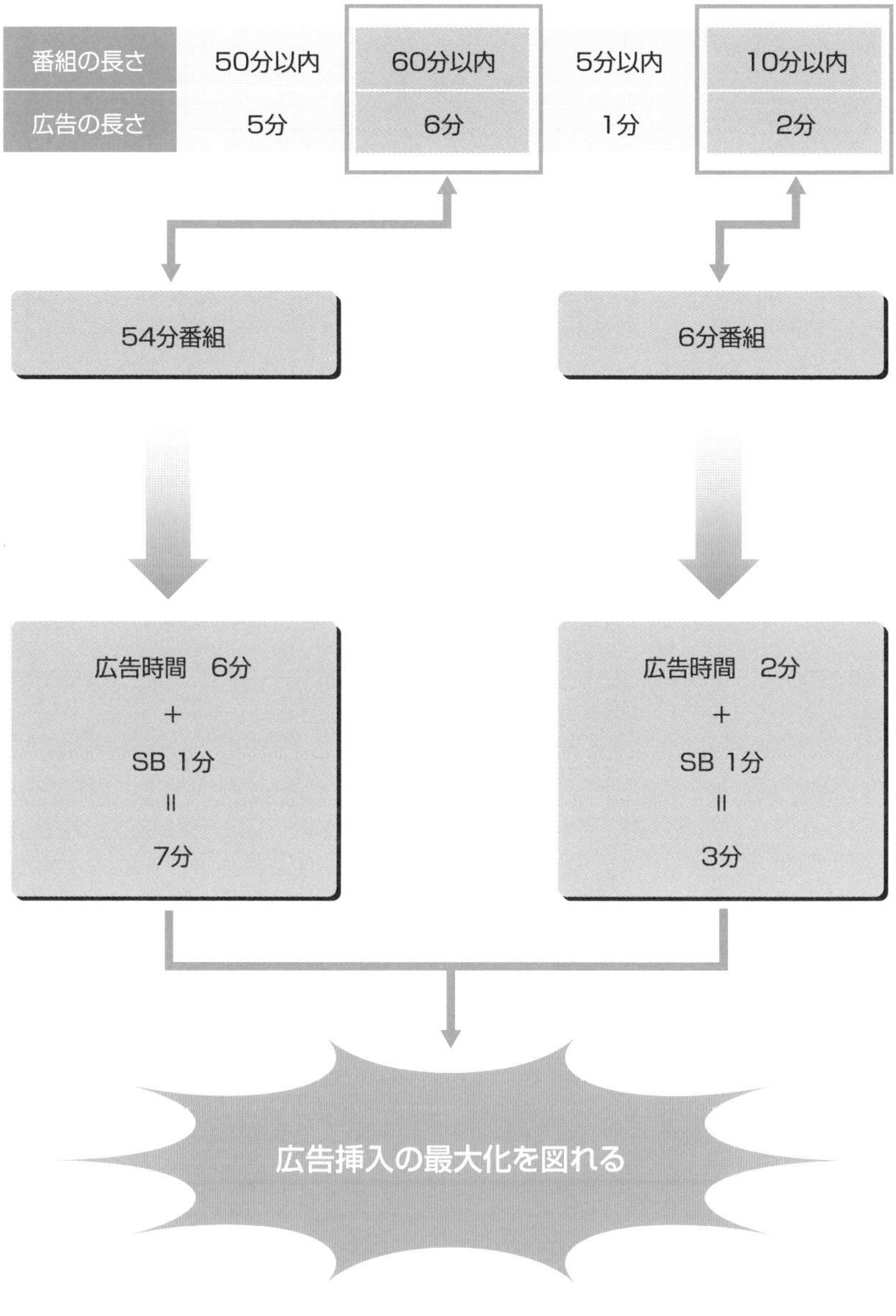

9 テレビ番組と視聴率

番組視聴率が高いほど、広告媒体としてのテレビの価値は上昇します。その結果、広告収入の増大をもたらし、放送局の利益拡大に寄与することになります。よって、どの民間テレビ局も、視聴率の動きには敏感にならざるを得ません。二〇年三月三〇日からは機械式個人視聴率調査が全国拡大され、より厳密なテレビ視聴率調査が行われています。あわせてタイムシフト視聴率調査も全国展開が始まりました。

世帯視聴率から個人視聴率へ

視聴率とは、ある番組を放送区域内のどれだけの世帯または人が視聴したかを示す数値のことです。視聴率はテレビに用いる言葉で、ラジオには**聴取率**を用います。

日本における視聴率調査は、米ニールセン社によって始まりました。その後、日本のビデオリサーチ社が視聴率調査を開始しています。NHKも独自に調査しているものの、いまでは民間放送の視聴率調査はビデオリサーチの一社になっています。以下、ビデオリサーチ社が実施している方法をベースにした視聴率調査の具体的中身について解説*します。

従来、代表的な視聴率には二種類ありました。一つは世帯視聴率、もう一つは個人視聴率です。

世帯視聴率*とは、調査の最小単位を世帯として、ある番組を視聴する世帯の割合を示すものです。一方、**個人視聴率***は世帯内の四歳以上の家族全員の中で、誰がどれくらいテレビを視聴したかを示します。

かつて視聴率といえば**世帯視聴率**を指すのが一般的でした。例えば、四人家族の一〇〇世帯があって、ある番組を六〇世帯が視聴したとします。この場合、総世帯視聴率は六〇%になります。

ところが、各世帯で一名しかその番組を見ていなかっ

用語解説

＊…**中身について解説** 以下、「視聴率ハンドブック」(2017年、ビデオリサーチ)を参考にしている。

＊**世帯視聴率** Households Using Television。略して**HUT**とも呼ぶ。

＊**個人視聴率** Persons Using Television。略して**PUT**とも呼ぶ。

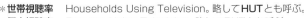

たとすると視聴者の合計は六〇人になります。これは総視聴者四〇〇人の一五％にしか過ぎません。次節でも述べるように、より厳密に調査するならば、総世帯視聴率から個人視聴率へのシフトは不可欠です。

従来、ビデオリサーチ社では個人視聴率の調査に注力してきました。その結果、二〇年三月三〇日からは**ピープルメータ方式**＊（4－10節参照）による個人視聴率調査が全国に拡大され、より厳密なテレビ視聴率の調査が行われることになりました。

対象となる世帯とその選択方法

さらに今回の新たな視聴率調査では調査対象になる世帯数が増えました。関東地区では三倍の二七〇〇世帯、関西地区と札幌地区は二倍で、それぞれ一二〇〇世帯と四〇〇世帯になりました（図4・9・1）。

また、山梨・福井・徳島・佐賀地区では五〇世帯・宮崎地区では一〇〇世帯を対象としたピープルメータ方式の個人視聴率調査が新たに始まります＊。これにより全国三二区、一万世帯が調査対象になります。

これら一万世帯は、テレビ所有世帯から無作為に対象世帯を選出する**無作為抽出法**（ランダム・サンプリング）が用いられています。この手法では、まず、国税調査の世帯数データをもとに地区内の世帯数を求めます。次に地区内世帯数をその地区の調査対象世帯数で割り算します。例えば、関東地区の総世帯数を一九〇〇万世帯とした場合、これを対象世帯数の二七〇〇で割ります。得られた七〇三七はインターバルという数値になります。

さらに、乱数表を用いてインターバルより小さい数を一つ選びます。例えば、七〇〇〇という値が出たとすると、これがスタート・ナンバーになります。以後、このスタート・ナンバーにインターバルを加算して、抽出する世帯の番号を決めます。抽出された世帯が協力に応じた場合、一年間の契約で視聴率調査の対象になります。

視聴率調査の信頼性は大丈夫？

しかし、日本の総世帯数は五三三三万世帯＊です。そのうちの一万世帯といえば、占める割合はわずか〇・〇一八八％にしか過ぎません。さらに、関東地区の場合

用語解説

＊**ピープルメータ方式**　People Meter。略して**PM方式**とも呼ぶ。

＊**…始まります**　これら5区については、全国視聴率を算出するものであって、当初は地区別の視聴率は提供しない（地区別の提供は協議・準備中）。

＊**5333万世帯**　2015年の国勢調査より。厳密には5333万2000世帯。

2020年3月30日以降の視聴率調査（図4.9.1）

<table>
<tr><th>地区</th><th>対象世帯数</th><th>調査方法</th><th>調査頻度</th></tr>
<tr><td>関東</td><td>2,700</td><td rowspan="4">機械式個人視聴率調査
（PM調査）</td><td rowspan="8">毎日</td></tr>
<tr><td>関西</td><td>1,200</td></tr>
<tr><td>名古屋</td><td>600</td></tr>
<tr><td>北部九州</td><td>400</td></tr>
<tr><td>札幌</td><td>400</td><td rowspan="23">機械式＋日記式から
PM調査に変更</td></tr>
<tr><td>仙台</td><td>200</td></tr>
<tr><td>広島</td><td>200</td></tr>
<tr><td>静岡</td><td>200</td></tr>
<tr><td>福島</td><td>200</td><td rowspan="19">毎月特定2週間から
毎日に変更</td></tr>
<tr><td>新潟</td><td>200</td></tr>
<tr><td>岡山・香川</td><td>200</td></tr>
<tr><td>長野</td><td>200</td></tr>
<tr><td>熊本</td><td>200</td></tr>
<tr><td>鹿児島</td><td>200</td></tr>
<tr><td>長崎</td><td>200</td></tr>
<tr><td>金沢</td><td>200</td></tr>
<tr><td>山形</td><td>200</td></tr>
<tr><td>岩手</td><td>200</td></tr>
<tr><td>鳥取・島根</td><td>200</td></tr>
<tr><td>愛媛</td><td>200</td></tr>
<tr><td>富山</td><td>200</td></tr>
<tr><td>山口</td><td>200</td></tr>
<tr><td>秋田</td><td>200</td></tr>
<tr><td>青森</td><td>200</td></tr>
<tr><td>大分</td><td>200</td></tr>
<tr><td>沖縄</td><td>200</td></tr>
<tr><td>高知</td><td>200</td></tr>
<tr><td>宮崎</td><td>100</td><td colspan="2" rowspan="5">50〜100世帯を対象に新たにPM調査を導入</td></tr>
<tr><td>山梨</td><td>50</td></tr>
<tr><td>福井</td><td>50</td></tr>
<tr><td>徳島</td><td>50</td></tr>
<tr><td>佐賀</td><td>50</td></tr>
<tr><td>全32地区</td><td colspan="3">10,000世帯</td></tr>
</table>

※山梨〜宮崎地区の地区別視聴率は協議・準備中　出典：ビデオリサーチのプレスリリース（2020年2月6日）

だと、総世帯数一八八九万世帯＊に対して、対象世帯は二七〇〇ですから、その割合はさらに小さくなって〇・〇一四三％になります。このような少ないサンプル数で信頼性のある視聴率を算出できるのか、少なからず心配になってきます。

当然のことながら、視聴率調査は統計理論に基づいた調査のため、統計上の誤差、すなわち標本誤差が生じます。この標本誤差は、有意水準を五％に設定した場合、次のような数式で求められます（図4・9・2）。

例えば表本数が二七〇〇世帯で視聴率が一〇％だった場合、標本誤差はプラスマイナス一・二になります。これは、確率九五％で視聴率が八・八％から一一・二％の範囲に入ることを意味します。旧来の九〇〇世帯を対象にした場合は、プラスマイナス二・〇％でしたから、調査の精度は向上したといえるでしょう。

とはいうものの、こうした誤差のある視聴率が基礎になって**パーコスト**（4-6節参照）が算出されて、それにより広告収入が大幅に上下するのが現実でした。この仕組みが続く限り、視聴率を巡るテレビ放送業界の葛藤は、まだまだ続くことになるのでしょう。

標本誤差（図 4.9.2）

標本誤差

＝

$$\pm 2\sqrt{\frac{\text{世帯視聴率}(100-\text{世帯視聴率})}{\text{標本数}}}$$

出典：ビデオリサーチ「視聴率ハンドブック」

用語解説

＊**1889万世帯**　2015年の国勢調査より。厳密には1888万5000世帯。

10

個人視聴率と新たな指標

ビデオリサーチ社の視聴率調査は、世帯視聴率から全国を対象にした個人視聴率へと転換しました。また、テレビのスポットCM取引においても新たな指標が用いられるようになりました。

個人視聴率の算出方法

かつて個人視聴率を調査する方法には、**日記式アンケート**と**ピープルメータ（PM）方式**がありましたが、現在は機械式で調査が行える後者に統一されています。

PM方式では、家庭の全テレビ（八台まで）にPM表示器を取り付けます。この装置には、世帯に属する個人それぞれのボタンが割り当てられています。そして、テレビの視聴開始時と終了時に、自分に割り当てられたボタンを押します。ボタンが割り当てられたリモコンもあり、こちらを利用することもできます。

視聴内容は、テレビに取り付けられたメディア・センサーを通じて、無線でオンライン・メーターに記録されます。記録された情報は、インターネットや電話回線を通じてセンターへ転送されます（図4・10・1）。

PMを用いた個人視聴率がどのように計算されるのか、簡単な例で紹介しましょう（図4・10・2）。ここでは一〇世帯四〇人（全員四歳以上）を対象にします。各世帯に複数台のテレビがあり、それぞれがオンやオフの状態です。例えば、ある五人家族の世帯では、テレビが三台あり、二人がA局、一人が別のテレビでB局を見ているとします。これをすべての世帯で調べると、対象者四〇人のうち二四人がテレビを見ていました。

この場合、何％の人がテレビを見ていたかを示す**全局**は二四人÷四〇人＝六〇％になります。また、そのうち八人がA局、一二人がB局、四人がC局を見ていたとします。この場合、個人全体の**局別視聴率**は、A局が二〇％（八人÷四〇人）、B局が三〇％（一二人÷四〇

ピープルメータシステム概要（図 4.10.1）

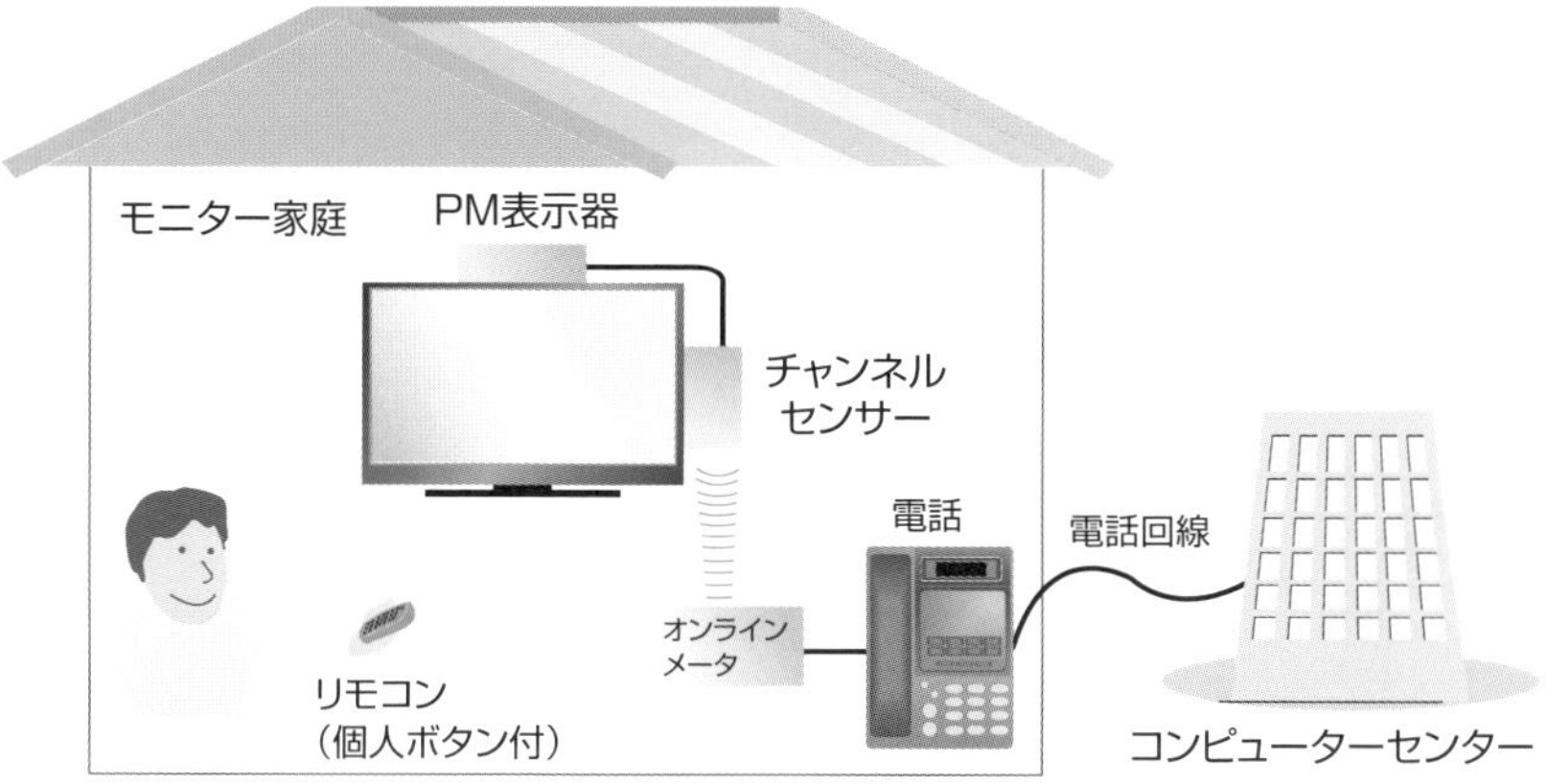

出典：ビデオリサーチ「視聴率ハンドブック」をもとに作成

個人視聴率の計算方法の一例（図 4.10.2）

世帯	人数	A局	B局	C局
A	4	2	1	
B	4			2
C	2	2		2
D	6	2	4	
E	4			
F	3	1	1	
G	4	1	2	
H	5		2	
I	4		2	
J	4			
対象者数	40	8	12	4

▼

個人全体　60%(〈8人＋12人＋4人〉÷40人)
A局　20%(8人÷40人)
B局　30%(12人÷40人)
C局　10%(4人÷40人)

人)、C局が一〇%(四人÷四〇人)のようになります。また、世帯視聴率の場合、一世帯で二台のテレビで同じ放送局の番組が映っていたとしても、カウントは一になります。

　PM方式では、視聴者の性別や年齢別も特定できるようになっています。年齢はチャイルド(四歳～一二歳)、ティーン(一三歳～一九歳)、M1、F1(二〇歳～三四歳)、M2、F2(三五歳～四九歳)、M3、F3(五〇歳以上)となります。**Mは男性、Fは女性***を意味しています。

　個人視聴率(世帯視聴率も同様)はリアルタイム視聴を対象にしてきました。しかし、タイムシフトで番組を視聴する人の数が増え、より現況に即した視聴率調査を望む声が高まっていました。このような背景の下、一六年から**タイムシフト視聴率**と**総合視聴率**の調査が始まったわけです(1-8節)。

テレビスポットCMの新取引指標

　視聴率調査法の刷新と並行して、テレビスポットCM取引の見直しも行われました。関東地区では**一八年四月**より、テレビスポット広告取引において、従来の**GRP**(4-6節)に代えて「**ALL(P+C7)**」という新たな指標を導入しました。

　従来のGRPでは、世帯におけるリアルタイム視聴率を算出の基礎に置いていました。一方、新指標であるALL(P+C7)では、対象は個人全体(ALL)とし、従来の番組リアルタイム視聴率(P)に、CM枠分のタイムシフト視聴率延べ七日分(C7)を加える(+)ことになりました。だから、ALL(P+C7)というわけです。

　すでに見たように、テレビドラマなどではタイムシフト視聴されるケースが高まっています。今回の新指標では、こうした新たなテレビの視聴実態に合致するように改定されたわけです。

　このALL(P+C7)は、**一九年一〇月**より、関西地区と名古屋地区にも導入されています。今後はテレビだけでなく、モバイル器機などによる、タイムシフト視聴も含めたテレビ番組視聴率が、より厳密に調査されることになるのでしょう。より確実な数字は、テレビ局と広告主、双方にとって有用に機能するでしょう。

用語解説

* **Mは男性、Fは女性**　男性＝Male、女性＝Femaleの略。

11 民間放送局と広告会社の関係

広告を収益源とする民間放送局のビジネスモデルを成立させるには、広告会社の存在が欠かせません。いわば広告会社の存在なくして、日本の民間放送局は成り立たない仕組みになっています。広告会社こそ、放送業界に絶大な影響力を及ぼす影の存在です。

広告会社の機能

放送局から発信する電波にスポンサーの広告がのることはありません。ところが、放送局とスポンサーが直取引していることはありません。両者の間には**広告会社**が必ず介在します。

ここにある商品を消費者に対して広告したいスポンサーがいます。このとき、スポンサーの広告メッセージを消費者に届ける手伝いをするのが広告会社です。

実際に、広告メッセージを消費者に伝えるには、様々な広告媒体、例えば新聞や雑誌、それにラジオやテレビ、あるいはSP媒体などを利用する必要があります。広告会社は、広告主の要望を聞いて、消費者に対して広告メッセージが最も効率良くかつ印象深く届く媒体を選定します。そして、その媒体という器にのせる広告(すなわちメッセージそのもの)を制作し、消費者に届けるわけです。これが広告会社の業務です。

広告主や広告会社からすれば、放送も広告メッセージを送り出すための一手段に過ぎません。メディアを選択するという点でいうと、選択権は広告主や広告会社にあり、放送局はあくまでも選択される側にあるわけです。

一方、放送局が独自に広告主を開発して直接取引することも確かに可能です。しかし、放送局の営業担当者にも限りがあります。それよりもむしろ、専門の広告会社に間に入ってもらって、広い範囲からスポンサーを送り込んでもらった方が得策という考えが成り立ちます。

また、金銭の支払いでも、信頼のおける広告会社が間に入っていると、放送局にはメリットがあります。広告会社から放送局には、あらかじめ取り決めた条件で金銭の支払いが行われます。この際、広告主の支払いサイトなどに関係なく実行されます。この意味で、広告会社はある意味金融機能も兼ね備えていることがわかると思います。

テレビ局と広告会社の関係

さらに過去の経緯という理由もあります。そもそもラジオやテレビといった日本の放送メディアの立ち上げに尽力したのが**電通**です。同社では、放送メディアがまだ世間に浸透しない頃、自社で時間枠を買い切って、広告主に販売したという経緯があります。

ある意味、放送メディアは、電通がなければいまの業界がなかった、または別の形態になっていたといえるかもしれません。したがって、放送局は有力広告会社を無碍にはできない、このような事情も考慮に入れなければなりません。

さらに、広告会社の資金力は、放送局をはるかにしのぐものがあります。例えば、広告業界のトップ電通の売上高は五兆一四六八億円(一九年)、二位**博報堂ＤＹホールディングス**は一兆四六六二億円、(一九年度)となっています。

一方、すでに見たように、民間テレビ放送局の売り上げは、日本テレビが三〇七二億円、フジテレビが二五五五億円、テレビ朝日が二二六四億円、ＴＢＳテレビが二一〇三億円でした。(2 - 4節)。

大手広告会社では、放送局よりも大きな資金力を活用して、放送時間枠をあらかじめ買い切ってしまい、それを広告主に販売するという手法を用いることがひんぱんに見られます。このような事情から、スポンサーと放送局の間には、必ず広告会社が介在するという図式が成り立つわけです(図4・11・1)。

広告会社の機能（図 4.11.1）

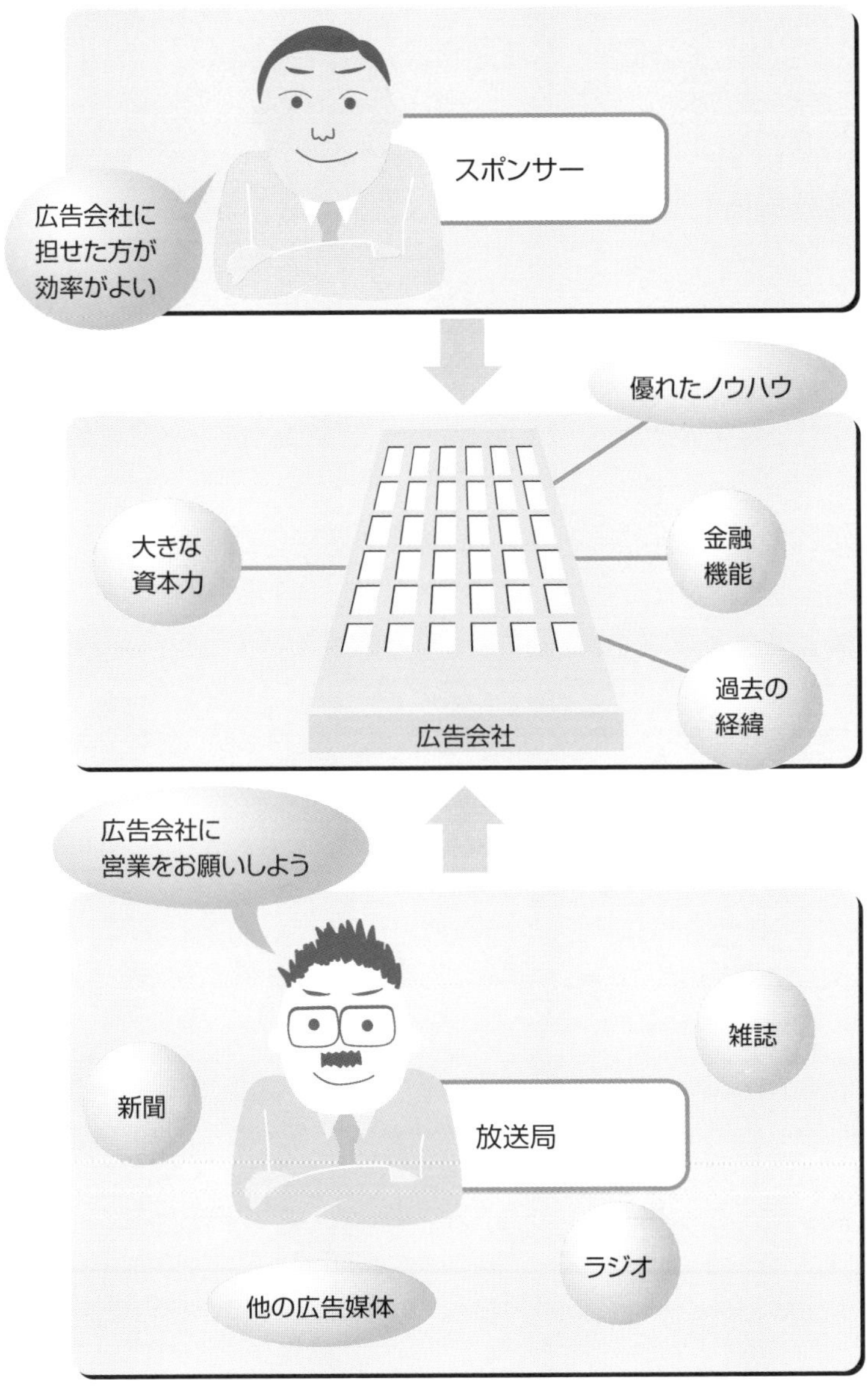

広告主からのお金の流れ

広告主がテレビ広告（番組ＣＭ）を実施する場合、すでにふれたように、主に電波料と番組制作費が必要になります。両者のお金の流れを整理したのが図４・11・2です。

ここでは、広告主が支払うお金を一〇〇とし、これがどのような流れで、広告会社や放送局の手元に渡っているのかを示しています。

まず番組制作用費用一〇〇は、最初に広告会社に渡ります。ここから広告会社は一五％から二〇％を営業費として自社利益とし、残りを放送局に渡します。放送局は受け取った番組制作費から、やはり一五％から二〇％を利益として差し引いて、残りを番組制作会社に渡します。

広告会社、放送局ともに二〇％を手数料として引いた場合、番組制作会社にわたる制作費用は全体の六四％です。ここでさらに番組制作会社が一五％から二〇％の利益を確保したあと、残りを純粋な番組制作費にあてます。結果、純粋に番組制作にかけられる費用は五一・二*と、当初の一〇〇から約半分になります。

また、番組制作会社がさらに下請けの制作会社に丸投げする場合も見られます。捏造で問題になった関西テレビの「発掘！あるある大辞典Ⅱ」の例がそうでした。『テレビは余命7年』（大和書房）によると、同番組一本分に一億円の費用が支払われ、そこから電波料や広告会社、テレビ会社のマージンが引かれ、孫請けの番組制作会社に渡ったＶＴＲ制作費はわずか八六〇万円*だったといいます。

一方、**電波料**についても広告主から広告会社に支払われます。電波料に対する広告会社のマージンも、およそ一五％から二〇％になります。その残りが放送局に支払われます。仮に全国ネットの番組の場合、通常キー局に支払われます。

さらに、キー局は、この電波料を傘下の各ローカル局に割り振っていきます。このお金のことを**ネットワーク配分金**、または**ネット配分金**と呼んでいます。なお、どのローカル局にどれだけの配分金を支払うかは極秘になっているようです。

用語解説

＊…**費用は51.2**　通常は制作会社からさらにタレントプロダクションや美術工芸会社、アルバイト派遣会社などに発注される。もちろんこれらの会社もマージンを取るので、番組制作にかけられる実費はさらに小さくなる。もっともこのような構図は、テレビ業界に限ったことではないが…。

広告主からのお金の流れ（図 4.11.2）

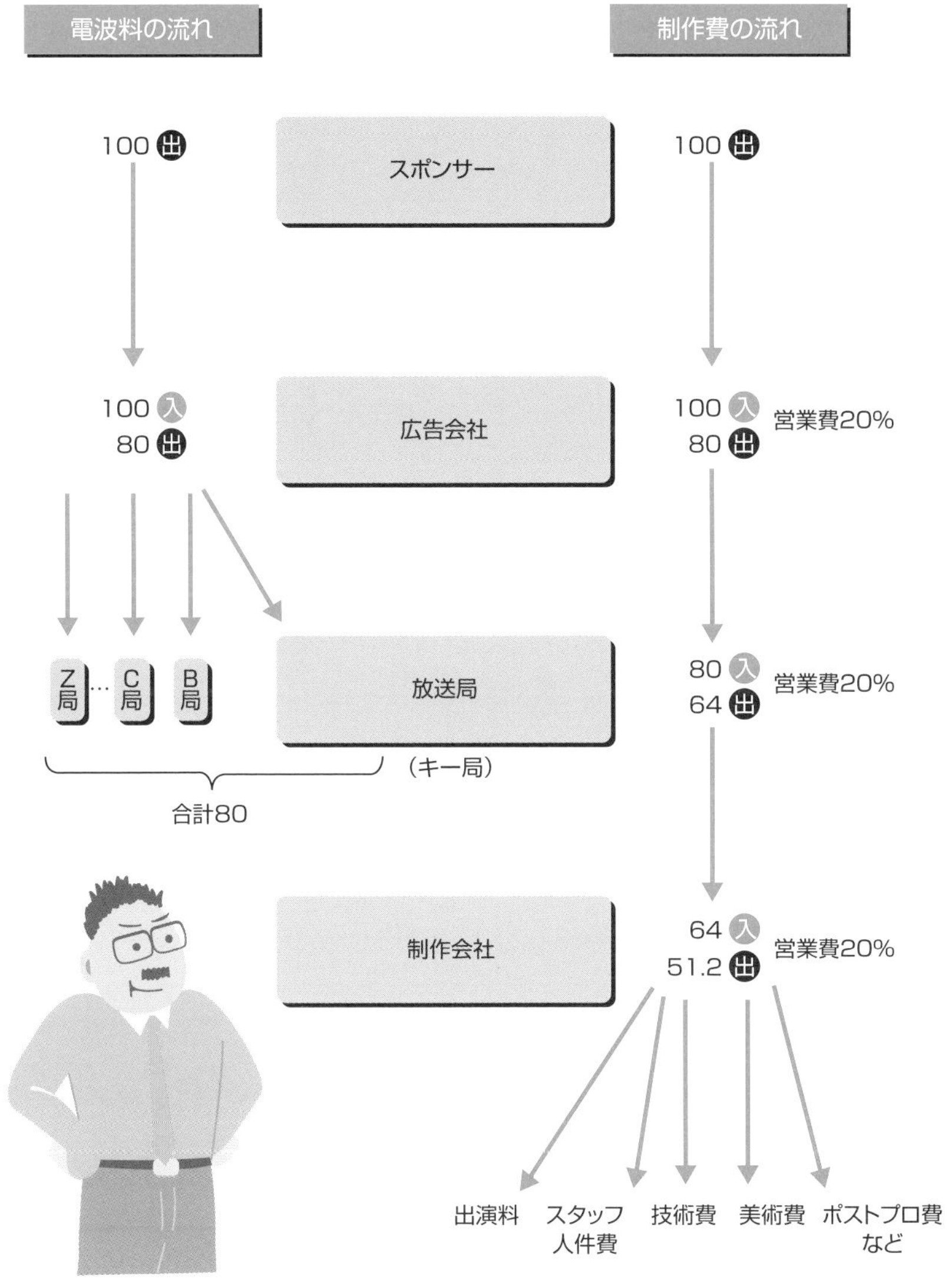

出典：碓井広義『テレビの教科書』(PHP研究所)

用語解説

＊…**860万円** 指南役『テレビは余命7年』(2011年、大和書房)P52～53

ローカル局の経営事情と広告

12

ローカル局ではキー局からの番組をそのまま流すケースがままあります。この場合、番組のスポンサーもキー局が一緒に連れてきてくれるものが多く、ローカル局は広告営業の必要がないわけです。しかも、この営業なしの収益が、ローカル局の全収益の大きな部分を占めているというから驚きです。では、その儲けのカラクリとは、いったいどういうものなのでしょうか。

とってもおいしいネットタイム

テレビ放送ネットワークのローカル局から見た広告には次の三種類があります。

❶**ネットタイム**
❷**ローカルタイム**
❸**スポット**

ネットタイムは、キー局が番組とスポンサーをセットにしてローカル局に渡す方式です。この場合、ローカル局は、自社の電波を使って、キー局から渡された番組と広告を放送します。これに対する対価として、キー局から**ネット配分金**を受け取る仕組みになっています。

つまり、ネットタイムの場合、ローカル局はキー局から渡された番組をそのまま流すだけで、収益を得られる構造になっているのです。もちろんネットタイムでは、スポンサー探しなど不必要です。

通常のローカル局では、番組CMとスポットCMの比率はだいたい半々程度か、若干番組CMの方が大きいといいます。また、番組CMのうち六〇%～七〇%が右に示したネットタイムになります＊。このことから、ローカル局の全収益のうち、三〇%から四〇%が、このネットタイムによる収益になります(図4・12・1)。

用語解説

＊…**になります**　伊藤裕顕著『放送ってなんだ？　テレビってなんだ？』(新風舎)

ローカル局から見た三種種類の広告（図 4.12.1）

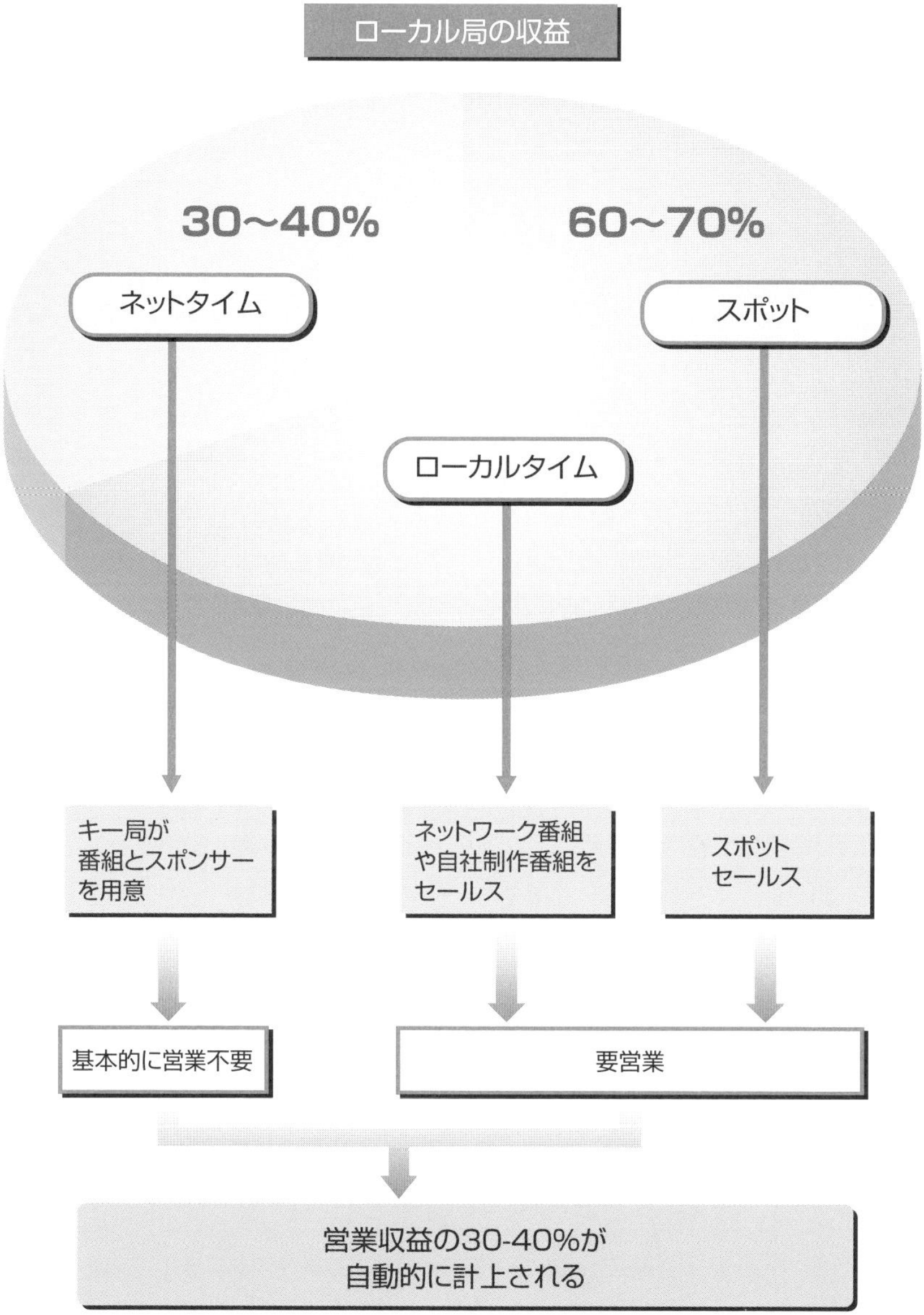

ローカル局のローカル番組比率

ネットタイムの比率が大きいということは、ローカル局の自主制作番組が少ないということを意味します。図4・12・2は、民間の地上テレビ放送局が、自社で放送する全番組に占める自社制作番組の比率を見たものです*。

これによると、自社制作番組を六〇%以上放送している事業者は全体のわずか三・九%にしか過ぎません。最も多いのは一〇%未満で全体の四九・六%にものぼります。

つまり、ほぼ半数の事業者が、キー局からの番組をそのまま流したり、他の放送事業者から供給を受けたりした番組を流し、自社制作は一〇%にも満たないのがその実態です。下手につまらない自主番組を制作するよりも、できあいのものを流す方が合理的だという判断でしょう。そうなると、社員の頭数もそれほど必要はありません。実際、比較的儲かっているローカル局は、社員数も少ないという特徴があります。

このようなことからローカル局では、「何もしない局ほど儲かる」と言われます。つまり、多くの従業員を抱えて自社制作番組を作るよりも、極力社員を減らして、キー局から送られてくる番組を流している方が、利益率が良くなるということです。

確かに目先の収益のみ考えれば、キー局や準キー局が仕込んだ番組を**垂れ流す**（ローカル局ではキー局の番組をそのまま放映することをこのように表現します）のが得策でしょう。しかし、テレビ局の中枢機能は番組制作です*。この極めてベーシックな能力の活用および向上を拒否して、キー局や準キー局に頼ってばかりいると、自立を求められたときに困窮するのは、当のローカル局自身です。

もちろん営業努力は必要です

ところで、先に見たネットタイムの全番組がスポンサーとセットになっているわけではありません。中には、スポンサーが一部だったり、まったく付いていないケースもあります。このような番組では、ローカル局が独自にスポンサーを探さなければなりません。これを**ローカルタイム**と呼びます。

用語解説

＊…**を見たものです**　ここで言う自社制作番組とは「出演者、番組内容からみて、当該放送事業者の存立の基盤たる地域社会向けの放送番組と認められるもの」を指す。

＊…**番組制作です**　これは放送インフラではなく、番組制作が、という意味。すでにテレビ放送を提供できるインフラは多岐にわたる。

ローカル局のローカル番組比率（図 4.12.2）

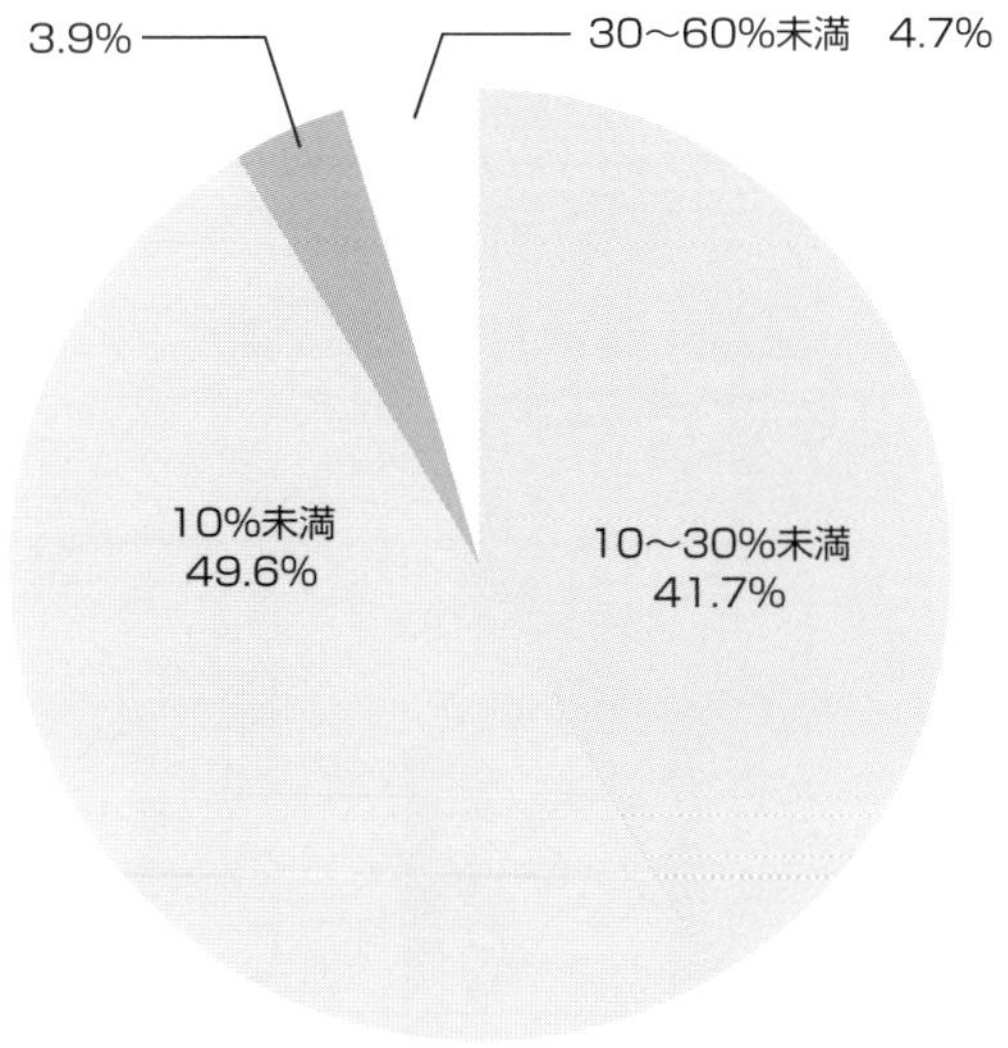

注1　調査対象期間：2019年4月8〜14日
　2　自社制作番組：自社で制作した番組およびその再放送。ローカルニュース、天気を含む

出典：電通メディアイノベーションラボ『情報メディア白書2019』

ただ、まったくスポンサーの付いていないネットタイムについては、ローカル局の判断で自社制作の番組を流したり、他の番組を買い取って流すということも、場合によってはできるようです*。

最後の**スポット**は、ステーション・ブレークに挿入する広告で、これについてもローカル局が独自でセールスしなければなりません。

このようなこともあり、ローカル局のほとんどが、多くのスポンサーや有力広告会社が集まる東京や大阪に支社を設けています。そして、ここを拠点に営業活動を行っています。

東名阪局とローカル局の経営状況

また、次ページに掲載したのは、一四年度から一八年度における、東名阪（キー局・準キー局・中京局）テレビ局・系列ローカルテ

用語解説

*…**できるようです**　その結果が図4-12-2で見たローカル番組比率の低さに表れている。

東名阪放送局とローカル局の経営指標（図4.12.3）

出典：日本民間放送連盟『日本民間放送年鑑2019』をもとに作成

レビ局の経常利益と経常利益率の推移を示したものです（図4・12・3）。

まず、東名阪とローカル局の経常利益と経常利益率に着目してください。一七年度までは、経常利益については**東名阪のほうが高く**、経常利益率については**ローカル局のほうが高い**傾向にありました。経常利益率は経営の効率度を示しますから、ローカル局のほうが効率的に利益を上げていたことがわかります。

ところが、ローカル局の経常利益率を見ると、一四年度には九・七％あったものが右肩下がりで低下し、一八年度には**七・一％**になり、東名阪局と立場が逆転してしまいました。

このトレンドは、従来の手法では、ローカル局の経営が早晩成り立たなくなることを示唆しているかのようにも見えます。いずれにしても、一九年度もこのトレンドが続くのか、注視したいところです。

13

スポンサーから見た広告媒体としてのテレビ

スポンサーから見たテレビ広告には、様々なメリットがあります。たとえば、インパクトのある映像を日本全国に即効でアピールできる広告媒体は、テレビの右に出るものはありません。しかし、テレビ広告に対するスポンサーの見方も徐々に変化してきています。

テレビ広告のメリット

テレビ広告のメリットには、一般に説得性・訴求性、信頼性、親近性・共有性、強制性、話題性、即効性・広範性、接触性などがあるといいます*。

テレビ広告は動画と音声を用いて、商品を視聴者にアピールします。商品のリアルな映像や動きが目の当たりにでき、結果、説得性や訴求性が高まるというわけです。さらには、公共的財産である電波を用いて広告することから信頼性が高まる、というメリットも考えられるでしょう。

このように、スポンサーから見たテレビ広告にはさまざまなメリットがありますが、中でもスポンサーがテレビ広告をやめられないのは、次の理由によります。

①テレビに接触する人が非常に多い
②そういった多くの人たちに対して、即効かつ広範に広告メッセージを伝えられる

ところが、4-3節や4-4節で見たようにいまや事情が変わりつつあります。従来ほどテレビを視聴しない層が増えている、すなわち**テレビ離れ**が顕著になっ

用語解説

*…**あるといいます**　日本民間放送連盟『放送ハンドブック』（東洋経済新報社）より。

テレビ広告を巡る環境変化（図 4.13.1）

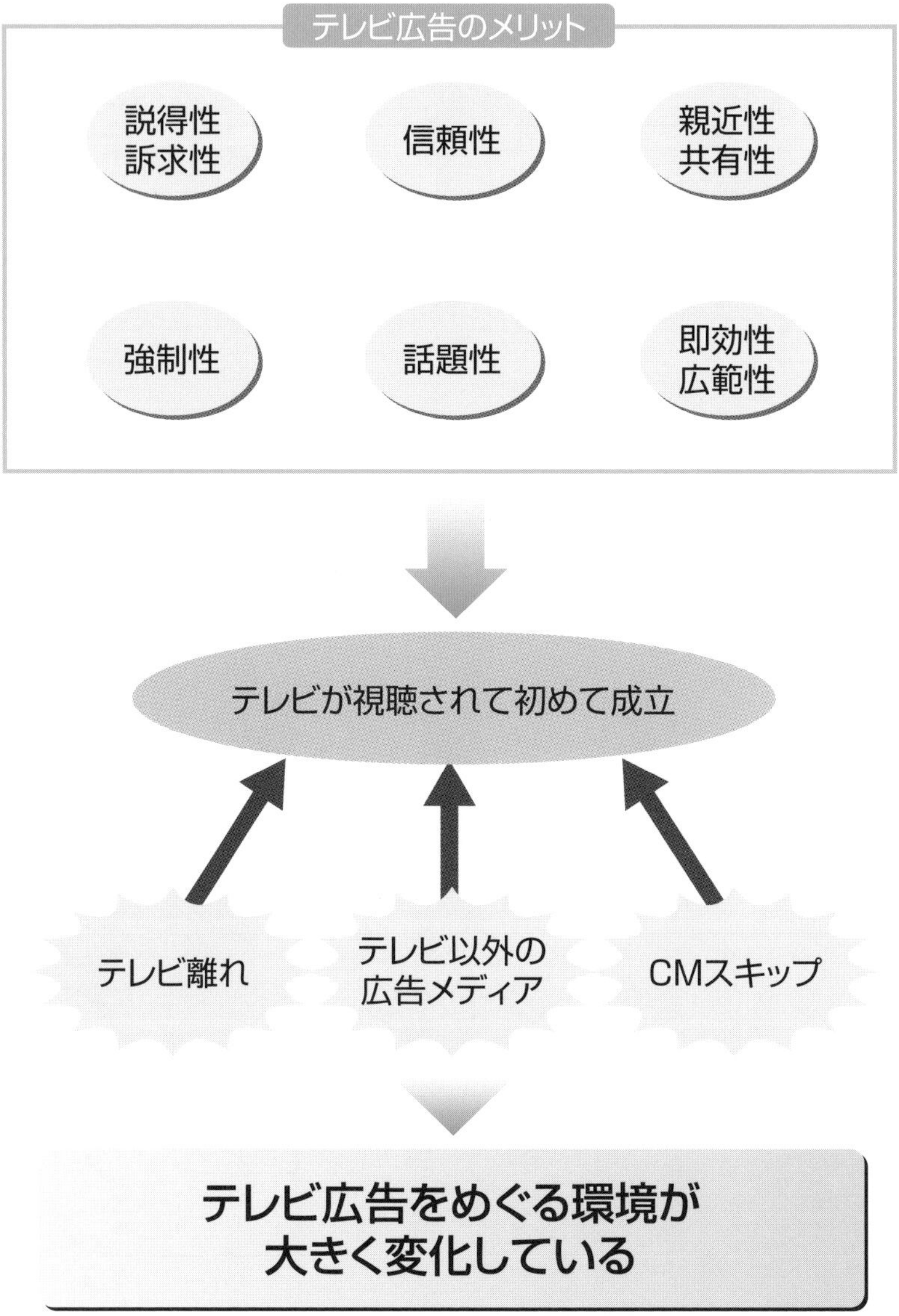

てきている点です。

先に見た説得性・訴求性、信頼性、親近性・共有性、強制性、話題性、即効性・広範性などの特徴は、テレビが視聴されてはじめて実現されるものです。視聴されなければ何も始まりません（図4・13・1）。

さらに、テレビを視聴している人も、**CMスキップ**を ごく普通に行っています（4 - 2節）。特に常にスマホを手にする若い世代では、テレビを見ていたとしても、CMスキップを頻繁に行っている可能性が高いと考えられます。

より効果の高い手法へスイッチする

そもそもスポンサーは放送事業者のために番組のスポンサーになっているのではありません。製品やサービスを告知して販売するためです。そのため、コストパフォーマンスの優れた、より価値の高いメディアに広告を出稿するのは当然です。

かつてのテレビは、このコストパフォーマンスが優れていたと考えられます。だから、広告の王様として君臨できたわけです。

しかし、4 - 2節で見たように、日本の広告費が緩やかに伸びている中、テレビ広告費はじりじりと減少に転じています。これは、従来テレビ広告に投下されていた費用が、別の広告手法に置き換えられた結果だと推測できます。

代替の一つが**インターネット広告**です。インターネット広告では、広告の**クリック率**や商品購入／会員登録などを行った**コンバージョン率**を可視化しやすいという特徴を持ちます。こうして相対的に可視化が困難なテレビ広告から、インターネット広告へと予算がシフトしたというわけです*。また、若年層でテレビ放送を見る時間が減少しています（4 - 3節）。とはいえ、彼らが動画を見ないわけではありません。インターネットの動画配信には積極的にアクセスしています。広告主はそんな彼らにリーチするため、動画配信向けの広告に力を入れ始めています（5 - 6節）。これもテレビ広告費が減少する一因だと考えられます。

以下、最終章に至る残り二章では、テレビ放送を取り巻く環境の変化をより深く観察し、放送業界の未来について考えてみたいと思います。

用語解説

＊…**というわけです**　テレビ視聴率調査が、世帯視聴率から個人視聴率へ置き換わったり、スポット広告の取引指標がALL（P＋C7）に置き換わったりしたのは、その背景に視聴率のさらなる可視化へのニーズがあると考えるのが妥当だ（4-10節）。

column

IP マルチキャストとは何か

■IPユニキャスト

インターネットの標準的な通信手順である**インターネット・プロトコル**(IP)を用いて映像コンテンツを提供するには大きく2つの手法があります。**IPユニキャスト**と**IPマルチキャスト**がそれです。

IPユニキャスト(単にユニキャストともいう)は、個々の利用者のリクエストに応じて、サーバーからコンテンツを一つひとつ送信します。サーバーと利用者が一対一になることから、ユニキャストのことを**一対一型通信**とも呼びます。一般的にビデオ・オン・デマンドでは、このユニキャスト方式が利用されます。

ユニキャストの場合、5人の利用者がいて、それぞれから映像送信の要求があれば、サーバーは5回コンテンツを送信します。このためサーバーには負荷がかかり、ネットワークの混雑の原因にもなります。そのためユニキャストは、テレビ放送のように映像コンテンツを一斉に送信するサービスには不向きです。

■IPマルチキャスト

一方**IPマルチキャスト**は、サーバーから一度配信したコンテンツを複数の利用者に届ける方式です。1つのコンテンツを複数の利用者に提供することから、IPマルチキャストのことを**一対多型通信**とも呼びます。

IPマルチキャストで重要な役目を担うのが**IPマルチキャスト対応ルーター**です。サーバーから配信されたコンテンツはIPマルチキャスト対応ルーターでコピーされ、リクエストした利用者に配信されます。よって、ユニキャストに比較してサーバーの負荷は低減され、ネットワークの混雑を大幅に下げる効果があります。

このように、IPマルチキャストでは、1つのサーバーから多数の利用者に効率よくコンテンツを配信できる点が大きな特徴になっています。**地上デジタル放送IP再放送**(3-9節)では、このIPマルチキャストが利用されています。

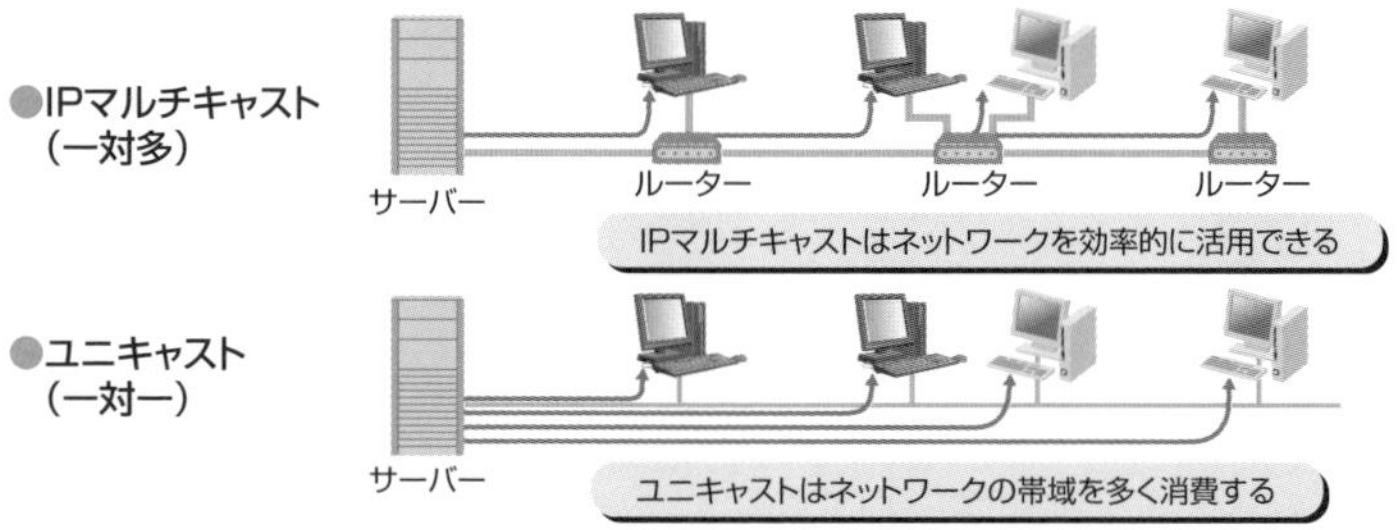

第5章

進展する放送とネットの融合

テレビ放送を取り巻く環境の変化で、最も大きな影響を及ぼしているのが「デジタル化」ではないでしょうか。テレビ放送コンテンツのかなりの量がインターネットで流通するようになったのもデジタル化とけっして無縁ではありません。本章ではデジタル化をキーワードに、劇的に進むテレビ放送とインターネットの融合のいまを解説したいと思います。

テレビ放送デジタル化の本当の意味 1

日本の地上テレビ放送は二〇一二年三月三一日をもって完全デジタル化に移行しました。しかし、「テレビ放送のデジタル化で何が変わったの?」「画像が綺麗になっただけなのだろうか?」という疑問をもつ人が多いに違いありません。テレビ放送のデジタル化とは番組という映像コンテンツがデジタル化したと言い換えられます。実はこの変化は放送業界に極めて大きなインパクトをもたらしています。

クロード・シャノンの情報理論

米の数学者**クロード・シャノン**＊は、多様な情報を一つの理論で扱いたいと考えていました。一九四八年、シャノンは一つの論文を書き上げ、この中で情報を最も効率よく**コード化**＊するには**ビット**、すなわち**0と1**で表現するのが適切だと述べました。のちにこの考えは**シャノンの情報理論**と呼ばれるようになります。

現在、私たちが扱うデジタル情報は0と1にコード化されたものです。一方、情報が**デジタル化**（厳密には**ビット化**＊）される以前、すなわちアナログの時代には、音楽はレコード盤、音声はラジオ放送や電話、映像はテレビ放送、文字は新聞や書籍、画像はファクスというように、情報の形式によってその情報を載せる器すなわち**メディア**が異なっていました。

しかしあらゆる情報がビットで表現できるのならば、情報の形式によってメディアを使い分ける必要はありません。こうして一九九〇年前後になると、あらゆる情報の形式を一つの装置の上で再現できる**マルチメディア・パソコン**が登場しました。当初は非常にパフォーマンスは低かったのですが、その後デジタル情報をマルチに扱う機器の性能は飛躍的に高まります。

こうした状況と並行して起こったのが**インターネット**の普及です。あらゆる情報がビット化され、ビット

用語解説

＊**クロード・シャノン**　Claude Shannon（1916-2001）
＊**コード化**　符号化とも呼ぶ。情報を何か別の形式に置き換えること。
＊**ビット化**　情報を0と1に置き換えること。情報のビット化はデジタル化の一形式で、「デジタル化＝ビット化」ではない。

地上テレビ放送完全デジタル化の本当の意味（図 5.1.1）

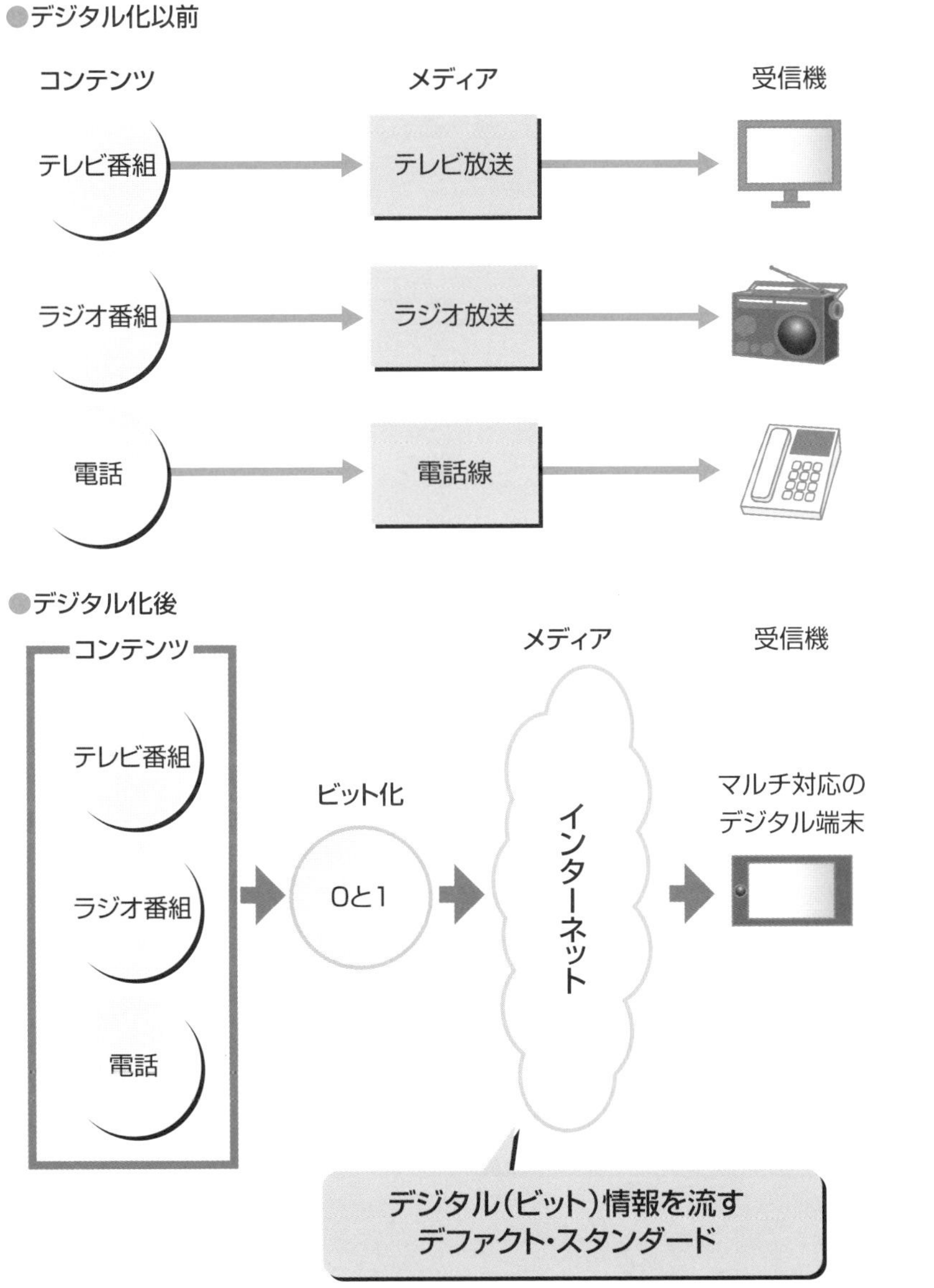

情報を扱う機器も高度化しました。ただ機器が単独で存在していては情報のやりとりができません。そこに現れたのがビット情報をやり取りするインターネットです。その利便性に気付いた私たちは、インターネットをビット情報機器を結ぶ**デファクト・スタンダード**と考えるようになりました(図5・1・1)。

以上のようなデジタル化(ビット化)の流れはテレビ放送にも大きな影響を及ぼします。従来はアナログ情報として放送されていたテレビ番組もデジタル化の方向へと動き出しました。これが**地上テレビ放送の完全デジタル化**へとつながります。

デジタル化されたTV番組をインターネットで流す

このデジタル化されたテレビ番組をインターネットで流通させせようと考えるのはごく自然なことでしょう。しかし、テレビ放送をインターネットに流すには、技術面と制度面の双方で様々な問題がありました。

これらを乗り越えて実現したのが、〇八年三月に**NTTぷらら**が始めた**地上デジタル放送IP再送信サービス**の**ひかりTV**です(3-9節)。このサービスは**IPTV**とも呼ばれており、NTT東日本とNTT西日本が構築したIPベースの次世代ネットワーク**NGN**＊を活用して地上波テレビ放送を送信します。

その後、NGNのような閉じたネットワークに依存しない、一般的なインターネットでの地上波テレビ放送を流す試みがなされました。そして一四年さらに一九年に成立した改正放送法を経て、NHKではすべての番組をインターネットで**常時同時配信**できるようになりました。これを受けて、二〇年四月からPCやスマートフォン向け常時同時配信サービス「**NHKプラス**」を本格的にスタートさせました。

こうしてようやく地上波テレビ放送が一般的なインターネットで視聴できるようになりました。これは別の見方をすると、デジタル化されたテレビ放送が、名実ともに**インターネット上のコンテンツの一つ**になったことを意味しています。もはや放送と通信を区別する意味はありません。その意味でNHKの番組常時同時配信は、ひかりTVの開始よりも象徴的な出来事だったといえます。

用語解説

＊**NGN**　New Generation Networkの略。次世代ネットワークとも呼ぶ。

2 放送・通信による動画配信サービスの現在

テレビ放送をインターネットのコンテンツの一つという観点で見ると、テレビ放送は動画配信サービスの一形態であることがわかります。この動画配信サービスについて、①リアルタイム動画配信、②キャッチアップ動画配信、③無料および有料動画配信という三つの観点から考えてみましょう。

動画配信サービスを分類する

前節ではテレビ放送がインターネット上のコンテンツの一つになったことを見ました。この観点に立つと、テレビ放送は**動画配信サービス**の一形態として位置づけられることがわかります。現在、インターネット上では多様な動画配信が行われていますが、ここでは次の三つの観点から考えてみましょう。

①リアルタイム動画配信

決められた時間に配信される動画配信サービスです。テレビ放送は伝統的にタイムテーブルが決められているため、テレビ放送の同時配信はリアルタイム動画配信サービスの一種に位置づけられます。

リアルタイム動画配信は、その時にしか起こらない現象と相性が良いという特長があります。例えば、スポーツにおける試合は、その時にしか起こらない一回限りの現象です。そのためリアルタイム動画配信は、生の状況を「中継」して伝えることに価値のある、スポーツのようなコンテンツに強みを発揮します。また、一旦配信したコンテンツは、次に述べるキャッチアップ動画配信や無料または有料動画配信で、再利用されることになります。

インターネット経由のスポーツ動画配信では英国発の**DAZN**（**ダゾーン**）（5‐5節）が著名です。また、インターネット広告会社サイバーエージェントとテレビ朝日が合弁で設けた**アメバ**（**旧アメバTV**）もリアルタイム動画配信にこだわったサービスを展開しています。

②キャッチアップ動画配信

キャッチアップサービスや**見逃し配信サービス**などとも呼ばれます。このサービスでは、テレビ局が放送した番組を、終了後七日間程度無料で視聴できます。

配信プラットフォームには、**各テレビ局自社サイト**と**公式テレビポータル**の二種類があります。前者は文字どおり各テレビ局が独自に運営するもので、東京キー局の場合だと、**日テレ無料**（日本テレビ）、**テレ朝キャッチアップ**（テレビ朝日）、**TBS FREE**（TBSテレビ）、**FOD見逃し無料**（フジテレビ）、**ネットもテレ東**（テレビ東京）があります。

一方、公式テレビポータルには、キー局および準キー局が共同でキャッチアップサービスを提供するプラットフォーム**TVer**（**ティーバー**）（5‐6節）があります。人気は高く動画広告の売上も伸びています。

③無料または有料動画配信

いわゆる**VOD**＊（ビデオ・オン・デマンド）を無料または有料で提供するサービスです。無料動画配信で最も著名なのはグーグルの持株会社であるアルファベット傘下の**ユーチューブ**でしょう。無料動画配信サービスでは主に広告収入を基礎に運営されています。

一方有料動画配信にもいくつかのタイプがありますが、いま最もホットなのが**定額制動画配信**（**SVOD**）です（1‐7節）。その中で躍進著しいのが米国発の**ネットフリックス**です。一五年から日本でもサービスを始めた同社は、わずか五年足らずで有料会員を五〇〇万人獲得しています。また、あの**アマゾン**も定額動画配信**アマゾン・プライム・ビデオ**を提供しており、利用率はネットフリックスを上回っています＊。

以下、本章では、それぞれの動画配信における代表的なサービス、言い換えるとテレビ放送と競合するサービスについて見ていきたいと思います。

用語解説

＊**VOD**　Video on Demandの略。近年はVODよりも動画配信と呼ぶケースが多い。

＊**…上回っています**　ちなみに巷ではネットフリックスを「**ネトフリ**」、アマゾン・プライム・ビデオを「**アマプラ**」と呼んでいる。

国内の主な動画配信サービス（図 5.2.1）

分類	サービス名	運営母体	料金	サービス内容
リアルタイム動画配信	DAZN(ダゾーン)	DAZNグループ	有料	スポーツのライブ配信
	Abema	サイバーエージェント テレビ朝日	無料	各種娯楽番組
キャッチアップ動画配信	TVer	キー局など	無料	見逃し配信
	日テレ無料	日本テレビ	無料	見逃し配信
	テレ朝キャッチアップ	テレビ朝日	無料	見逃し配信
	TBS FREE	TBSテレビ	無料	見逃し配信
	FOD見逃し無料	フジテレビ	無料	見逃し配信
	ネットもテレ東	テレビ東京	無料	見逃し配信
	NHKプラス	NHK	要受信料	同時配信・見逃し配信
有料動画配信(SVDO)	Amazon Prime Video	アマゾン	有料	洋画、邦画、ドラマ
	Netflix	ネットフリックス	有料	洋画、邦画、ドラマ
	Hulu	日本テレビ放送網	有料	洋画、邦画、ドラマ
	Paravi	TBS、テレビ東京、WOWOW	有料	洋画、邦画、ドラマ
	FODプレミアム	フジテレビ	有料	洋画、邦画、ドラマ
	dTV	NTTドコモ	有料	洋画、邦画、ドラマ
	auビデオパス	au	有料	洋画、邦画、ドラマ
	U-NEXT	U-NEXT	有料	洋画、邦画、ドラマ
	楽天TV	楽天	有料	洋画、邦画、ドラマ
	TSUTAYA TV	CCC	有料	洋画、邦画、ドラマ

3 NHKネット常時同時配信のインパクト

一九年に成立した改正放送法により、NHKはインターネットを通じて、過去の番組のみならず、放送中の番組も常時同時配信できるようになりました。民間テレビ局も常時同時配信に打って出るのか注目されています。

ネットを通じた放送の常時同時配信

まず取り上げるのは、リアル動画配信サービスの一種である、NHKテレビ放送の**常時同時配信**についてです。

従来、**地上デジタル放送IP再放送サービス**(**IP放送**)(3‐9節)に加入すれば、FTTHを通じてNHKの番組を常時かつ同時に視聴でききました。現在このサービスは、NTTぷららによる**ひかりTV**やKDDIによる**auひかり**、NTT東日本・西日本による**フレッツ・テレビ**として提供されています(3‐9節)。

ただしIP放送は、自社に閉じたネットワーク、いわゆる**CDN**＊(**コンテンツ配信ネットワーク**)を利用しています＊。そのため、品質が確保されたサービスの提供が可能になります。

一方で、自社には閉じていない、一般的なインターネットでの同時配信については、一四年に改正放送法が成立し、これにともなってNHKでは、過去に放送した番組のみならず、放送中の番組や、放送前の番組についても提供できるようになりました。

ただし、この段階ではNHKの番組を**常時同時配信**することはできませんでした。すでにふれたように、この縛りがなくなったのは一九年の改正放送法によってのことです(5‐1節)。これを受けてNHKでは、翌二〇年四月一日から、PCやスマートフォンを対象にした常時同時配信・見逃し配信サービス「**NHKプラス**」

用語解説

＊**CDN**　Content Delivery Networkの略。そのままコンテンツ・デリバリー・ネットワークと呼ぶこともある。

＊**…利用しています**　このようなネットワークの一つがNGNにほかならない(5-1節)。

を開始しました。

ところでNHKの視聴には受信料が必要になります。家庭にテレビを設置するとこの受信料の支払いが義務づけられます。しかし、テレビを所有しないスマホ所有者がNHKプラスを利用すると、受信料なしで、NHKの番組が視聴できるのではないでしょうか。

実はそのような仕組みにはなっていません。NHKプラスを利用できるのは放送受信契約のある人*に限られています。利用申込みのあと、NHKから送られてくる葉書に記してある確認コードを入力すれば視聴できます*。

NHKプラスが提供するサービスは、総合テレビおよびEテレのテレビ番組の同時配信、放送終了から七日間有効の見逃し番組配信が主体になっています。対象デバイスはPCやスマホ、タブレットになります。

どうする民間テレビ局

NHKがインターネットによるテレビ放送の同時配信にそろりと動き出した一四年、民間テレビ局では、地上波放送の同時配信には消極的でした。しかし、デジタル化という時代の趨勢には抗えないと感じたのでしょう。一六年末、IIJと日本テレビ放送網は折半出資で、動画配信サービスの共同出資会社「JOCDN」を設立しました。

同社ではインターネットでも放送と同水準の品質を実現するCDNを開発し、コンテンツを配信します。コンテンツ視聴料や広告料を収益源とし、日本テレビには視聴料や広告料、IIJにはネットワーク使用料を支払うのが同社のビジネスモデルです。

一七年四月には、このJOCDNに、テレビ朝日ホールディングス、TBSホールディングス、テレビ東京ホールディングス、フジテレビジョンを中心とした一四社も出資しました。民放連合は独自の配信システムでNHKに対抗する態勢です。

ただし、二〇年九月現在、地上波放送の常時同時配信を行っている民間テレビ局は一社もありません。それというのも、PCやスマホに同時配信された番組は、たとえ視聴されたとしても視聴率に反映されません。にもかかわらず大きな投資をするのは、民間テレビ局にとって割に合わないからです。

用語解説

＊…**契約のある人**　契約者と生計を同一にする人は追加料金なしで視聴できる。1つのIDで5画面同時に視聴できる。

＊…**視聴できます**　ただし、利用申込みをした直後から視聴が可能で、一定期間が過ぎるとコードの入力が必要になる。

NHKプラスの視聴方法（図 5.3.1）

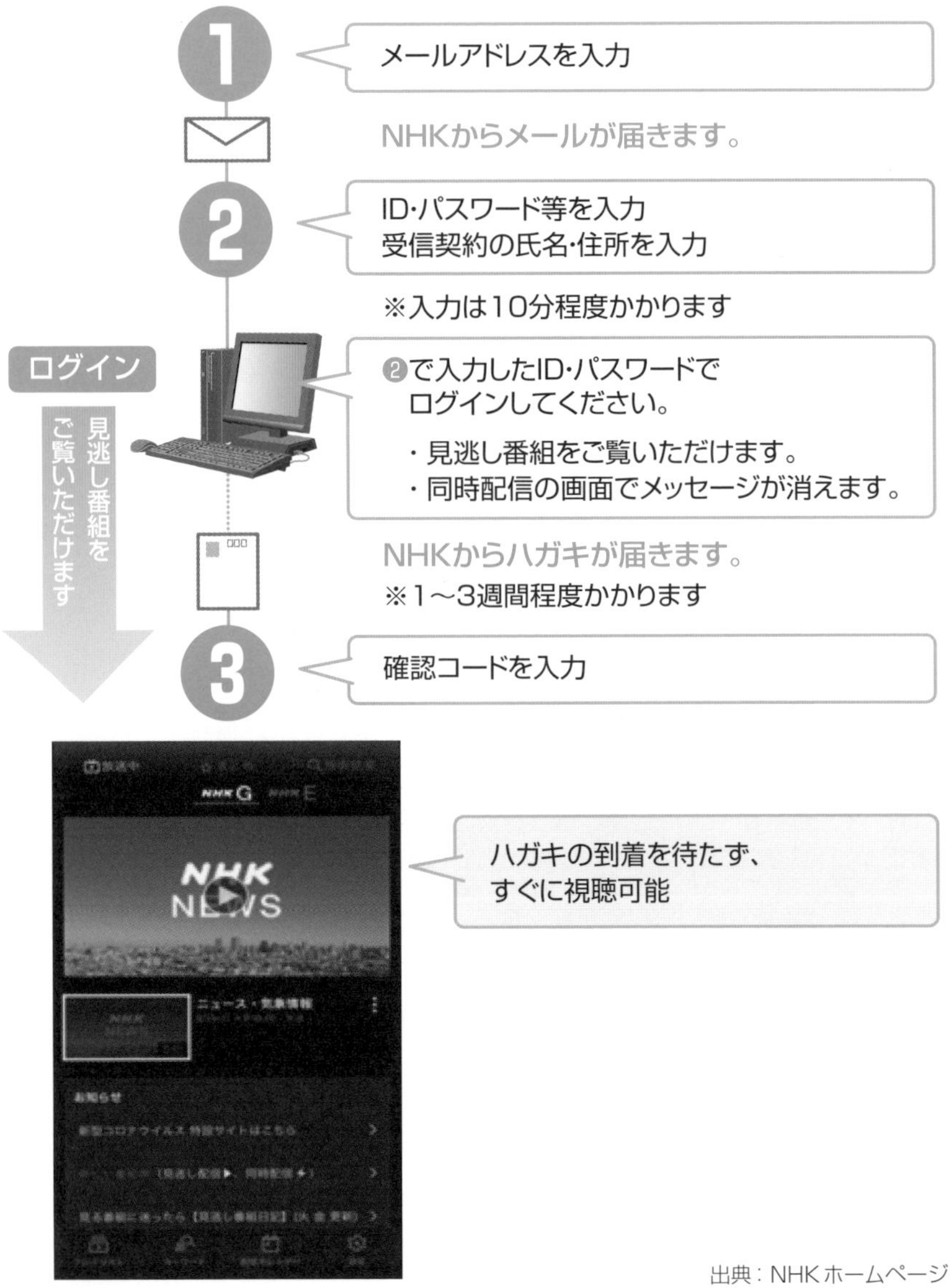
1
メールアドレスを入力
NHKからメールが届きます。
2
ID・パスワード等を入力
受信契約の氏名・住所を入力
※入力は10分程度かかります
ログイン
見逃し番組をご覧いただけます
❷で入力したID・パスワードで
ログインしてください。
・見逃し番組をご覧いただけます。
・同時配信の画面でメッセージが消えます。
NHKからハガキが届きます。
※1〜3週間程度かかります
3
確認コードを入力
NHK NEWS
ハガキの到着を待たず、
すぐに視聴可能

出典：NHK ホームページ

また、**県域免許制度**も、インターネットを通じた民間テレビ局による地上波常時同時配信の障害になっているものと考えられます。

悩ましい県域免許制度

県域免許制度は、**地域免許制度**とも呼ばれものので、県単位に放送局を認める制度です。地上放送では、関東、中京、関西の広域圏は除いて、県単位で放送免許が与えられます。そして、各県の放送事業者は県内への放送を目的にするものであって、県外への放送は認められていません。

ところがインターネットを利用した同時配信では、一般的な電気通信ネットワークを用います。これには県境どころか国境すらなく、地域免許制度が形骸化する恐れがあります。

先に見た地上デジタル放送IP再放送サービスでは、この点を回避するために、IPアドレスと利用者の所在をリンクさせ、地域の限定を可能にしています。同様の仕組みをJOCDNで構築することも考えられますが、当然費用はローカル局も含めた民間テレビ局の負担になります。

これらを総合的に勘案すると、民間放送におけるインターネットへの地上波常時同時配信の実現は、かなりの困難が予想されます。

「そんな面倒な制度はさっさとなくせばよい」と主張する人もいるでしょう。実際、ラジコの**エリアフリーサービス**（5-4節）では、月額三五〇円を支払えば、日本全国の番組をどこからでも聴取できます。つまり地域免許制度はすでに形骸化しているのが現実です。

しかし、だからといってこの制度の撤廃を明言すると、現在各県単位で設立されているローカルテレビ局の存立が危うくなります。インターネットを使えばキー局から全国へ放送を流せるため、ネットワークを組む必要がなくなるからです*。こうなれば、ローカル局は独自で番組を制作し、キー局や準キー局と勝負しなければなりません。

このように、NHKプラスは特に大きな話題となるサービスではないかもしれませんが、NHKによる放送の常時同時配信それ自体には、日本の放送行政を根底から覆すインパクトがあります。

用語解説

*…**必要がなくなるからです**　必要があるとすれば、現況の地上波を用いた放送インフラを維持するためということになろうか。

4　一足先に常時同時配信を実現したラジコ

テレビ放送ではありませんが、地上波同時配信を一足先に実現させているのがラジオです。国内のネットラジオ最大手ｒａｄｉｋｏ（ラジコ）では、月間利用者数が八〇〇万人を超え、二〇年度中の一〇〇〇万人も視野に入ってきました。

地上波ラジオをネットで聴く

広告業界では伝統的に新聞・雑誌・ラジオ・テレビを**マスコミ四媒体**と呼んできました。しかし、インターネット広告の進展により、マスコミ四媒体の影も徐々に薄くなりつつあります。

中でもラジオ広告は長らく凋落傾向にありました。しかしながらサイマルラジオ「ｒａｄｉｋｏ（ラジコ）」の登場により、ラジオ放送に対する再評価の機運が高まっています。

ラジコはＩＰサイマルラジオ協議会が一〇年から本サービスを開始したもので、同協議会に加盟するラジオ局のラジオ放送をインターネット経由で提供します＊。

サイマルとは「同時」の意味で、サイマル放送は同時放送のことを意味します。この名からもわかるように、ラジコでは、電波を使って提供しているラジオ放送を、一般的なインターネット経由でも聴取できるようにしたものです。ですからこの点で、テレビ放送の常時同時放送よりも一足も二足も先を行く試みだったといえます。放送は専用の無料アプリをダウンロードして聴取します。

二〇年六月は、新型コロナの影響による在宅勤務の増加からか、月間利用者数は**八六〇万人**を記録し、同年二月下旬に比較すると一五％も伸びました。また、聴取時間も長時間化しており、同じく六月ののべ利用時間は約七〇億分に達し、これは二月に比べると三割

用語解説

＊**提供します**　これとは別にＮＨＫが「らじる★らじる」を開始しした。

＊**…といいます**　以上は、日本経済新聞朝刊2020年8月21日の「音声配信ラジコ、迫る1000万人」による。

＊**放送エリア内**　日本の放送は県域免許制度により放送エリアが基本的に県単位になっている。有料サービスだとこの縛りがなくなる。

増えたといいます＊。

ラジコのサービスは無料ですが、この場合、聴取できる番組は放送エリア内＊のものに限られます。ただし、月額三五〇円を支払うと日本全国のラジオ放送局の番組が聞き放題になります。これは**エリアフリーサービス**と呼ばれもので、一四年四月から始まりました。この有料会員も七九万人に達しています。

また、見逃し配信のラジオ版とも言える聞き逃し配信も提供しています。こちらのサービス名は**タイムフリー**といいます。

運用型広告ラジコオーディオアド

現在、ラジコには民法ラジオ局**九九社**に加え、放送大学、NHKラジオ第一、NHK-FMが参加しています。インターフェイスも優れており、選局がとても簡単で、聴きたい番組をすぐに聴取できます。また、AMの番組でも音声が綺麗なのが特長です。

聴取者の平均年齢は**四五・一歳**で、平均聴取時間は一日約**一三〇分**となっています。性別では男性が六四・九％、女性が三七・八％、年代別では四〇代が三一・〇％、五〇代が二八・八％となっています＊。

地域別では関東が四二・五％を占めており、以下、近畿（一六・〇％）、中部（一五・五％）と続きます。首都圏では二〇代の利用が伸びています。また、職業別では給与所得の事務・研究職が多く二三・七％となっています。

ラジコの番組では、基本的に地上波と同じ音声広告が流れます。ただし、番組によっては、本来は広告で埋めるべき時間帯に番組宣伝や局報を流しています。ラジコではこの時間帯を広告枠に転用して、運用型音声広告**ラジコオーディオアド**を展開しています。こちらの広告では、ラジコが持つデータ・マネジメント・プラットフォーム＊を使用してターゲティング音声広告を配信するものです。

音声広告はスキップができません。その意味でラジオにはラジオ特有の広告効果があります。一九年のネットラジオ広告費は前年比一一五％の一〇億円でした。今後は**AIスピーカー**への音声配信も増加が予想され、ラジコの媒体価値はさらに高まるのではないでしょうか。

用語解説

＊…**となっています**　オトナル「ラジコオーディオアド（ver.2020.10-12）」の資料による。

＊…**プラットフォーム**　Data Management Platform。略して**DMP**と呼ぶ。自社および他者がもつターゲットに関する情報を一元に管理するシステム。ターゲティング広告には必須。

ラジコ聴取者の特徴（図 5.4.1）

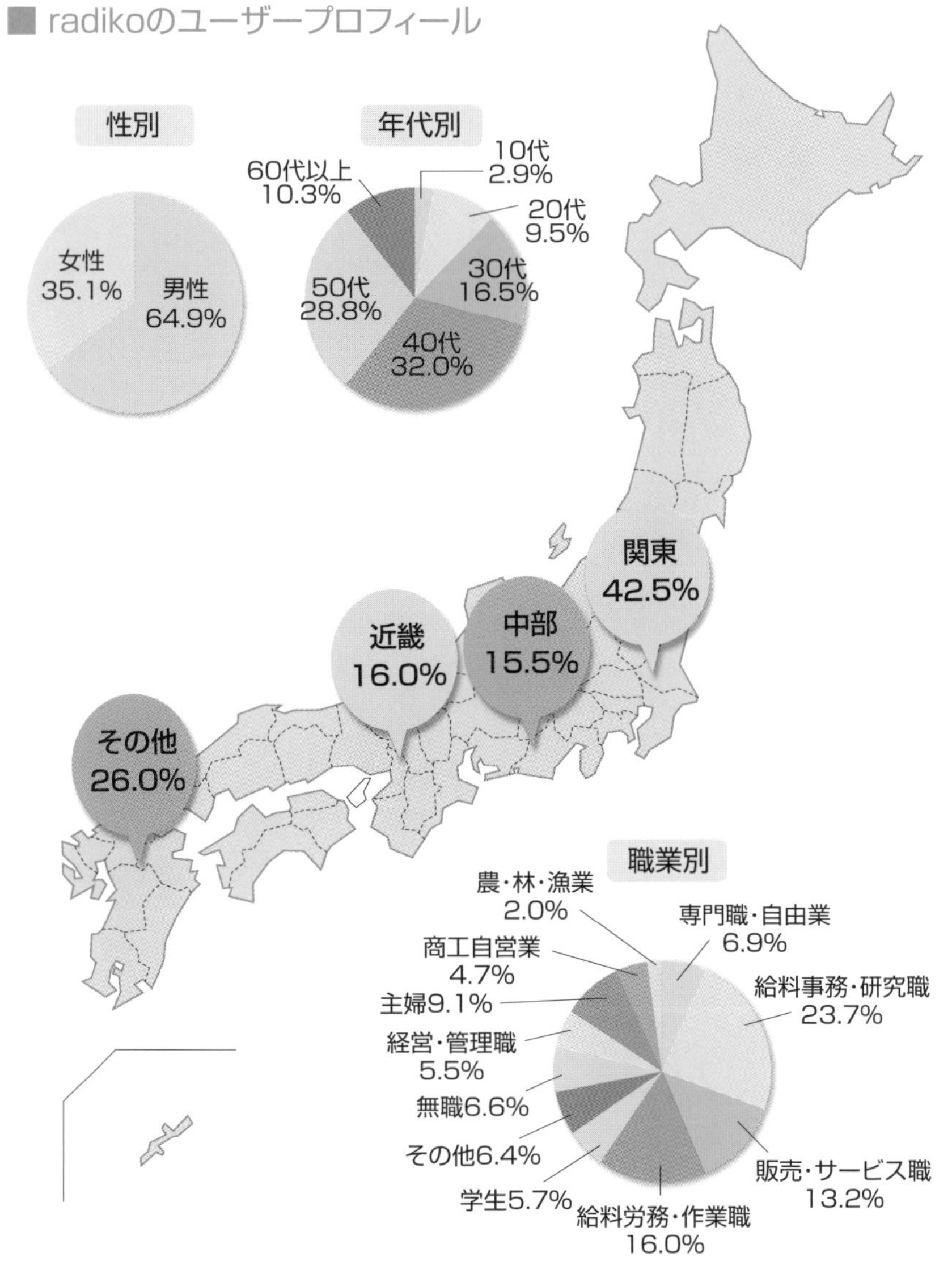

出典：ラジコ　オーディオアド媒体資料

5　スポーツの視聴スタイルを変えたＤＡＺＮ

リアルタイム動画配信サービスで気を吐くのがスポーツのストリーミング中継を手掛けるＤＡＺＮ（ダゾーン）です。ライブ放送を得意としてきたテレビ局にとって非常に手ごわい相手と言えます。

ライブ配信のキラー・コンテンツ

スポーツ番組のネット生配信が注目されています。その台風の目になっているのが英ダゾーン・グループ（旧パフォーム・グループ*）が運営する**ＤＡＺＮ（ダゾーン）**です。

ダゾーン・グループは〇七年にイギリスで設立され、一六年よりサッカーやモータースポーツ、格闘技など一三〇以上にものぼるスポーツ・コンテンツを配信するサービス「ダゾーン」を欧州および日本でスタートさせました。視聴できるのはスマホ、タブレット、ＰＣ、テレビ、それにゲーム機（Ｘｂｏｘ Ｏｎｅ）となっています。

日本ではＮＴＴドコモなどと提携してサービスをスタートさせました。日本中を驚かせたのはその翌一七年、ダゾーンがＪリーグの全試合を独占ライブ配信する権利を取得したことでしょう。Ｊリーグの放映権はスカパー！が一二年から五年間の独占放映権を手に入れていました。他局が放送する場合、スカパー！からサブライセンスを受けなければなりませんでした。

すでに実績もあることから、スカパー！は新たな契約も結べると考えていたのではないでしょうか。ところがダゾーンはＪリーグに対して、一〇年間独占放映権に**二一〇〇億円**を提示しました。この額面はスカ

用語解説

***旧パフォーム・グループ**　2019年にパフォーム・グループからダゾーン・グループに名称を変更した。

パー！の四〜七倍にものぼる規模だったといいます。こうしてJリーグはダゾーンによる独占配信となりました。スカパー！はサブライセンスの取得に動いたようですが、値段が折り合わず撤退のやむなきに追い込まれた模様です。Jリーグ効果もあったのでしょう。ダゾーンは日本でのサービス開始から一年で有料会員が一〇〇万人を超えたと公表しました。

一方、日本ではこのダゾーンが上陸する前の一六年三月から、インターネット利用者やスマホ利用者をターゲットにした、スポーツ番組に特化した有料配信サービスが現れました。ソフトバンクが提供する**スポナビライブ**がそれです。

ダゾーンの上陸により、スポーツのライブ配信をめぐるスポナビライブとの激戦が予想されました。ところが一八年二月、それぞれを運営するソフトバンクと旧パフォームは、スポナビライブのコンテンツをダゾーンに集約すると発表しました。こうしていまやスポーツのライブ配信はダゾーンが巨大な力を持つようになっています。

二〇年現在、ダゾーンでは、Jリーグの全試合のほか、プロ野球のライブ配信も充実させており、広島カープを除く全球団（読売ジャイアンツを含む）の試合を放映しています。月額は一七五〇円で、NTTドコモの利用者は月額九八〇円で見放題でした。しかし、二〇年一〇月よりNTTドコモ利用者の特典はなくなり、定額の一七五〇円が必要になっています。

世界の九カ国でサービスを展開してきたダゾーンですが、二〇年中にはサービスエリアをほぼ世界中に広げる計画だといいます。また二〇年九月には、Jリーグとの契約を二八年までの一二年間とし、支払総額も**二二三九億円**に増額しました（ただし年間費用は一八七億円に減額＊）。今後もダゾーンの快進撃が続くのか注目したいところです。

リアルタイム視聴と相性のよいソーシャル視聴

スポーツなどのライブ番組はリアルタイムで視聴するものです。このリアルタイム視聴と相性の良いものに**ソーシャル視聴**があります。これは同一の番組を離れた場所にいる友人と一緒に視聴して、SNSなどを

用語解説

＊…**に減額**　日本経済新聞朝刊2020年9月18日。

DAZN トップページ（図 5.5.1）

https://www.dazn.com/ja-JP/home

通じて感動を共有するものです。最も簡易なソーシャル視聴は、既存のテレビ番組を見ながら、ツイッターにつぶやいたりフェイスブックにメッセージを投稿したりするスタイルです。

一方、ライブストリーミング配信では、見知らぬ人とソーシャル視聴するサービスなども容易に提供できるでしょう。サービスが効果的ならば、新しいスポーツ観戦のスタイルになるかもしれません。

スポーツ番組でこのように盛り上がれるのも、いま現場で起こっている出来事を互いに共有しているからです。ライブだからこそその醍醐味を得られます。そのため、従来リアルタイム動画配信を得意中の得意としてきたテレビ放送にとって、スポーツ番組は極めて重要なコンテンツでした。

しかしいまやダゾーンはテレビ放送のお株を奪いつつあります。ほかにもｅスポーツや将棋、囲碁のライブ中継など、配信の権利がネット系企業に移行しているものが多数あります。このように、リアルタイム動画配信での劣勢は、テレビ局にとって憂慮すべきことだといえます。

6 キャッチアップサービスと動画広告の進展

キャッチアップ動画配信には、各テレビ局自社サイトと公式テレビポータルの二種類があります。キャッチアップ向けの動画コンテンツは、若年層をターゲットにした動画広告の対象として重要度がさらに高まる気配です。

人気のキャッチアップサービス

キャッチアップ動画配信は、一般に**キャッチアップサービス**や**見逃し配信サービス**などと呼ばれています。文字どおり、リアルタイムでテレビ視聴できなかった番組を、インターネット経由であとから視聴できるサービスです。視聴は番組終了から七日間が一般的です。

当初、見逃し配信を実施すると、リアルタイムでの視聴が落ちる(すなわち視聴率が下がる)と考えられていたようです。ところが、一五年頃からキー局各社が見逃し配信を次々と展開し始めました。専用アプリをスマホやタブレットにダウンロードすれば、モバイル端末から見逃し視聴できます。隙間時間に見逃したテレビ番組を視聴できるので、テレビ好きには嬉しいサービスに違いありません。

このキャッチアップサービスで画期的だったのは一五年一〇月に在京キー局五社が共同で見逃し配信のポータルサイト**TVer**(**ティーバー**)を立ち上げたことです(図5・6・1)。キー局五社の番組を一個所で視聴できるのですから、視聴者にとっては大変便利なサービスです。

ただしサービス開始当初、放送した全番組が見逃し視聴に対応していたわけではなく五〇番組程度でした。しかしその後、提供する番組の数は増えていき、放送局も在京キー局だけではなく、在阪の準キー局からの番組も視聴できるようになりました。さらに、一九

TVerのトップ画面（図5.6.1）

年八月にはTVer上にNHKの人気番組「チコちゃんに叱られる！」「ハートネットTV」なども加わり、充実した内容になっています。

視聴者の人気も上々で、二〇年三月時点で、全国一五〜六九歳の男女におけるTVerの認知度は五六・九％で、女性のティーン層では六六・六％という非常に高い数字になっています。また同月には月間動画再生数が**一億四一九六万回**と過去最高を記録しました。さらに、サービス開始から五周年を迎える直前の二〇年九月、専用アプリのダウンロード数が**三〇〇〇万ダウンロード**を突破しました。

TVerでは、TVerで再生されたランキングを公表しています(図5・6・2)。一九年度の番組再生数ランキングトップは、TBSテレビ「**恋はつづくよどこまでも**」(全一〇話)で、動画再生回数は一八四一万回でした。二位以下もドラマがほとんどを占め、キャッチアップサービスではドラマが強いのがよくわかります＊。また、TBSテレビの制作が目立ち、「ドラマのTBS」を改めて印象づけられます。

用語解説

＊…**よくわかります** これは言い換えると、ドラマは決められた時間に視聴するコンテンツではないことを意味している。これはライブ配信型コンテンツの対極に位置する。

TVer 2019年度番組再生数ランキング（図5.6.2）

ランク	テレビ局	タイトル	回	再生回数（万）
1位	TBSテレビ	恋はつづくよどこまでも	全10話	1,841
2位	TBSテレビ	凪のお暇	全10話	1,457
3位	TBSテレビ	グランメゾン東京	全11話	1,428
4位	テレビ朝日	ロンドンハーツ	49回	1,266
5位	日本テレビ	俺の話は長い	全20話	1,123
6位	TBSテレビ	わたし、定時で帰ります。	全10話	1,062
7位	関西テレビ	まだ結婚できない男	全10話	1,044
8位	日本テレビ	同期のサクラ	全10話	1,031
9位	テレビ朝日	ドクターX～外科医・大門未知子～	全10話	1,024
10位	TBSテレビ	テセウスの船	全10話	1,018

出典：TVerのプレスリリースより（2020年4月28日）

キャッチアップサービスでの広告展開

キャッチアップサービスの動画は無料ですが広告が入ります。広告位置は、本編前のプリロール、本編内のミッドロール、本編後のポストロールの三種類です。各位置に一〜二本の広告が入り、再生回数によって広告費が決まります。

インターネット広告は**予約型広告**と**運用型広告**に大別できます。予約型広告は特定の広告枠を購入して広告を表示、運用型広告は視聴者の属性に合わせて広告を表示することを指します。キャッチアップサービスの広告メニューにも予約型広告と運用型広告があり、再生回数の単価はメニューによって異なります。

キャッチアップサービスの視聴者は、地上波の視聴が減っている若い世代（男女とも二〇歳〜三四歳、いわゆるM1、F1）が多いのが特徴です（図5・6・3）。広告主にとってキャッチアップサービスは、彼らにリーチする有力な手段となるため、さらなる躍進が期待できます＊。

用語解説

＊**期待できます**　配信される動画コンテンツはテレビ局が制作したもので内容が信頼できる。そのため企業にとっては広告を掲載しても、**ブランドセイフティ**を確保できるというメリットもある（6-5節参照）。

視聴者比較（図 5.6.3）

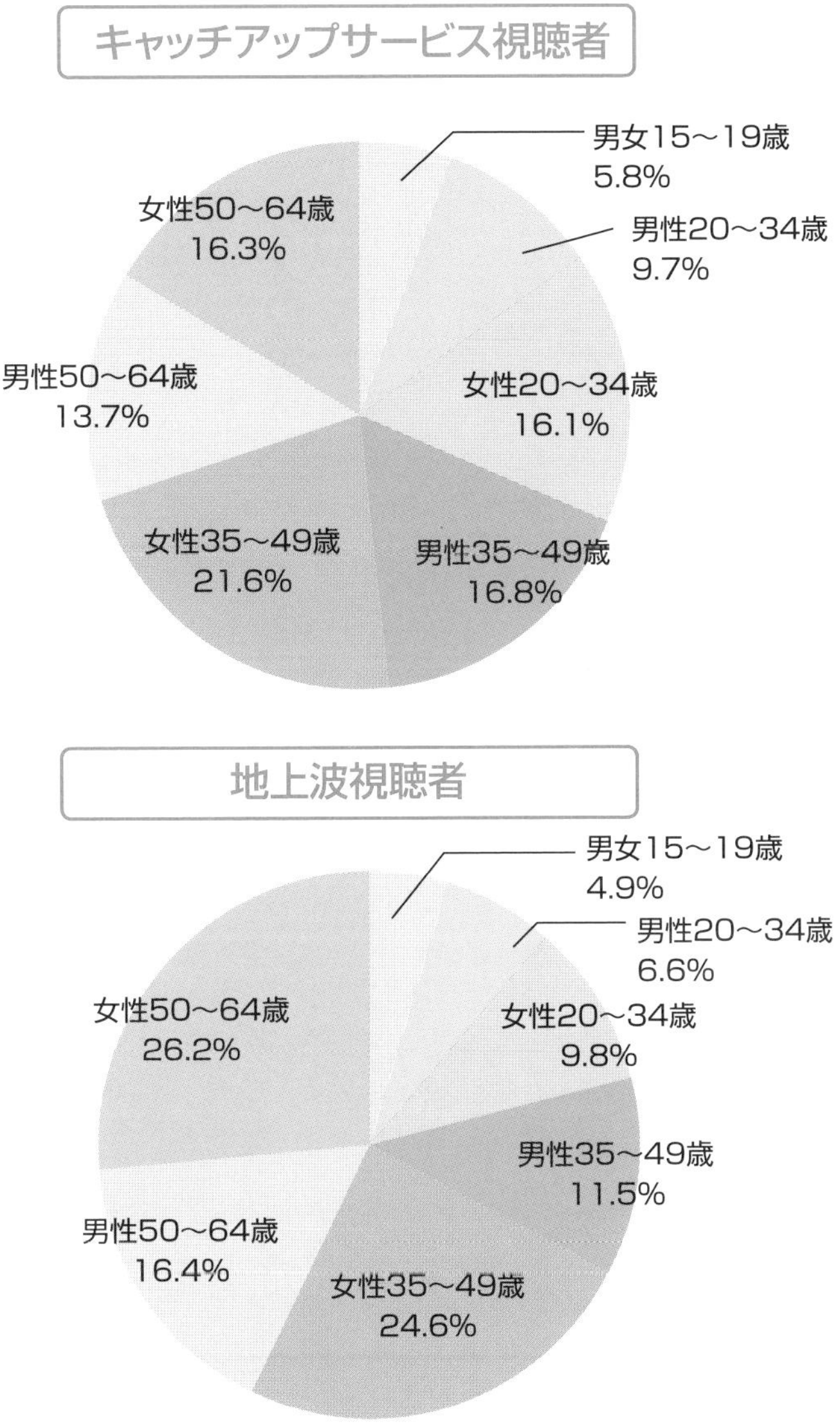

出典：博報堂DYメディアパートナーズ『メディアガイド2020』

7 躍進するネットフリックス

定額動画配信の雄、ネットフリックスの躍進が止まりません。一九年の売上高は二〇一億ドルで、日本円に換算すると二兆一七〇〇億円にのぼります。また有料会員数も二〇年六月末現在、約一億九三〇〇億人に達しています。

ネットフリックスの現状

ネットフリックスは現CEOリード・ヘイスティングスが一九九七年に創業した企業で、当初は宅配によるDVDレンタルサービスを主軸にしていました。国土の広いアメリカでは自動車でDVDを借りに行くというスタイルが一般的でした。ネットフリックスでは郵便を利用し、月額一定料金でレンタルDVDを自宅まで届けるサービスをスタートさせました。見終わったDVDはやはり郵便で返送します。このサービスが大いに当たり、同社は一躍DVDレンタルのトップ企業に躍り出ます。

ヘイスティングスが秀でていたのは、宅配DVDレンタル事業の成功にあぐらをかかなかったことでしょう。〇八年にはインターネットを利用した動画配信に軸足をシフトさせます。宅配DVDレンタル事業の**デジタル・トランスフォーメーション（DX**＊**）**です。新たな事業でも確実に会員を獲得し、二〇年九月現在、一九〇カ国を超える国々の有料会員に動画配信サービスを行っています。一九年の全世界の売上高は**二〇一億ドル**、日本円換算で約**二兆一七〇〇億円**にものぼりました。一五年の売上高は六七億ドルでしたから、四年間でちょうど三倍の企業規模になったことなります。

また、会員数を見ると一五年末が七五六二万人、これが一九年末には一億六七〇九万人と、二・二倍の規模になっています。直近の二〇年六月には**一億九二九**

用語解説
＊**DX**　Digital Transformationの略。業務やサービスのデジタル化を意味する（6-7節参照）。

ネットフリックスの売上と会員数の推移（図 5.7.1）

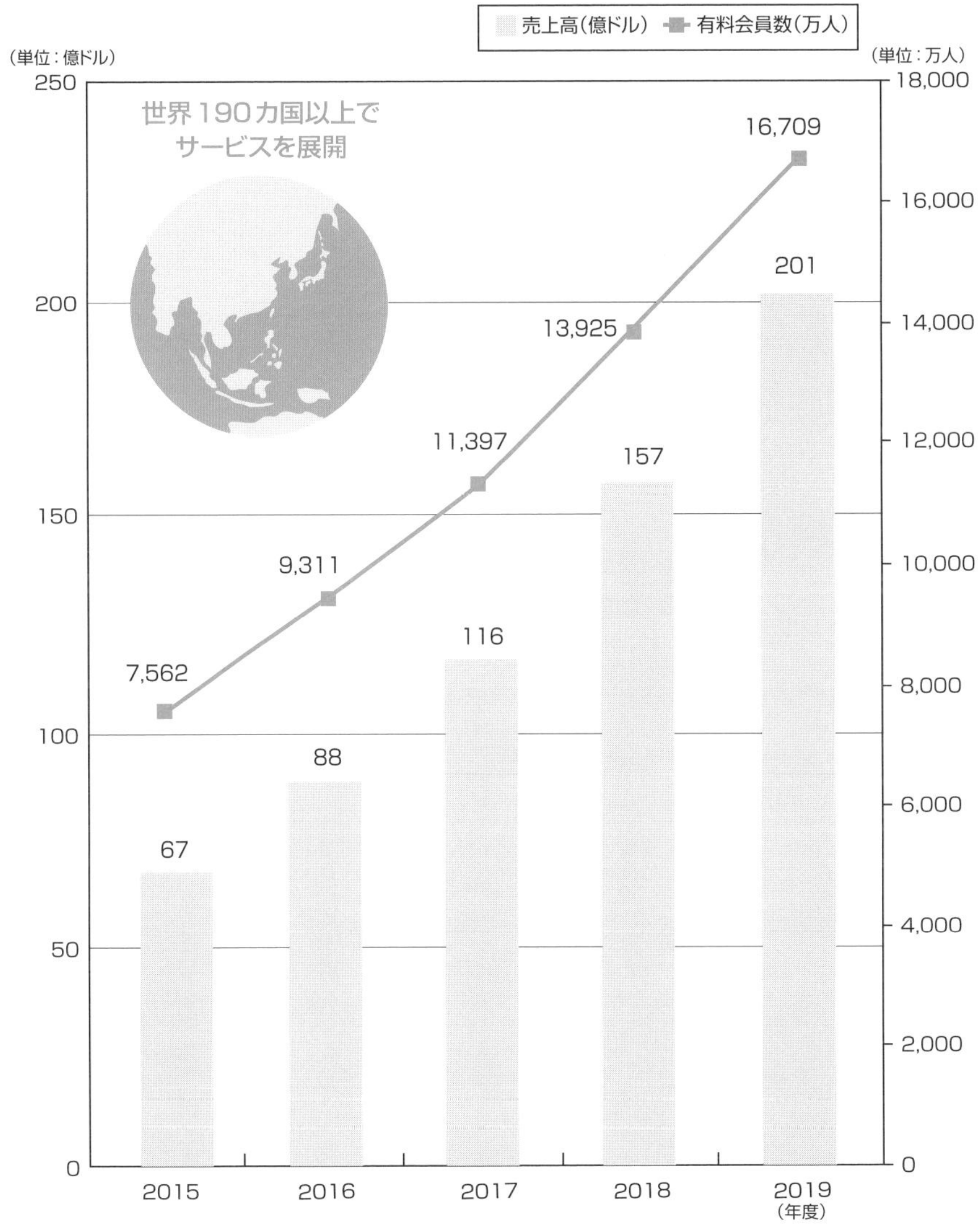

出典：ネットフリックス決算資料より

四七万人の有料会員を有しています。ちなみに、社名のネットフリックスは「ネットの映画館」を意味しており、奇しくもやがて来るネットを通じた動画配信の未来を予測していたようにも思えます。

ネットフリックの人気の秘密

ネットフリックスがこれほど人気を博したのには様々な理由があるようです。

まず、いち早く**サブスクリプション・サービス**を取り入れたことです。いまや月額定額でサービスを利用し放題というサブスクリプションは特に珍しいものではありませんが、ネットフリックスは動画コンテンツにこの方式を導入した嚆矢（こうし）ともいえます。しかも、その定額料金が非常に低額だったこともあり、爆発的な人気を呼びました。

さらに、豊富なコンテンツに加え、**レコメンド機能**が優れている点が挙げられます。あり余るコンテンツは長所でもありますが、何を選んでいいのかわからないという短所と表裏一体です。このデメリットを打ち消すため、ネットフリックスではコンテンツに詳細なタグ付けを行い、利用者の趣味や趣向をきめ細かく分析できるようにし、次に何を見たらいいのか、的確に推奨ができるよう、細心の注意が払われています。

また、大金を投じて**オリジナル・コンテンツ**を作り、作品が人気を呼ぶことで、既存の利用者を固定し、新たな顧客を呼び寄せるという、好循環を実現しています*。同社には膨大な視聴データがあります。このデータを活用してヒットする可能性の高い作品を作るのが同社のスタンスです。しかも作品にかける金額が桁違いです。同社ではオリジナルコンテンツの制作に年間**五〇〇〇億円**以上を投資しているといわれますが、これは日本のキー局一局が番組制作にかける約一〇〇〇億円をはるかに上回っています。

ネットフリックスが制作した作品として著名なのはやはり「ROMA／ローマ」でしょう。こちらの作品は、一九年開催のアカデミー賞で監督賞などを受賞しました。また、一九年に配信した「全裸監督」も国内外で話題になりました。

このように見てくると、世界中に視聴者（契約者）をもつネットフリックスは、視聴者の好みを熟知した上

用語解説

＊…**実現しています**　ほかにも、ネットフリックス対応テレビの発売がある。これはテレビのリモコンに「ネットフリックス・ボタン」が付いたテレビで、ネットフリックスの視聴ハードルを格段に下げることに成功している。

で良質の作品を制作し、世界に向けて配信するという、新たな**動画経済圏**を作り上げようとしているようにも見えます。同様のことはネットフィリックスと同じく莫大な資金を投じてオリジナルコンテンツを制作するアマゾンについてもいえそうです。

日本におけるネットフリックス

先にも述べたように、ネットフリックスが日本上陸を果たしたのは一五年のことでした。それから四年後の一九年九月、同社では日本国内の有料会員数が三〇〇万人を突破したと公表しました。さらに、二〇年八月末には**五〇〇万人**を超えたと公表しています*。背景には新型コロナウィルスによる巣ごもり消費もあった模様です。

とはいえ、一九年度のＷＯＷＯＷの契約者数は二八五万件、スカパー！は二一五・八万件となっています。これらをはるかに超える五〇〇万件もの契約者をたった五年で獲得したのですから、驚きとしかいいようがありません。

その一方で、日本ではかつて番組視聴はタダというのが常識でした。ネットフリックスの人気は、コンテンツ視聴に対する対価の抵抗感がかなり薄まってきている左証ともいえそうです。

なお、ネットフリックスでは、二二年末までに日本発の**実写オリジナル一五作品**の配信を計画しています*。日本発のオリジナル・コンテンツがどのようになるのか期待が高まります。

国内のテレビ局にとってネットフリックスの存在は脅威に映ることでしょう。ただし、フジテレビのようにネットフリックスをライバル視するのではなくパートナーにする道もあります。同社ではネットフリックスと提携し人気番組「**テラスハウス***」のリメイク版などを制作してきました。しかも、ネットフリックスで配信したあと、地上波で放送するという、従来では考えられない取り組みも行いました。

すでに日本のテレビ局は、規模の上でネットフィリックスに太刀打ちできません。また、全世界に多数の契約者(視聴者)を抱えているのが同社の強みです。この強みを上手に利用する手も、日本のテレビ局には残されているはずです。

用語解説

＊…**公表しています**　日本経済新聞朝刊2020年9月8日。
＊…**計画しています**　日本経済新聞朝刊2020年9月8日。
＊**テラスハウス**　20年5月、番組のキャストの1人だった木村花さんの自殺を受けて、フジテレビは同番組の制作と配信の中止を発表した。

8 乱立する定額動画配信は淘汰が進む？

いまやネットフリックス以外にも多様な定額動画配信サービスがしのぎを削っています。テレビ放送局各社も独自のサービスを展開していますが、今ひとつ力不足です。今後はサービスの合従連衡や淘汰が進みそうです。

トップはアマゾン・プライム・ビデオ

1－7節で見たように、現在、日本の定額動画配信サービスは、ネットフリックス以外にも、アマゾン・プライム・ビデオやフールー、dTV、U－NEXTなど、海外および日本の事業者がしのぎを削っています。また、動画コンテンツを多数保有するテレビ局も定額動画配信に参入しています。では、どのサービスが支持されているのでしょうか。

インプレス総合研究所の調査によると、有料の動画サービスを見る人の割合は**二二・一%**で、利用する有料動画配信サービスは**アマゾン・プライム・ビデオ**が**六七・九%**（いずれも二〇二〇年）とトップになっています（図5・8・1、図5・8・2）*。二位はネットフリックスの一九・五%ですから、その差は何と五〇ポイント近くもあります。

アマゾンでは、注文した商品か翌日届くサービス「**アマゾン・プライム**」を年間四九〇〇円で提供しています。このアマゾン・プライムのサービスは翌日配送のみならず、追加料金なしで、電子書籍の読み放題（プライム・リーディング）、音楽聞き放題（プライム・ミュージック）、それに動画見放題（プライム・ビデオ）の各サービスが含まれています。

このため、アマゾン・プライム・ビデオの利用率六七・九%には、動画配信に積極的でない利用者も含まれていると考えるのが妥当です。

用語解説

＊…**なっています**　インプレイ総合研究所「動画配信に関する調査結果2020」(https://research.impress.co.jp/topics/list/video/608)

有料動画配信サービスの利用率（図 5.8.1）

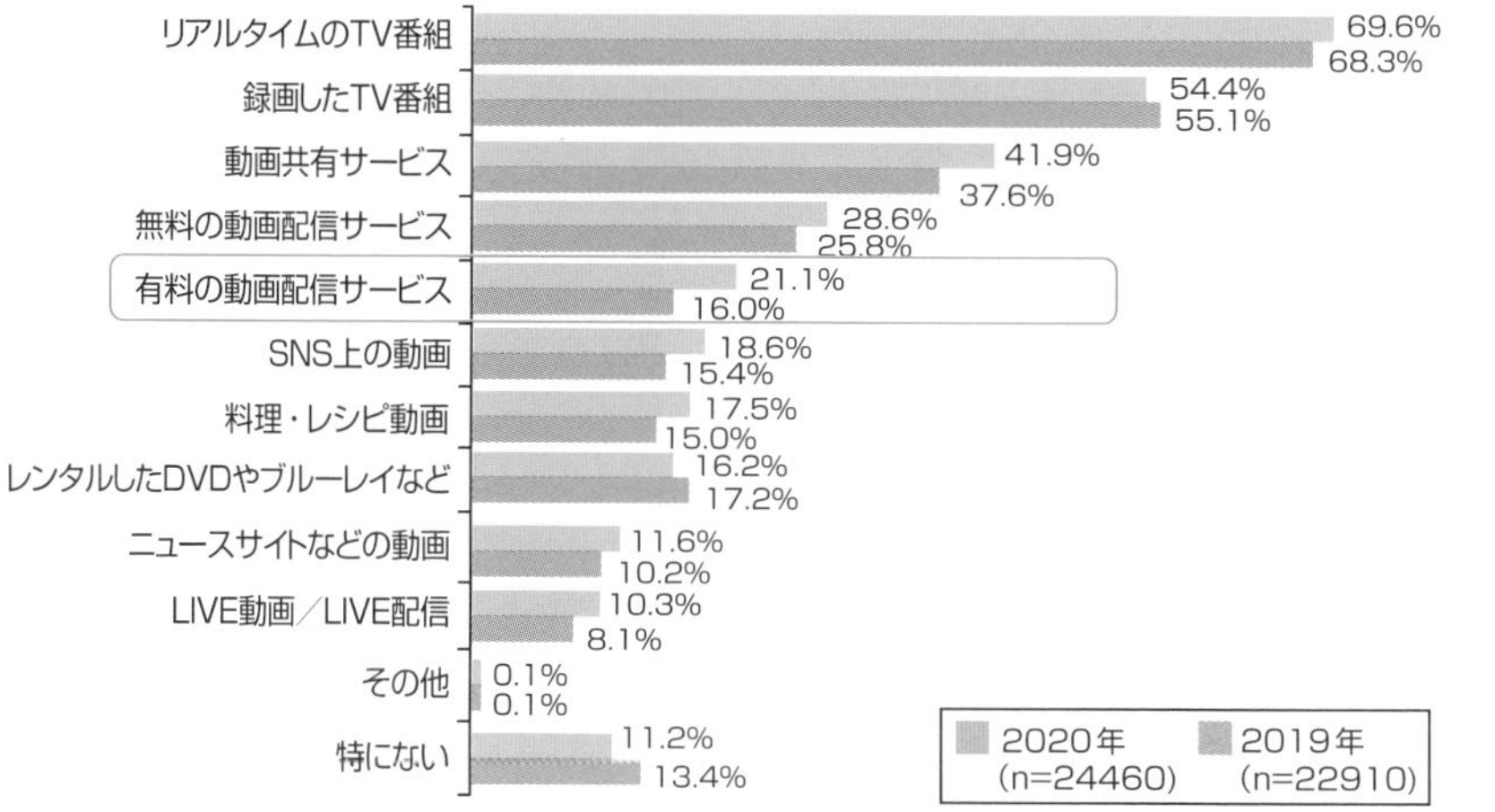

出典：インプレス総合研究所「動画配信に関する調査結果2020」をもとに作成

利用している有料の動画配信サービス TOP10（図 5.8.2）

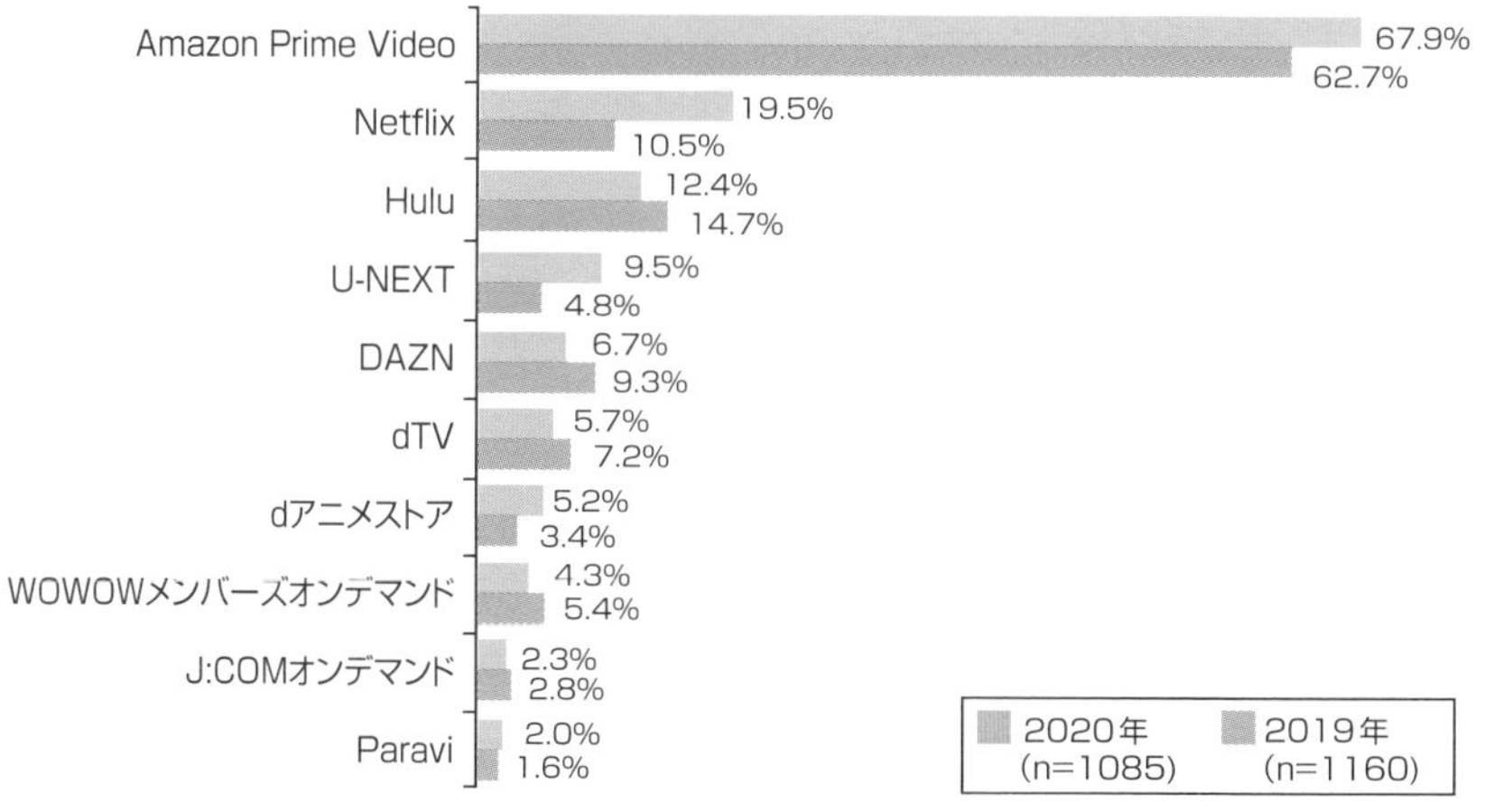

出典：インプレス総合研究所「動画配信に関する調査結果2020」をもとに作成

しかしそれでも、その群を抜く利用率の高さ、単純計算で**月額四〇八円**という料金の安さ、それにネットフリックス同様、莫大な費用をかけて制作するオリジナル・コンテンツの魅力と、テレビ局を含め他の定額動画配信サービスにとって脅威と言えるサービスをアマゾンでは提供しています。動画配信のライトユーザーならば、アマゾン・プライム・ビデオのサービスで十分なのかもしれません。

テレビ局発の定額動画配信

その一方で、少々気になるのは、テレビ局発の有料動画配信サービスがあまり利用されていない点です。日本テレビの定額動画配信**フールー**が三位にランクインはしているものの、利用率は一二・四％で、前年の一四・七％から二・三ポイント落ちています。

また、ぎりぎり一〇位にランクインしている**パラビ**は、TBSとテレビ東京、WOWOWのほか、日本経済新聞社、電通、博報堂DYメディアパートナーズの六社によってスタートした定額動画配信です。さらにその後、MBSホールディングスや中部日本放送、RKB毎日ホールディングス、北海道放送なども加わり、各局の番組を配信しています。しかし、利用率はわずか一・〇％と振るいません。

フジテレビも独自構築の**FODプレミアム**を展開しています。しかしながらこちらはトップテンにさえランクインしていません。

話は変わりますが、一九年一一月にディズニーが定額動画配信**ディズニー・プラス**をアメリカでスタートさせ、一日足らずで**一〇〇〇万人**の有料会員を集めたことで話題になりました。ディズニーではサービス提供にあたり、自社所有のコンテンツを他のプラットフォーマーから引き上げたといいます。

この一例からもわかるように、定額動画配信プラットフォームの乱立は、コンテンツの**サイロ化**＊を促す可能性が高まります。これは利用者にとって使い勝手が悪く、その結果、利用率の低いサービスは、強力なプラットフォーマーへのコンテンツ提供者とならざるを得ないでしょう。

今後、定額動画配信サービスの淘汰が進むのは必至の模様です。

用語解説

＊**サイロ化**　それぞれ孤立した状態。組織では他部門と情報共有や連携しないことをサイロ化と表現する。

9 ネット動画配信が見られるテレビ

リモコンにネット動画配信サービスのボタンが付いたテレビが出てきています。今後はインターネット接続可能テレビの台数が急激に増加しそうです。

テレビ端末の進化をたどる

デジタル時代のバズワードの一つに**IoT**＊があります。これは「インターネット・オブ・シングス」の略で、あるゆるモノがインターネットにつながることを意味します。しかし、IoTの掛け声とは裏腹に、早期にインターネットにつながると考えられていたテレビ端末が、意外に接続されないままです。

野村総合研究所によると、一八年度におけるインターネット接続可能テレビの保有世帯は一九一〇万（推計）で、実際にインターネットに接続している世帯は**九五八万世帯**に過ぎないと推計しています。

一方、地上波テレビ放送の完全デジタル化が一部地域を除いて一一年に実施されました。テレビの買い換えサイクルは約一〇年といわれていますので、二〇年以降は買い換え時期に来ています。また、延期になった東京オリンピック・パラリンピックも買い換え需要を後押しするでしょう。

最新型のテレビ、いわゆる**スマートテレビ**＊で大きく変わったのは、アプリやインターネットの各種サービスが受けられるばかりか、リモコンに**ネット動画配信サービスのボタン**が付くようになった点です。

例えばソニーのブラビアのリモコンには、フールー、ユー・ネクスト、ネットフリックス、楽天ショータイム、

用語解説

＊**IoT**　Internet of Thingsの略。あらゆるモノにインターネットつながることを指す。モノのインターネットともいう。

＊**スマートテレビ**　コンピュータ同様の高い処理能力をもつCPUを搭載し、アプリやインターネットの各種サービスを受けられる。もちろんネットワークに接続して利用する。

ツタヤTVのボタンが付いています。会員登録が済んでいれば、ボタン一発で動画配信サービスを受けられます。テレビ放送局にとっては非常に不都合なボタンといえるでしょう。

もちろんネット動画配信サービスを受ける場合、テレビ端末のネット接続は不可欠です。こうして二〇年代の前半はIoT化されたテレビ端末の数が急激に増えることになるでしょう。

先の野村総合研究所によると、二五年度のインターネット接続可能テレビを保有する世帯は**三一六七万世帯**、接続済みの世帯は**二四九五万世帯**にまで増えると予想しています（図5・9・1）。

視聴者に紐付かない視聴履歴の収集

インターネット接続可能テレビの普及と平行して、視聴者の視聴履歴を収集する試みが進められています。「**オプトアウト方式で取得する非特定視聴履歴**」と呼ばれものがそれです。

従来、視聴履歴の利用は課金などに限られていました。しかし、一七年の個人情報保護法改正により、特定の個人・世帯と紐付かない視聴履歴についての収集や利用が解禁されました。また、解禁にあたり一般財団法人放送セキュリティセンターによりガイドライン「オプトアウト方式で取得する非特定視聴履歴の取扱いに関するプラクティス（Ver・1・0）*」が取りまとめられました。

これを受けて民放キー局五社では、二〇年一月一四日～二月四日に、関東地区のインターネット接続テレビを対象に、視聴履歴の収集実験が行われました。この実験では、視聴者が参加放送局にチャンネルを合わせると、透明スクリーンのデータ放送画面が立ち上がり、各局のサーバーに視聴データを送信するというものです。この視聴データは五社共通のデータ集約基盤で集約されます。

このようにテレビのIoT化とは、個々の視聴状況がクラウド側に蓄積される可能性があることを意味します。何か抵抗感を抱く人もいるかもしれませんが、これもテレビ放送デジタル化の一側面です。なお、キー局五社によると実験では、視聴者が視聴データの収集を停止する手段も用意していました。

用語解説

＊ **Ver.1.0**　現在はVer.2.0が発行されている（https://www.sarc.or.jp/NEWS/hogo/20200731.html）。

インターネット接続可能テレビの保有世帯数予測（図 5.9.1）

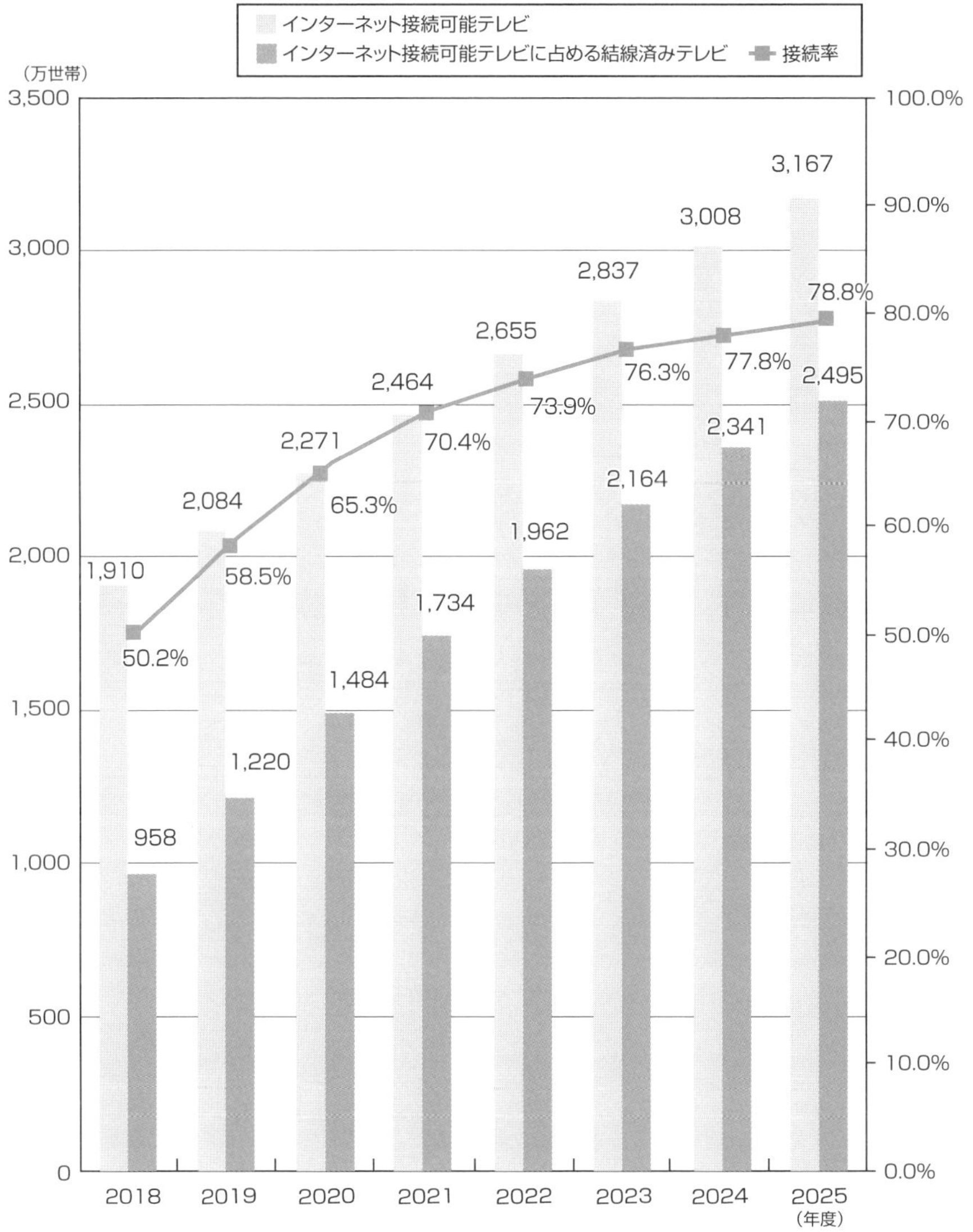

出典：野村総合研究所『ITナビゲーター2020年版』を基に作成

視聴データ収集の流れ（図 5.9.2）

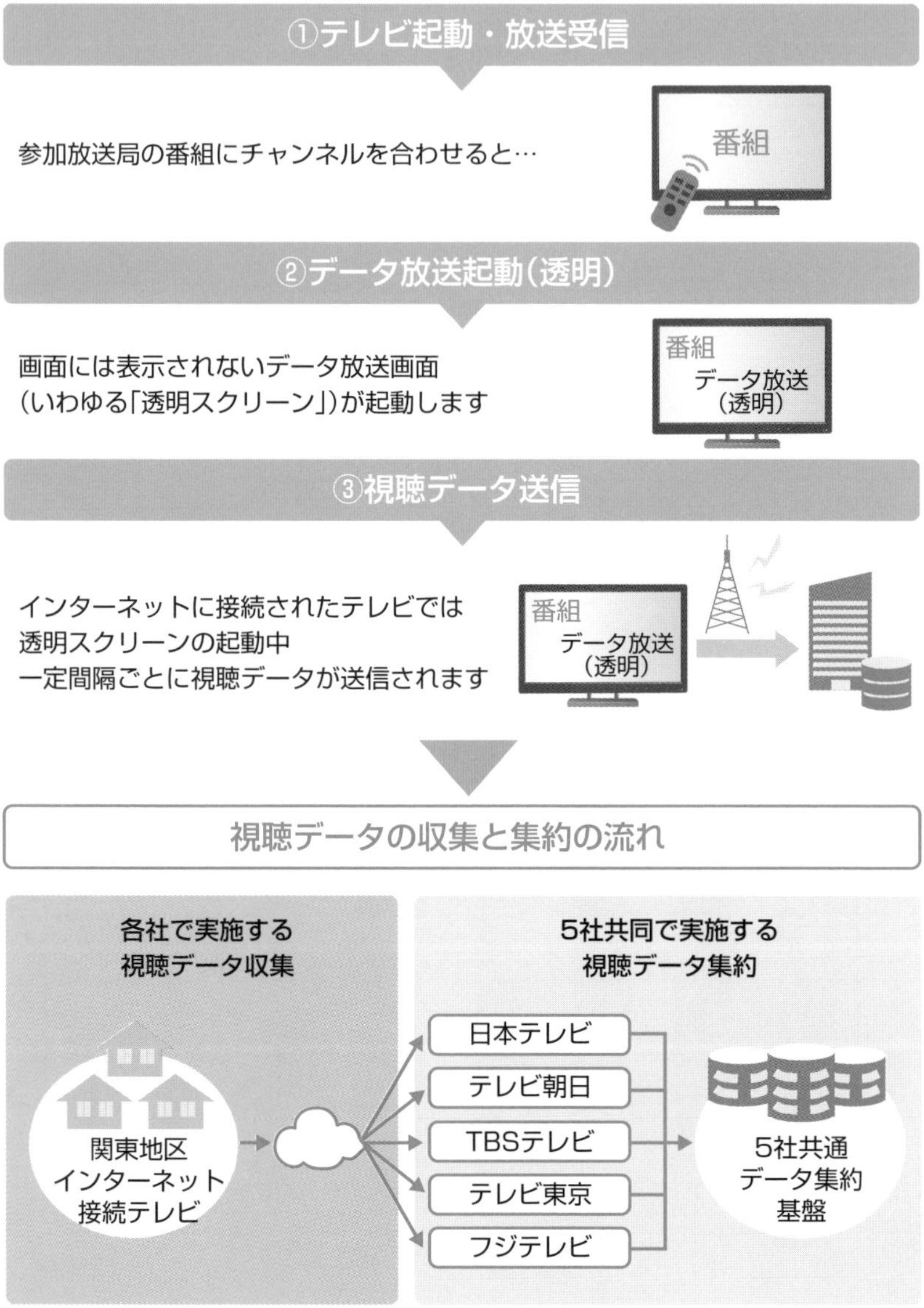
①テレビ起動・放送受信
参加放送局の番組にチャンネルを合わせると…
番組
②データ放送起動(透明)
画面には表示されないデータ放送画面
(いわゆる「透明スクリーン」)が起動します
番組
データ放送
(透明)
③視聴データ送信
インターネットに接続されたテレビでは
透明スクリーンの起動中
一定間隔ごとに視聴データが送信されます
番組
データ放送
(透明)
視聴データの収集と集約の流れ
各社で実施する
視聴データ収集
5社共同で実施する
視聴データ集約
関東地区
インターネット
接続テレビ
日本テレビ
テレビ朝日
TBSテレビ
テレビ東京
フジテレビ
5社共通
データ集約
基盤

出典：「オプトアウト方式で取得する非特定視聴履歴の 取扱いに関するプラクティス(ver.2.0)」を基に作成

10 再びテレビ放送デジタル化について考える

本章で見てきたように、テレビ放送のデジタル化、テレビ番組コンテンツのデジタル化は、テレビ局がデジタル・コンテンツ市場で競争を強いられることを意味します。かつて放送局が手にしていたポジションは急速に失われています。

世界最高水準のネットワークをめぐる攻防

ここではテレビ放送およびコンテンツとしてのテレビ番組がたどったデジタル化の道を再確認しておきましょう。

日本で最初のデジタル放送はCSデジタル放送でパーフェクTV!によるものでした(3 - 5節)。これが一九九六年のことでした。さらに、二〇〇〇年にはBSデジタル放送がスタートし、一一年には東日本大震災により延期になった岩手、宮城、福島の三県を除き、地上波アナログ放送およびBSアナログ放送が終了しました。さらに翌一二年三月三一日、岩手、宮城、福島の三県も地上波アナログ放送が終了し、**テレビ放送が完全デジタル化**されました。

その一方で、日本では九五年にインターネット元年を迎え、以後、デジタル・データ送受信のデファクト・スタンダードとして進展していきます。当初はハードウェアおよびネットワークとも脆弱だったものの、〇〇年頃になると高速大容量の**ブロードバンド**が急速に整備されていきます。ADSLやケーブルテレビ・インターネット、さらにFTTHが登場し、動画などの大容量のコンテンツでも円滑に取り扱えるようになってい

ブロードバンド契約者数の推移（図 5.10.1）

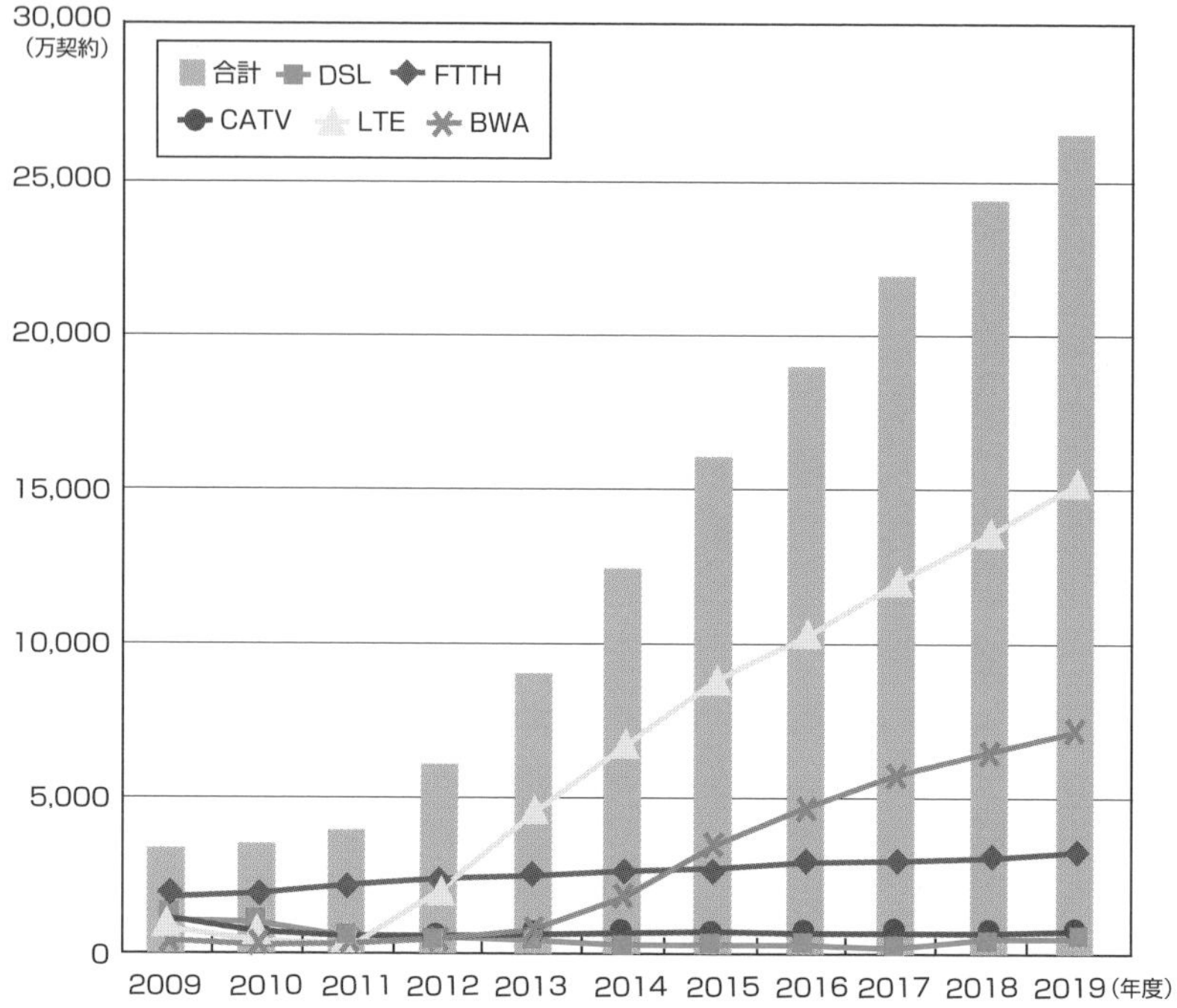

	DSL	FTTH	CATV	LTE	BWA	合計
2009年度末	973	1,780	531		15	3,299
2010年度末	820	2,022	567	3	81	3,493
2011年度末	670	2,230	591	230	230	3,951
2012年度末	542	2,385	601	2,037	531	6,096
2013年度末	447	2,534	622	4,641	746	8,990
2014年度末	375	2,668	643	6,778	1,947	12,411
2015年度末	320	2,797	673	8,747	3,514	16,051
2016年度末	251	2,946	685	10,296	4,789	18,967
2017年度末	215	3,061	688	12,073	5,823	21,860
2018年度末	173	3,167	683	13,664	6,624	24,311
2019年度末	140	3,309	671	15,262	7,121	26,503

出典：総務省「電気通信サービスの契約数及びシェアに関する四半期データの公表」
令和元年度第４四半期、平成28年度第３四半期、平成24年度第４四半期を基に作成

きます。一九年度末には、固定系ブロードバンド（DSL、FTTH、CATVの合計）の契約数は**四一二〇万契約**にのぼっています（図5・10・1）。

これに加えて移動体通信網の進展です。〇八年にiフォンが日本で発売されましたが、当時は第三世代移動通信（3G）でした。それが一〇年には第四世代移動通信に相当する**LTE**＊が登場し、一九年末には契約数が**一億五二六二万契約**にも達しています（同図5・10・1）。さらに二〇年には**第五世代移動通信（5G）**のサービスがスタートし、ダウンリンクは最大通信速度が**二〇Gbps**と、理論上は二時間の映画を**三秒**ほどでダウンロードできます。

ネットワークの品質向上とともに、ハードウェアそしてソフトウェアも高度化しました。中でもソフトウェアに注目すると、最初はテキスト中心だったものが静止画、音声、動画というように、コンテンツの大容量化が進みました。ネットフリックスが定額動画配信に舵を切ったのは〇八年のことでしたが、こうしたネットワークの高度化に乗じてのことです。

また、ネットフリックスやアマゾンが定額動画配信で日本市場に参入した一五年は、その三月末時点で、日本における**ブロードバンド利用可能世帯率は一〇〇%**でした。また、FTTHなどの超高速ブロードバンドに限っても、利用可能世帯率は九九・九八%にものぼります。すでに日本のブロードバンド環境は、速度と料金を総合すると世界最高水準にありました。

これは別の見方をすると、例えば動画のように大容量のコンテンツを所有している事業者にとって、日本市場は大変魅力的だということになります。というのも、大容量コンテンツをスムーズに提供できる高品質の通信インフラが整っているのですから。つまりネットフリックスやアマゾンの日本市場参入は、世界最高水準とも言われる日本のネットワーク・インフラを存分に活用するためだったことがわかります。彼らが**オーバー・ザ・トップ（OTT**＊）と呼ばれる由縁です。こうしてインターネット上には見たい時に見られる高品質な動画があふれるようになりました。

テレビ放送の動画配信化

かつて、動画を配信（放送）する役割はテレビ局が

用語解説

＊LTE　Long Term Evolutionの略。
＊OTT　Over The Topの略。通信インフラを利用してサービスを提供する通信事業者以外の事業者。

テレビ放送の動画配信化（図 5.10.2）

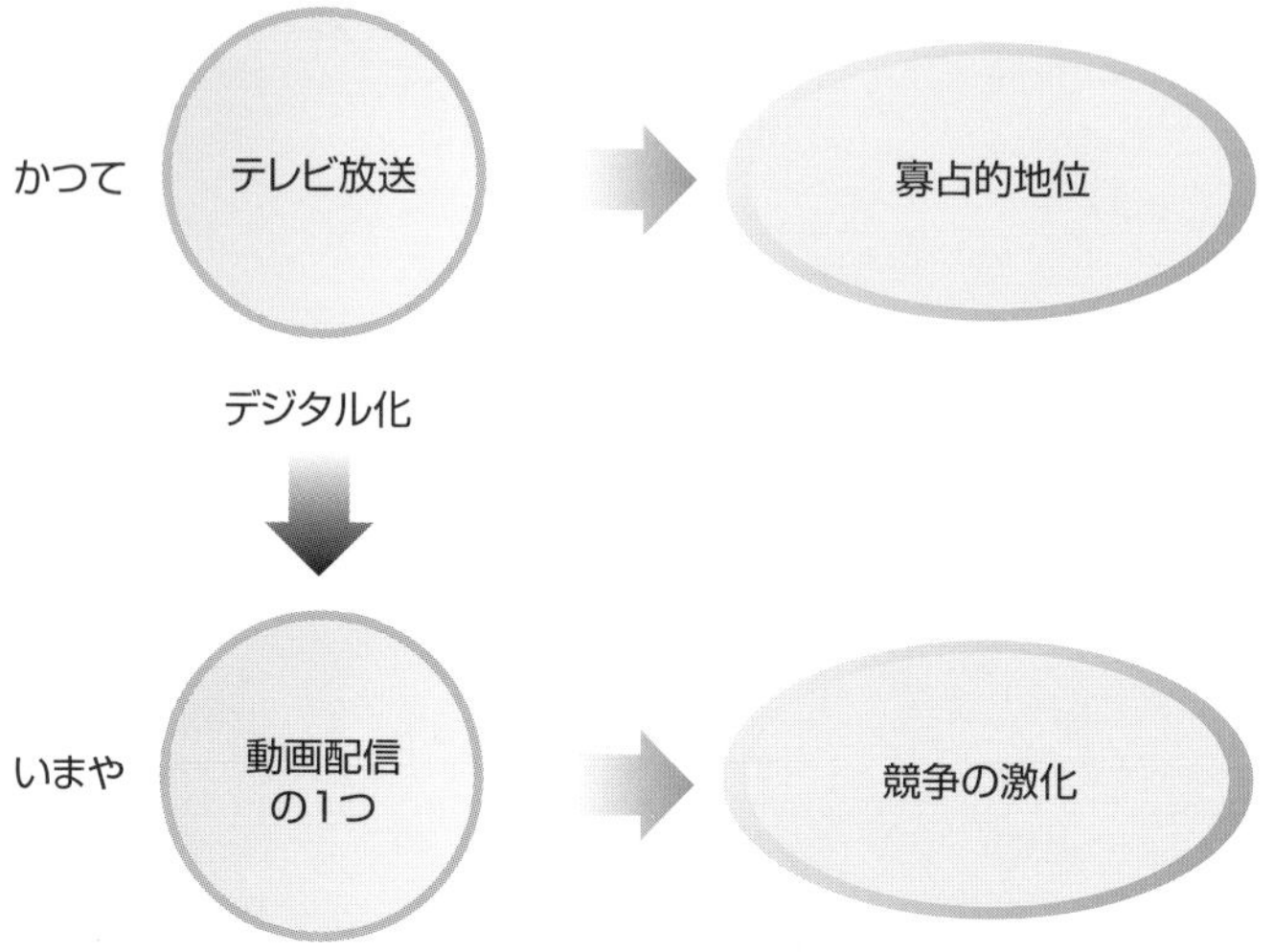

担っていました。しかも免許制だったため、テレビ局は動画配信の**寡占的な地位**を確保していました。

しかしながら、情報のデジタル化、デジタル情報を送受信するインターネットの進展により、インターネットでも動画をスムーズに配信できるようになりました。それはデジタル化されたテレビ番組、テレビ放送も例外ではありません。そもそも視聴者にとって動画を楽しめるのであれば、放送でもインターネットでもどちらでも構わないわけです。より便利で満足できるものを選ぶだけです。

こうしてテレビ放送が**動画配信化**することで、テレビ放送局はかつての独占的ポジションを急速に失い、インターネット上での競争を強いられることになりました。そのルーツをたどると、テレビ放送および番組コンテンツのデジタル化に行き着くわけです。

では、かつてテレビ局（放送）は具体的にどのようなポジションを占めていて、そのポジションがどのように変わったのでしょうか。最終章ではこの点について詳細に分析した上で、テレビ放送の将来と課題について考えてみたいと思います。

第6章

競争環境が変わる放送の近未来

テレビの過去・現在・未来を考える上で、極めて有用な枠組みがあります。アメリカの経営学者マイケル・ポーターが提唱したファイブ・フォースがそれです。このファイブ・フォースに外部環境の変化を分析する「3つのW」を組み合わせれば、過去の地上テレビ放送事業者がどのような位置にあり、それが将来どこへ向かうのかが見えてきます。いわば、テレビ放送の近未来について考えるのが最終章の眼目です。

1 テレビ放送業界のかつての競争環境

前章ではテレビとインターネットの融合を軸にしたテレビ放送業界の環境変化について見ました。テレビ放送業界が乱気流の中にあることがわかってもらえたと思います。では、業界は今後どうなるのか。最終章では、以下その点について考えてみたいと思います。

過去の放送業界の競争環境を分析する

テレビ放送の近未来を占うには多様な方法があると思います。ここではまず、過去の業界の競争環境について分析するとともに、現在の業界をとりまく環境の変化について整理します。その上で、この環境変化が与える影響を考えることで、今後業界がどういう方向に向かうのかを明らかにしたいと思います*。

六〇年前に誕生したテレビ放送は広告メディアの王者にまで登り詰めました。なぜ、テレビ放送がこれほど強固な基盤を確立できたのかは、経営学者**マイケル・ポーター***が提唱する**ファイブ・フォース***（**五つの競争要因**）を活用するとうまく説明できます。

ポーターが提唱するファイブ・フォースでは、業界の環境を次の五つの要因から分析します（図6・1・1）。

❶**新規参入業者（新規参入の脅威）**
❷**競争業者（業者間の敵対関係）**
❸**代替品（代替製品・サービスの脅威）**
❹**買い手（買い手の交渉力）**
❺**供給業者（売り手の交渉力）**

一般に業界を分析する場合、競合企業（右記の❷に相当）の分析に目がいくものです。一方、ポーターのファイブ・フォースでは、業界の競争環境に影響を及ぼす要因を、より多面的に分析できるのが特徴です。

では、このファイブ・フォースを用いて従来のテレビ放送業界の環境を整理しましょう。

用語解説
***…と思います** 対象にする放送業界は、主として民間地上テレビ放送業界とする。
***マイケル・ポーター** アメリカの経営学者。ハーバード・ビジネス・スクール教授。
***ファイブ・フォース** ポーター著『競争の戦略』で言及されている。また、拙著『マイケル・ポーターの「競争の戦略」がわかる本』でも、そのエッセンスを解説している。

ポーターのファイブ・フォース（図 6.1.1）

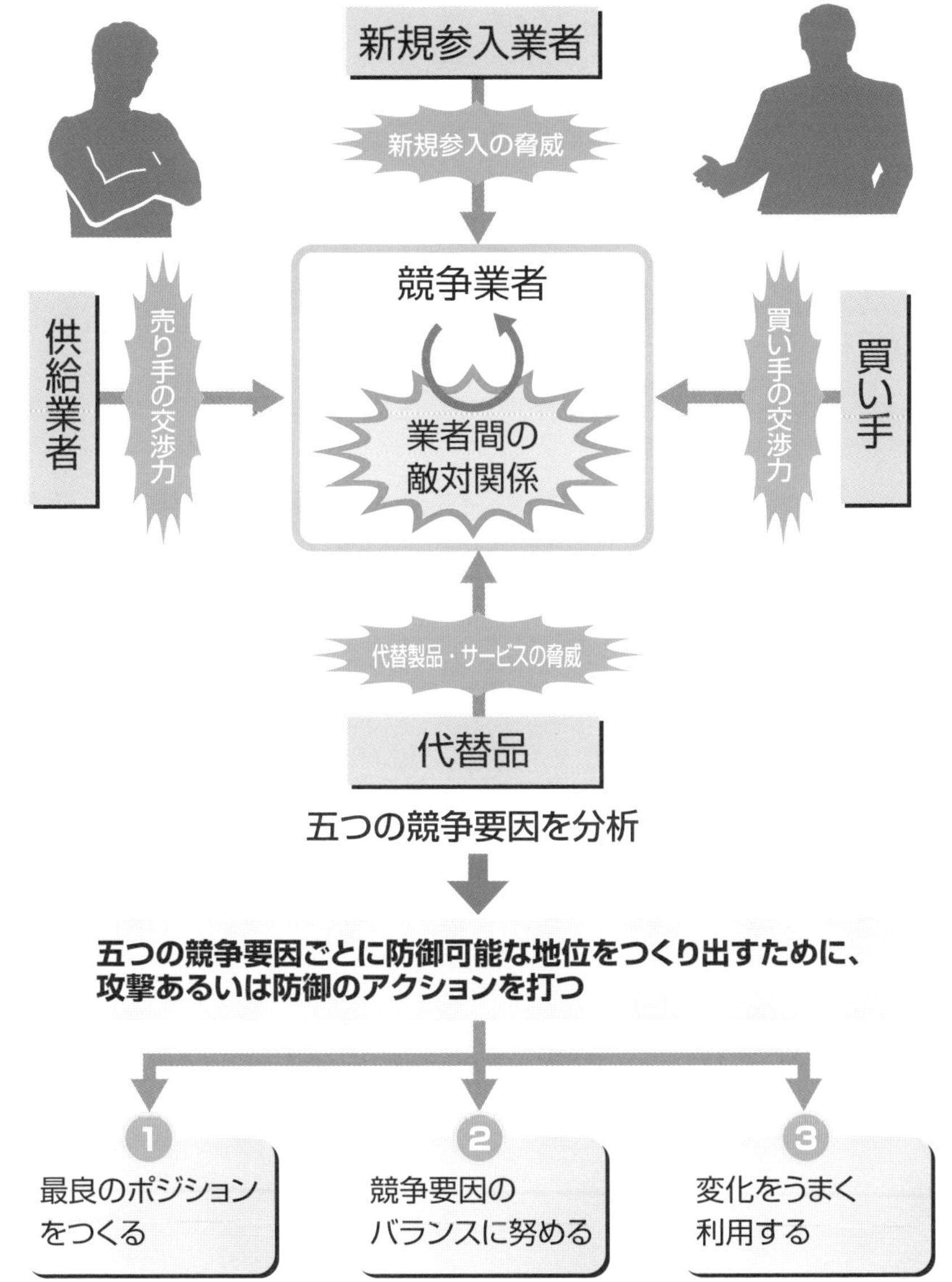
新規参入業者
新規参入の脅威
競争業者
業者間の敵対関係
供給業者
売り手の交渉力
買い手
買い手の交渉力
代替製品・サービスの脅威
代替品
五つの競争要因を分析
五つの競争要因ごとに防御可能な地位をつくり出すために、攻撃あるいは防御のアクションを打つ
1
最良のポジションをつくる
2
競争要因のバランスに努める
3
変化をうまく利用する

出典：M・E・ポーター著、土岐坤、中辻萬治、服部照夫訳『競争の戦略』（ダイヤモンド社）をもとに作成

❶新規参入業者（新規参入の脅威）

まず、**新規参入業者**です。これは、新規参入の脅威が大きいほど、業界の競争は激しくなる、という考え方をベースにしています。

ここでは、**参入障壁**および新規参入による既存企業からの**報復**、この2点が大きいほど新規参入は困難になります。言い換えると、これらが大きければ大きいほど、既存の事業者にとって新規参入の脅威は低減するわけです。

地上放送用の電波は有限であり、これは国によって放送事業者に割り当てられます。このテレビ放送免許は事実上、五つのネットワーク系列（ＮＨＫを含めると六つ）に押さえられているのが現状です。

よって、従来のテレビ放送業界は、参入障壁が極めて大きいという特徴をもっていました。むしろ地上テレビ放送事業への新規参入は、事実上不可能だったといってもよいでしょう。

つまり、テレビ放送業界は規制によって守られることで、新規参入の脅威はほとんどなかったわけです。これは競争圧力を緩める方向に働きます。

❷競争業者（業者間の敵対関係）

同じ製品やサービスを提供している**業者間の敵対関係**が強いほど、競争は激しくなります。業者間の敵対関係が強くなる要因としては、同業者の絶対数が多い、類似した規模の会社がひしめいている、差別化がされていない、などがあります。

テレビ放送業界の場合、先にもふれたように、事実上五つのネットワーク系列による競争が基本になります。よって、同業者の数はたった五つまたは六つ（ＮＨＫ含む）ということになります。この競争業者の数は他の業界とは比較にならないほど少ないものといえるでしょう。この点で業者間の敵対関係は相対的に弱いということになります。

ただし、いずれの事業者も提供している番組に大きな違いはありません。つまり差別化はされていません。同業者の数が少ないとはいえ、これは競争を激化させる大きな要因の一つになります。

❸代替品（代替製品・サービスの脅威）

代替品とは、その業界に属していないのにもかかわらず、業界が提供している製品やサービスに置き換えることが可能なものを指します。この可能性が高いほど業界の競争は激しくなります。

テレビ放送業界は動画コンテンツを提供する業界とも言い換えられます。このような視点で放送の代替品を見ると、映画やビデオ・DVD（パッケージまたはレンタル）、私的録画映像などが挙げられます。BS放送やCS放送も地上放送の代替品でした。これらは競争を幾分激化させる要因として働きました。

インターネットも手強い代替品と目されましたが、ブロードバンド化以前は動画コンテンツの提供がスペック的に難しく、大きな脅威ではありませんでした。要するに無料で楽しめる動画コンテンツではテレビ放送にかなうものはありませんでした。

また放送を広告メディアととらえると、テレビ以外の広告メディアが代替品になります。とはいえ、テレビがもつメディアの特徴は他の媒体では代替できないという事情がありました。そのため、日本の広告費においてテレビは、全体の三分の一を占めてきたという経緯があります（4 - 2節）。

❹買い手（買い手の交渉力）

買い手の立場が強いほど業界の競争は激しくなります。例えば、その業界が少数の大口顧客によって成り立っている場合、業界の立場は弱くなり、業界内の競争は当然のことながら激しくなります。

また、買い手が業者を変更するのにコストがかからない場合も、業界の競争環境を熾烈にする要因として働きます。

テレビ放送事業者がサービスの対象にするのは、世帯または個人です。これら対象となる世帯や個人が協定を結んで（つまり集約され）、特定の事業者を選ぶなどという事態は考えられません。そのため、視聴者の交渉力は弱く、この点では放送業界の競争を激しくする要因にはなりません。

ただし、競争相手がたった五～六事業者とはいえ、視聴者が業者を変更する（好みの番組にチャンネルを合わせる）のにコストはかかりません。しかもその結果は視聴率という数字で表れます。

よって、視聴者の獲得競争は活発になります。これが**視聴率競争**にほかなりません。

⑤供給業者（売り手の交渉力）

これは業界に製品やサービスを供給する事業者のことです。**供給業者**は、値上げなどをちらつかせて、買い手である業界との交渉を有利に進めようとします。特に、売り手が少数で、買い手の業界よりも集約されていると、業界の競争環境は厳しくなります。

放送業界で考えた場合、この供給業者にはスポンサー*や番組出演者、番組制作会社が該当します。ここでは特にスポンサーに特化して考えてみましょう。

スポンサーは多種多様でその数も膨大です。明らかに放送業界よりも集約されていない状況です。またテレビ広告は、製品やサービスを販売する上で、極めて重要な位置を占める上、テレビ広告に代わる有力媒体が存在しないという状況が続きました。よって、売り手であるスポンサーの交渉力は、どうしても弱くならざるを得ませんでした。

ファイブ・フォース分析からわかること

以上、ファイブ・フォース分析からわかるのは、従来の放送業界は、

①新規参入が拒まれてきた
②競争相手の絶対数が少ない
③無料動画コンテンツでは敵なし
④代替できるメディアがない
⑤視聴者およびスポンサーが集約されていない

という業界特性を有していました（図6・1・2）。

そして、これらの特性を生み出す源になっていたのが、電波の特性上、少数の事業者にのみ権利を割り当てざるを得ないという規制です。そして一旦この少数事業者の仲間入りを果たすと、規制に守られながら五つの競争要因の圧力をうまく回避できるポジションを維持できます。

ただし、競争がまったくなかったわけではありません。視聴者を獲得する（これが引いてはスポンサー獲得につながる）という一点において、業界内の競争は確かに存在しました。とはいえ、あくまでも新規参入や代替品の脅威が少ない中、少数の同業者による競争だったわけです。

用語解説

*スポンサー　スポンサーは買い手とも位置づけられるが、ここでは放送業界を通じて買い手（視聴者）に商品を売るという意味から、売り手と位置づけた。

放送業界をファイブ・フォースで分析する（図6.1.2）

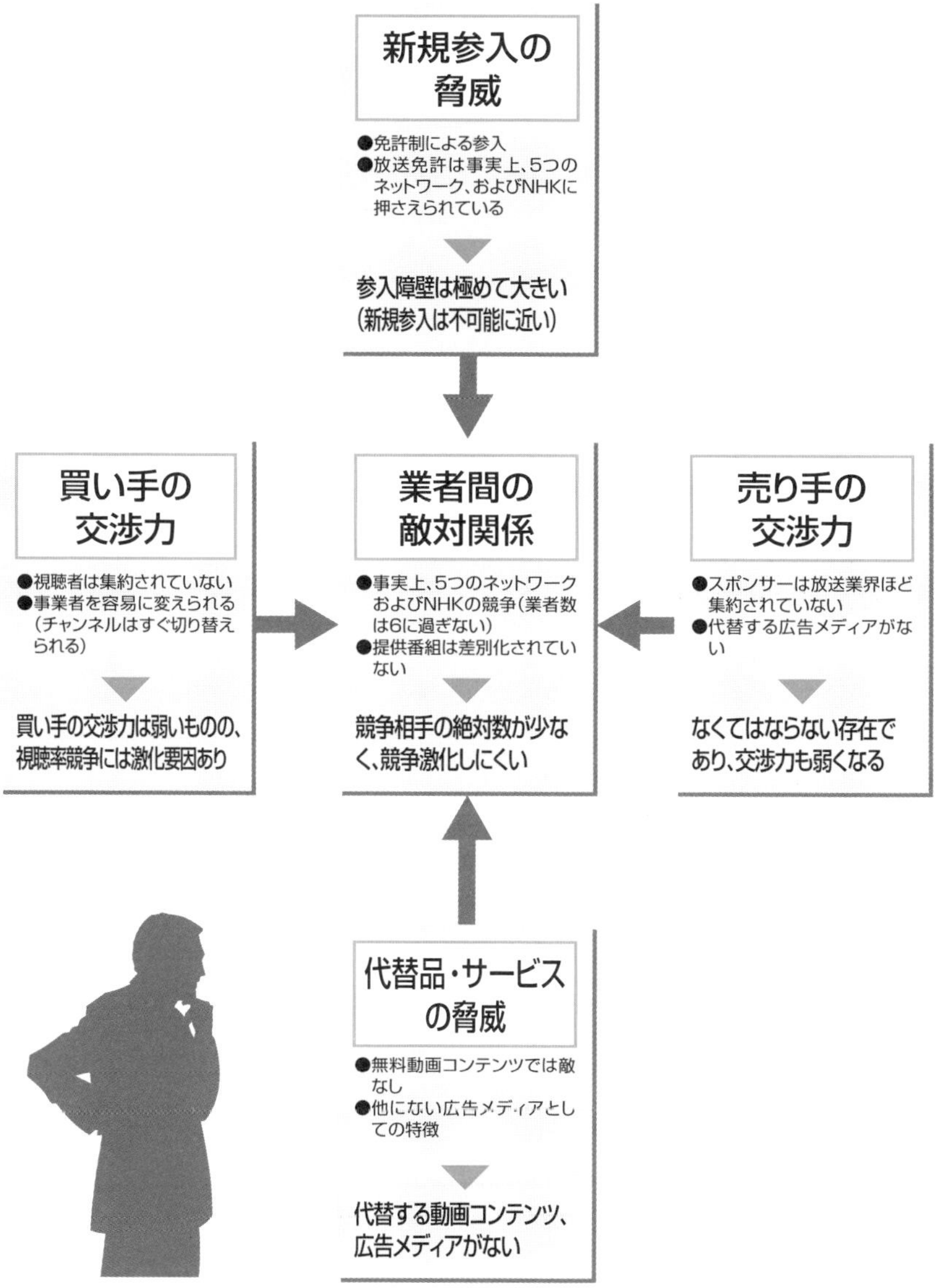
新規参入の脅威
●免許制による参入
●放送免許は事実上、5つのネットワーク、およびNHKに押さえられている
参入障壁は極めて大きい（新規参入は不可能に近い）
買い手の交渉力
●視聴者は集約されていない
●事業者を容易に変えられる（チャンネルはすぐ切り替えられる）
買い手の交渉力は弱いものの、視聴率競争には激化要因あり
業者間の敵対関係
●事実上、5つのネットワークおよびNHKの競争（業者数は6に過ぎない）
●提供番組は差別化されていない
競争相手の絶対数が少なく、競争激化しにくい
売り手の交渉力
●スポンサーは放送業界ほど集約されていない
●代替する広告メディアがない
なくてはならない存在であり、交渉力も弱くなる
代替品・サービスの脅威
●無料動画コンテンツでは敵なし
●他にない広告メディアとしての特徴
代替する動画コンテンツ、広告メディアがない

2　放送業界を取り巻く環境の変化

次に、前節で見たファイブ・フォースを取り巻く昨今の環境の変化について考えてみたいと思います。その上で、それがファイブ・フォースにどのような圧力をかけ、放送業界の競争環境を変えつつあるのかを明らかにしたいと思います。

ファイブ・フォースの弱点

ファイブ・フォースは業界の競争環境を分析するのにとても重宝するツールです。とはいえファイブ・フォースに欠点がないわけではありません。

本書のテーマである放送業界を例に考えると、**テクノロジーの変化**は業界の競争環境を変える大要因となります。例えばインターネットの進展とはITの進展と読み替えることができますが、放送業界もITに多大な影響を受け、これにより競争環境も劇的に変わってきています。しかしファイブ・フォースでは、テクノロジーの変化といった外部要因を分析する枠組みをもちません。

このような考え方をすると、ファイブ・フォースの背景にあって、ファイブ・フォースに影響力を及ぼすテクノロジー要因についてもっと深く考える必要がでてきます。その要因には大きく三つあります。**ハードウェア・ソフトウェア・ネットワーク**がそれです。ここではこの三つの要因を**三つのW***と呼ぶことにしましょう。

三つのWとその影響力

ハードウェア、ソフトウェア、ネットワークというこの三つのWは、ファイブ・フォースに影響を与えて、競争環境を変化させる力をもっているだけではありません。

三つのWは相互に依存し、相互に影響を及ぼすとい

用語解説
***三つのW**　hardWare, softWare, netWorkというように、それぞれ「W」をもつことから。

3つのWの特徴（図6.2.1）

3つのWはファイブ・フォースに変化を強いる。

3つのWはファイブ・フォースに大きな影響を及ぼし、この影響によりファイブ・フォースは何らかの変化を強いられる。当然、ファイブ・フォースのいずれかの要因が変化すると、業界の競争環境も変化する。

3つのWは互いに変化を強いる。

3つのWは、ファイブ・フォースに影響を及ぼすだけでなく、相互に依存し、相互に影響を及ぼすという特徴をもつ。特に何らかの理由で3つのWのいずれかの性能が向上したとき、それは他のWの性能向上を強く促す。

3つのWは全体のパフォーマンスはボトルネックに依存する。

3つのWのうち一つの要因の性能が突出していても全体の性能向上にはつながらない。全体の性能は3つのWの中で最も性能の低い要因、すなわちボトルネックに依存する。したがって全体の性能が向上するには、3つのWがバランス良く進展する必要がある。

う特徴をもっています。特に三つのWのいずれかの性能が向上したとき、それは他のWの性能向上を強く促します。

また、三つのWのうち一つの要因の性能が突出して高くても全体の性能向上にはつながりません。全体の性能は三つのWの中で最も性能の低い要因、すなわち**ボトルネック**に依存します。したがって全体の性能が向上するには、三つの要因がバランス良く進展する必要があります。

三つのWがもつこうした特徴は、図6・2・1のように取りまとめられます*。

通信と放送の融合

この三つのWを念頭に、放送業界を取り巻くテクノロジーの変化について考えてみましょう。5－1節で述べたように、クロード・シャノンはあらゆる情報は**ビット**で表現できると喝破しました。そしていまやデジタル化（ビット化）技術が進展して、パソコンやスマートフォン、タブレット端末などで、テキストや画像、映像などの情報形式に関係なくコンテンツを扱えるよう

用語解説

* **取りまとめられます**　旧版では、この三つのWをHaSoNeと呼んでいた。今回は呼称を三つのWに変更した。

になりました。

情報がビット化する中、デジタル情報（ビット化された情報）を効率よく送受信するための基盤も姿を現しました。インターネットがそれです。そしていまや、インターネットで標準的に利用されている通信規約ＩＰが、デジタル情報を送受信する**デファクト・スタンダード**になりました。

デジタル情報を送受信する基盤が未熟な時代には、文字や画像はファクス、音声は電話（双方向）やラジオ放送（一方通行）、動画はテレビ放送というように、情報の形式によってメディアを使い分けるのが常識でした。しかしあらゆる情報をビットで表現でき、かつそれを流通させるネットワークが姿を現したわけです。ですから情報の形式によってわざわざメディアを変える必要がなくなりました。これが**デジタル化の本質**にほかなりません（５‐１節参照）。

インターネットが登場した当時、回線速度がボトルネックとなって大容量のコンテンツを送受信するのは困難でした。ところが、いまやブロードバンドが大きく普及し、大容量のデータを配信する技術も高度化してきています。その一方でテレビ放送のデジタル化も進み、もはや無線というメディアに特化して情報を流す必要がなくなってきました。こうした流れの中で登場したのが**地上デジタル放送ＩＰ再放送**（５‐３節）やインターネットを通した**テレビ放送の常時同時配信**の動きです（５‐３節）。情報のビット化の進展とビット化された情報を送受信する通信基盤の高度化により、通信と放送の融合は起こるべくして起きたといえます（図６・２・２）。

起こるべくして起きた定額動画配信サービス

先にも述べたように、ハードウェア・ソフトウェア・ネットワークという三つのＷのいずれかの性能が向上したとき、それは他のＷの性能向上を強く促します。近年、これら三つのＷのうちで飛躍的に性能を高めたのがネットワークとハードウェアではなかったでしょうか（図６・２・３）。

世界最高水準のレベル（５‐10節）である日本の通信インフラに、私たちはスマホやタブレット、ＰＣ、スマー

起こるべくして起きた通信と放送の融合（図 6.2.2）

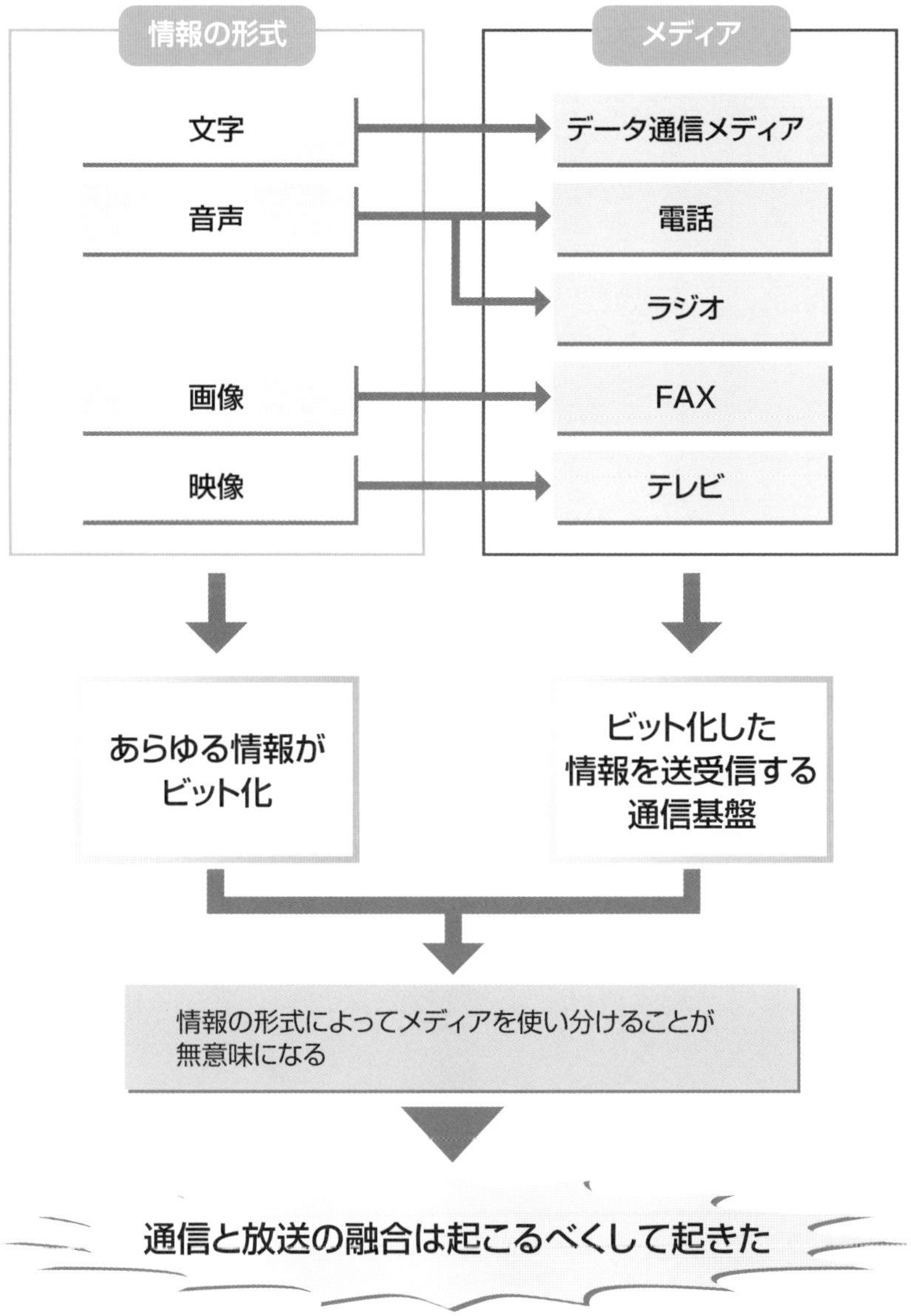
情報の形式
メディア
文字
音声
画像
映像
データ通信メディア
電話
ラジオ
FAX
テレビ
あらゆる情報がビット化
ビット化した情報を送受信する通信基盤
情報の形式によってメディアを使い分けることが無意味になる
通信と放送の融合は起こるべくして起きた

トテレビでアクセスできます。三つのWの特徴を念頭に置くと、ネットワークとハードウェアの性能が高まると、ソフトウェアの性能向上が促されます。このような状況の中に登場したのが、高速インターネット基盤を通じ、スマホ・タブレット・PC・テレビという**4スクリーン**に対して、動画を配信する**定額動画配信サービス**だったといえます。つまり定額動画配信サービスも、三つのWを前提に考えると、起こるべくして起こった現象といえます。

ソフトウェアとしての定額動画配信が姿を現し、その性能が高まると、今度はハードウェアに影響を及ぼしました。その象徴は、パナソニックや東芝、ソニーなどの日本メーカーが発売した、リモコンに**ネットフリックス・ボタン**のついたスマートテレビでしょう。また特定ブランドの定額動画配信サービスの威力が増せば、ブランド独自の高性能CDN（5 - 3節）でコンテンツを提供する動きが強まるでしょう。これもソフトウェアがネットワークの性能向上を促す一例です。

以上が、三つのWの観点から見た、放送業界を取り巻く外部環境の状況です。

放送業界を取り巻く外部環境（図 6.2.3）

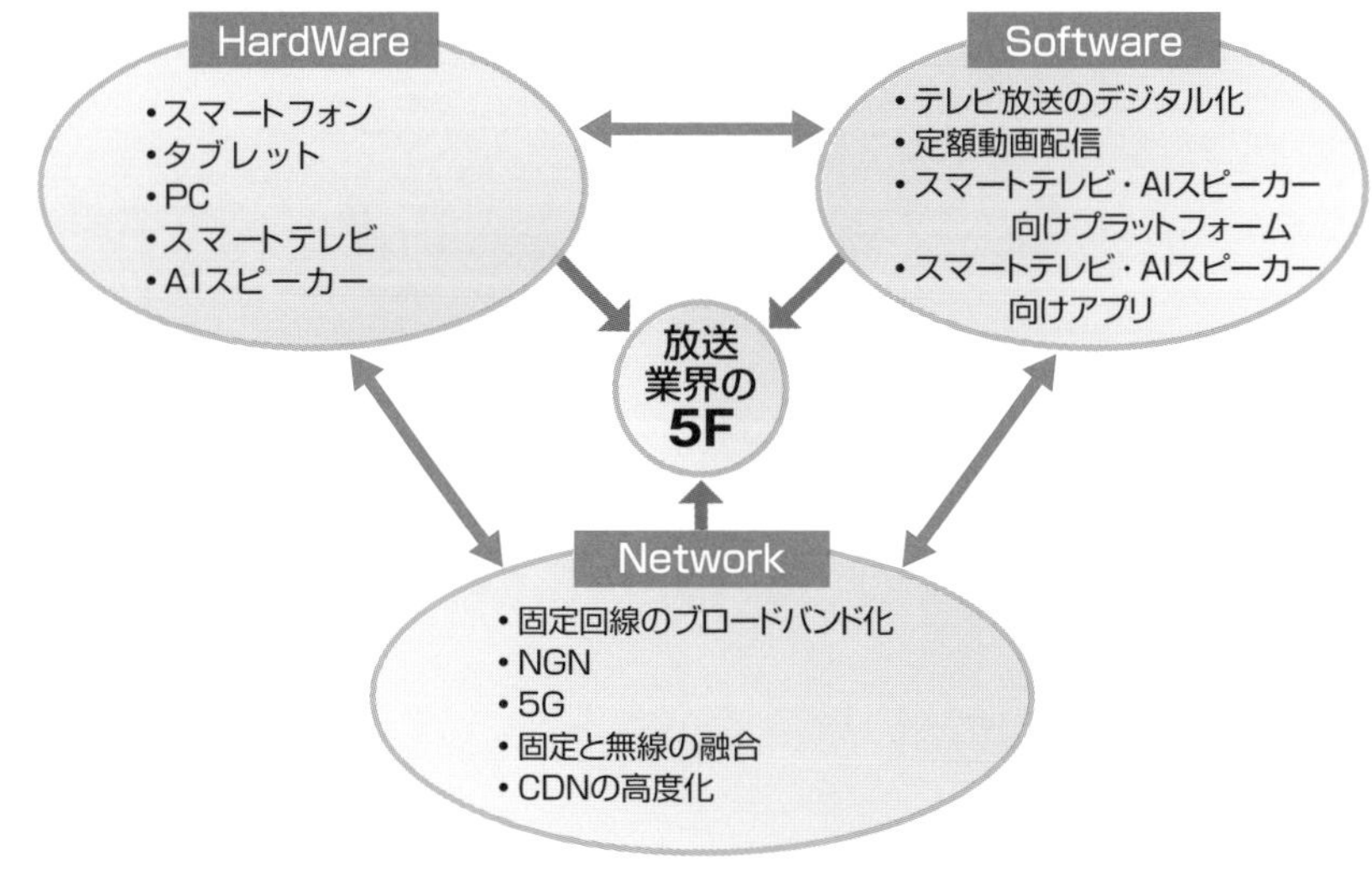

3 変わる放送業界の競争環境

変化する三つのWの中で、いまテレビ放送業界に最も影響を及ぼしつつあるのがソフトウェアでの動き、すなわち動画配信サービスの進展でしょう。動画配信サービスはテレビ放送業界にとっては大きな機会でもありますが、むしろ最大の脅威であるといったほうが適切かもしれません。

代替品と新規参入業者の脅威

過去のテレビ端末はテレビ放送を受信する装置でした。放送業界からすると、自分たちが流す放送を黙って再生する非常におとなしい装置でした。ところがテレビ端末がネットワークにつながることで、テレビ端末はかつてのテレビ受信装置以上の新たな使い方が可能になります。

すでに見たように、スマートテレビでは放送のほか動画配信やアプリ、インターネット上の各種サービスを利用できます(5‐9節)。また、よしんばスマートテレビではないありきたりのテレビ端末でも、HDMIケーブルでスマホやタブレットと結べば、ネット経由の動画などを大きなスクリーンで楽しめます。

かつてテレビ放送業界は、VTR装置やゲーム機とテレビ画面の争奪戦を繰り広げたことがありました。しかしネットワークにつながったテレビ端末では、画面を占有する可能性のあるコンテンツの数は過去のものと比較にならぬほど激増します。今後テレビ放送は、あまた存在するこれらの敵と画面争奪戦を繰り広げなければなりません。

また、4スクリーンを対象としたコンテンツが増える中、テレビ放送は、その地位が相対的に低くなり、スマホ・タブレット・PCといった異なるスクリーンに映るコンテンツ、例えば**ゲーム**や**SNS**などとも競争しなければなりません。以上のような環境の変化は、ポーターのファイブ・フォースを念頭に表現すると、**代替品**の種類や数が劇的に増えていることを意味します。

これに加えて重要なのが**新規参入業者**の増加です。テレビ放送を動画配信の一つと再定義すると、いまや動画を円滑に配信できるインターネットがあるため、新規参入の障壁は決して高くありません。規制によりテレビ局が動画配信を寡占していた時代とは競争環境が大きく変化しました。ネットフリックスやアマゾンは、「定額動画配信サービスを武器に業界へ入り込んできた新規参入業者」と表現できるでしょう。

買い手・売り手・競争業者への影響

このような変化は、買い手や売り手にも大きな影響を及ぼします。まず**買い手**となるテレビの前にいる視聴者ですが、代替品の種類や数が増えるということは、選択肢の幅が大きく広がること意味します。従来の動画配信サービスでは地上テレビ放送が極めて有力な選択肢でした。しかし多様な動画配信サービスがある現在、テレビ放送はもはやあまたあるコンテンツの中における選択肢の一つにしか過ぎません。

このように見てくると、テレビ放送を対象とした強力なコンテンツがない限り、テレビの視聴時間が相対的に低くならざるを得ないことがわかります。4-4節でふれた、若い世代におけるテレビの接触時間とスマホの接触時間の逆転はこのことを物語っています。これは民間テレビ放送にとっては極めて不都合な出来事です。というのも広告費で成立しているテレビ放送の画面占有率（つまり視聴率）が低くなれば、テレビ放送の媒体価値が低下するからです（6-4節）。

では、テレビ媒体を活用して広告していた**売り手**のスポンサー企業はどうするでしょうか。当然企業は、接触率の高いコンテンツに広告を打ちたいと考えるでしょう。結果これは、テレビ広告費の抑制圧力として働くことになります。

テレビ広告費の低迷は番組予算の低下につながり、結果、低予算で制作できる類似番組が増えることにな

放送業界の新たな競争環境（図 6.3.1）

新規参入の脅威

- 多様な動画配信事業者の登場
- 多様なアプリ配信事業者の登場
- 従来の規制が無力化

買い手の交渉力

- 多品種、多数の代替品の登場により、選択肢は格段に増加する

業者間の敵対関係

- 新規参入、代替品を阻止する障壁が小さくなり、従来の放送業界の枠組みは緩やかに解体
- コンテンツ業界、あるいは情報メディア業界という新たな枠組みに収斂
- 収益の悪化と撤退困難で競争はますます激しくなる
- 地方局への風当たりが強くなる

売り手の交渉力

- テレビ放送の画面占有率の低下はテレビ広告離れを促す
- より画面占有率の高いコンテンツに広告費がシフトする

代替品・サービスの脅威

- テレビの双方向化により、動画配信、アプリ、ネット上のサービスなど多数の代替品が現れる
- 4スクリーンの進展によりスマホ・タブレット・PCに映るコンテンツも代替品となる

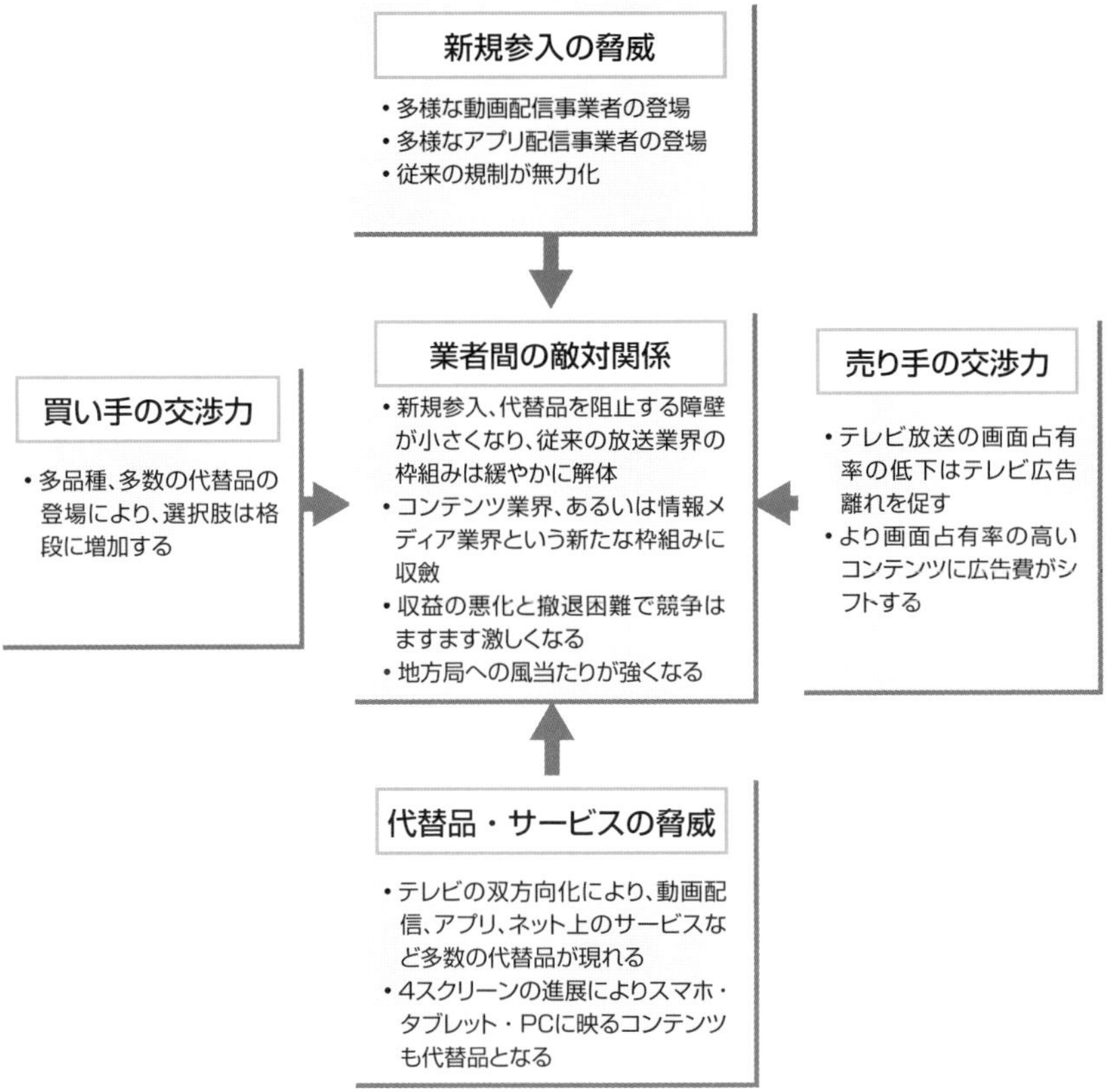

るでしょう。また収益が悪化したからといって、業界から撤退するのも困難です。テレビ局は放送用の大きな設備を所有しているため撤退したくてもできないという事情があります。その上国の規制もあります。しかも通信ネットワークがさらに充実し、動画配信をより高度化できるようになれば、そもそも放送インフラを所有していることは、OTT（5-10節）の身軽さに比較すると、むしろメリットではなく負担になることも考えられます。以上が現在のテレビ放送を取り巻く現在の競争環境です（図6・3・1）。

4 可視化を強いられるテレビ広告効果

三つのWによる競争環境の変化は、民間テレビ放送局のビジネスモデルである広告にも大きな影響を及ぼします。従来のテレビ広告の実効性は可視化が困難でした。その一方で、インターネットの普及により広告効果の透明化が進む中、テレビ広告も同じ道を歩まざるを得ないでしょう。

可視化がなおざりにされてきたテレビ広告の効果

民間テレビ放送局にとって広告は最大の収益源です。しかしながら、広告というビジネスモデルに立脚する民間テレビ放送局の立場はなかなか苦しいものがあると言わざるを得ません。

前節で見たように、いまやテレビ放送の代替品は、一昔前に比べてその種類が格段に増えました。中でも4スクリーンをターゲットにしたコンテンツは、テレビ放送にとって強力な代替品に育っています。その一例が動画配信やゲームです。こうした代替品がテレビ放送の視聴時間を侵食して、若い世代ではテレビの接触時間とスマホの接触時間が逆転するようになったのでしょう(4-4節)。テレビ放送をまったく見ないという層が増えているのも同じ理由でしょう(4-3節)。これは視聴時間の長さが大前提となるテレビ広告にとってはゆゆしき問題です。

また、従来のテレビ広告はなかなか解消されない大きな問題を抱えていました。すでに述べたように、従来のテレビ広告は視聴率という基礎の上に成立していました。本来、**標本誤差**(4-9節)が生じる視聴率は、目安にしか使えないものです。ところが視聴率は、広告効果を予想する基準であるとともに、スポンサーの広告費を決める尺度になってきました(4-7節)。また従来の視聴率調査では、テレビの前で誰が見ているのかを明確に把握するのも困難でした。企業が打ったテレビ広告の効果が本当にあったか否かも**可視化**が困難でした（図6・4・1）。

それでもテレビ局は、広告会社とともにテレビ広告の効果を視聴率調査に基づいて主張してきました。また本来放送業界は、テレビ広告の実効性より精緻に可視化する必要がありましたが、あまり積極的とは言えませんでした。

それもそのはずです。6-1節で見たように従来のテレビ放送業界は、ファイブ・フォースのいずれにおいても優位な立場にありました。よって、一旦決めたルールをあえて変更する必要はまったくなかった、というのが実情だったのでしょう。しかし状況は変わってきました。

テレビ広告に対するニーズ

おそらく状況の変化に最も敏感なのは**テレビ広告を投入する企業**でしょう。テレビ画面争奪戦の激化や若年層のテレビ離れの進展を目の当たりにすれば、テレビ広告への投資に躊躇するのは自然な流れでしょう。

テレビ広告への疑問（図 6.4.1）

標本誤差がある
視聴率なのにどうして
これがテレビ広告費算出の
基準になるのだろうか
投下したテレビ広告は
ターゲットに届き、効果を
生み出したのだろうか
スポンサー

また、企業がテレビ広告の投資に躊躇したくなる要因はほかにもあります。

そもそも広告主である企業は、広告メディアに対して共通した質問を投げかけます。それは、その広告メディアがどれくらいの規模があり、どのようなターゲットに届き、料金はいくらかかるのか、ということです。そもそもこの点があいまいだと、広告主が意図する広告効果は期待できません。

加えて、広告を投下した結果が目に見えてわかる仕組みを備えているかということも重要になります。結果がフィードバックされることで、次の戦略を練りやすくなるからです。

要するに、広告効果が可視化され、実際の広告効果も高いメディアが、スポンサーにとって価値ある広告メディアになるわけです。

効果が可視化されているインターネット広告

一足早く右のようなメディアへと向かったのが**インターネット広告**です。インターネットでは、ターゲットが有する目的や興味が把握しやすい環境にあります。

その典型が検索サイトです。検索サイトに入力するキーワードは、その利用者が興味をもっている事柄にほかなりません。このキーワードに関連する広告を表示する**検索連動型広告**は、明らかに明確なターゲットに出す広告であり、より高い広告効果が期待できます。

また、現在のインターネットでは、利用者が広告をクリックした**クリック率**、広告を通じて会員加入や商品購入に至った**コンバージョン率**などをリアルタイムで把握できます。さらにインターネットでは、利用者の行動をログとして残せます。このログを分析することで、ターゲットにピンポイントで届く**ターゲティング**が可能になります(6 - 5節)。このように効果が可視化され、可視化された情報を次の広告に活用できるのがインターネット広告の特長です。

こうした特長がインターネット広告進展の大きな要因になっているのでしょう。つまり、視聴率調査における**標本数の増加**や世帯視聴率から**個人視聴率への変更**は、テレビ広告効果の精緻化および可視化を念頭においた動きだったといえるわけです(4 - 9節)。

スポンサーが考えてるいこと（図 6.4.2）

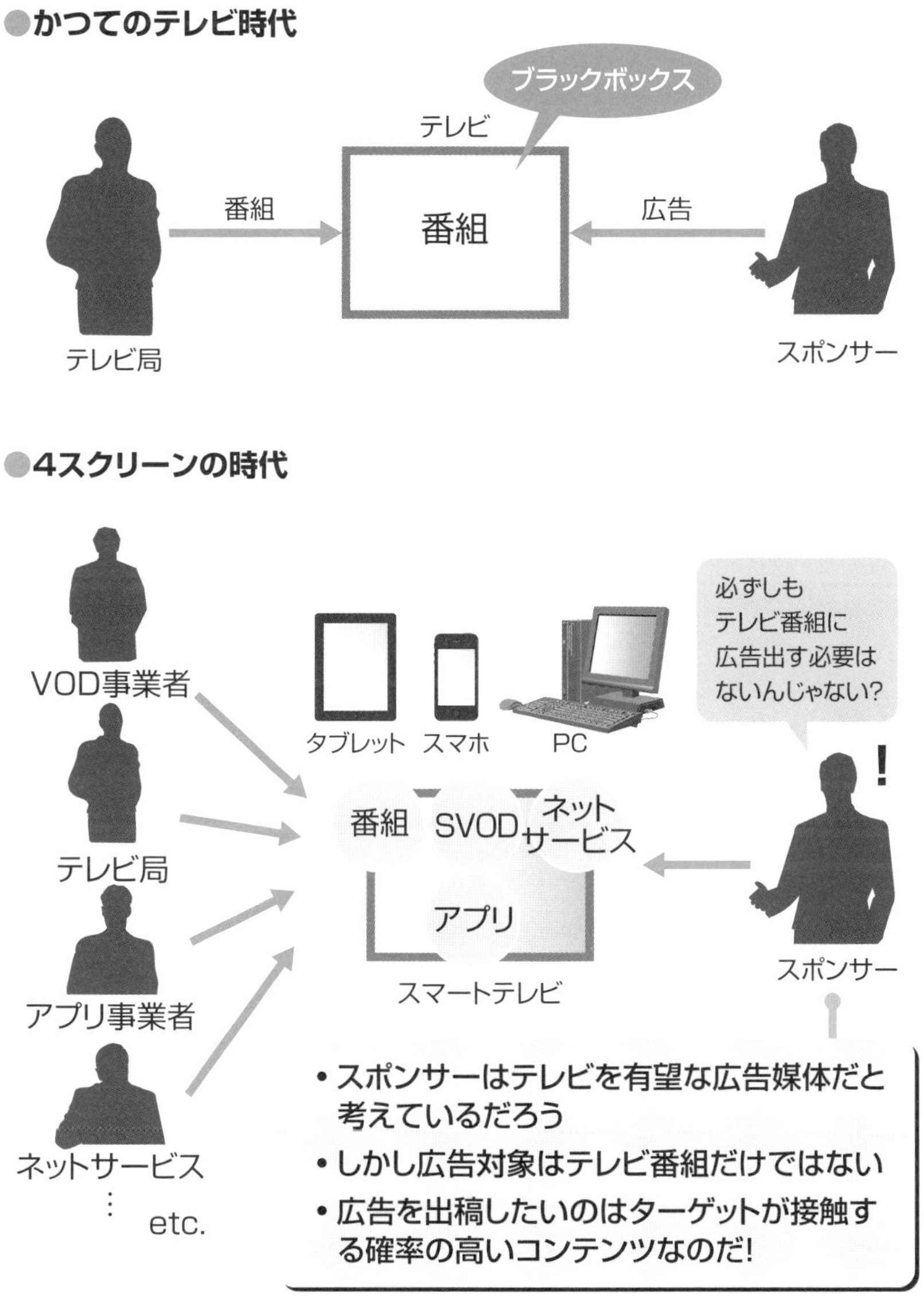

5 動画配信向けの新たな広告

インターネットでは、最も高い値段で入札した広告主に広告媒体を提供して、ターゲットとする利用者に適切な広告を自動的に露出する方法が開発されています。この手法のことをDSP／RTBと呼びます。広告をビジネスモデルとする動画配信では、DSP／RTBとの相性がすこぶる良いといえます。

DSP／RTBとは何か

インターネット広告には大別して**予約型広告**と**運用型広告**がありました（5 - 6節）。予約型広告は特定の広告枠を購入して広告を表示すること、運用型広告は視聴者の属性に合わせて広告を表示することを指しました。後者の運用型広告に利用されているのが**DSP／RTB**という手法です。

DSPとは**ディマンド・サイド・プラットフォーム**の略で、広告媒体を需要する側（ディマンド・サイド）すなわち広告主や広告会社が利用する広告プラットフォームを指します。これと対で存在するのが**SSP**です。これは**サプライ・サイド・プラットフォーム**の略で、広告枠を供給する側（サプライ・サイド）が利用する広告プラットフォームです（図6・5・2）。

例えば、ある人物が広告スペースのあるウェブページにアクセスしたとしましょう。するとSSPから、この人物のユーザーIDや広告掲載先の媒体の種類や掲載サイズなどの情報が、いくつものDSPに対して送信されます。

DSPではリクエストに合致する広告を選択して出稿金額を入札します。SSPでは最も金額の高い入札をしたDSPを選び、その広告を、先の人物がアクセスした広告スペースに掲載します。

こうしたDSPとSSPの間を取り持っているのが**リアルタイム・ビッディング**（**RTB**）と呼ぶ技術です。

DSP／RTBの仕組み（図6.5.1）

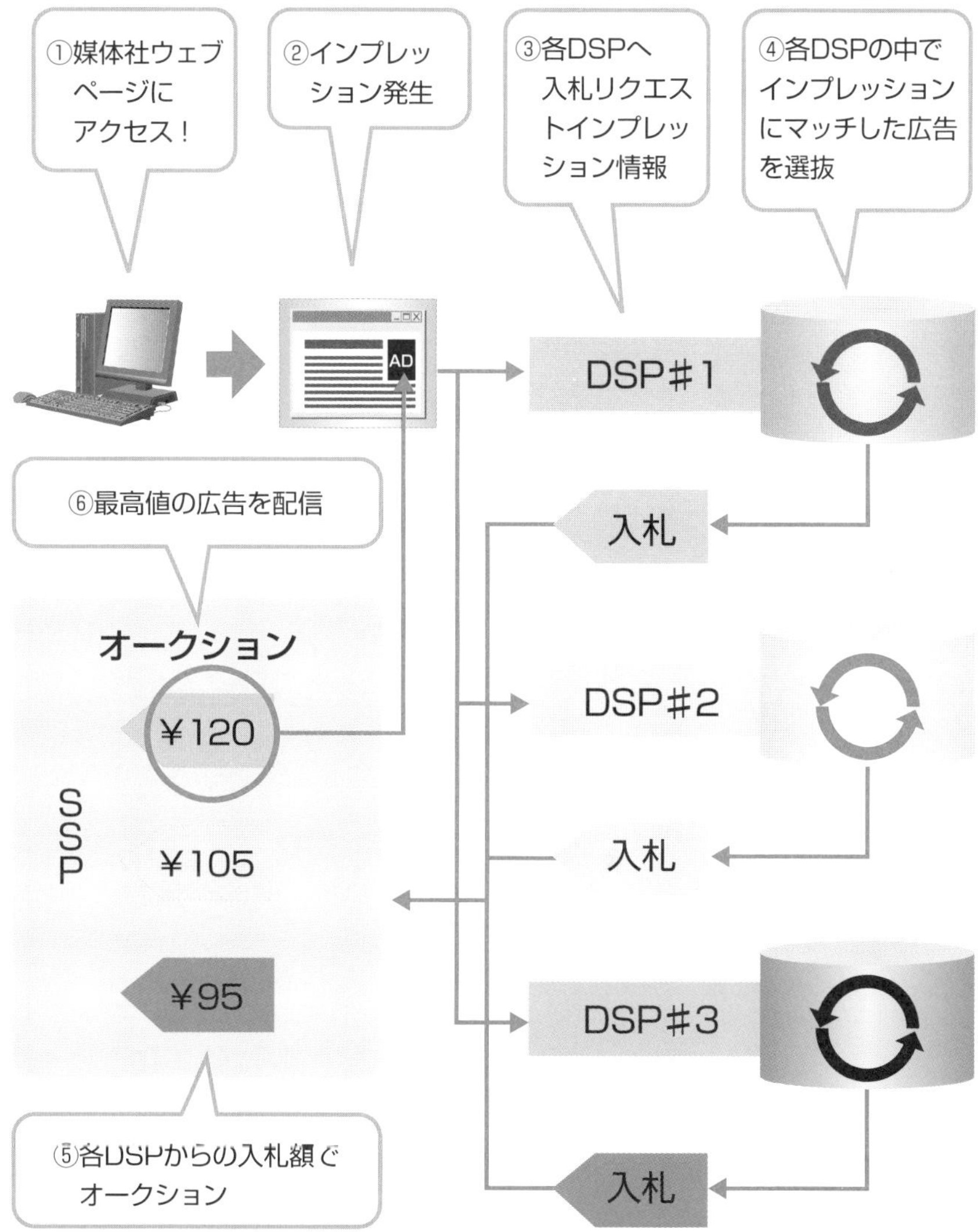
①媒体社ウェブページにアクセス！
②インプレッション発生
③各DSPへ入札リクエストインプレッション情報
④各DSPの中でインプレッションにマッチした広告を選抜
AD
DSP＃1
⑥最高値の広告を配信
入札
オークション
¥120
DSP＃2
SSP
¥105
入札
¥95
DSP＃3
⑤各DSPからの入札額でオークション
入札

出典：横山隆治他著『DSP/RTBオーディエンスターゲティング入門』
（2012年、インプレスR&D）をもとに作成

次々と流れてくる大量の**ストリームデータ**をリアルタイムで処理するこの技術は、もともと株式を自動売買するシステムに利用されていました。

ＤＳＰ／ＲＴＢを用いると複雑な広告出稿作業が一インプレッション*単位で実行できます。しかも利用者の特性を把握した上で、本当に広告したい人に広告ができる、広告主からするとなかなか期待が持てるシステムです。

TVerの挑戦

キー局が中心となって築いたキャッチアップサービス**TVer**では、予約型広告と運用型広告の双方を展開していると述べました（5-6節）。このＴＶｅｒの運用型広告にもやはりＤＳＰ／ＲＴＢが利用されています。また、予約型広告の**ポストロールCM***では、クリックボタンの設置も行えます。このように同じテレビ番組の広告でも、インターネット向けだと**ターゲティング**や**効果の可視化**が可能です。

またＴＶｅｒに限定にした広告効果を考えると、テレビ放送をあまり見ない若年層の視聴者が多く、彼らにリーチするのに効果の高い広告媒体であることはすでに述べたとおりです。実はこれ以外にも大きなメリットがあります。それは、ＴＶｅｒ向けの動画広告は、コンテンツの制作元が信頼できるテレビ局であるため、**ブランドセイフティ***を守れる点です。

運用型広告では、ブランドを傷つける不適切なコンテンツに広告が配信される場合があります。その点、ＴＶｅｒが提供するコンテンツは、いわばテレビ局のお墨付きです。ブランドイメージを損なうことはありません。また、インターネットとはいえ、広告を掲載できる良質の動画コンテンツは決して多いとはいえません。この点でもＴＶｅｒが提供するテレビ局制作の動画コンテンツは、有望な広告出稿先といえます。

電通「日本の広告費２０１９」によると、キャッチアップサービスなどインターネット動画配信における広告費は、一八年が一〇一億円、一九年は**一五〇億円**でした。まだまだ規模は小さいものの、媒体側からは可視化された広告媒体として、また広告主側からは広告効果が高くブランドセイフティを守れる広告媒体として、さらなる発展が予想されます。

用語解説

*インプレッション　広告が露出された回数を示す単位。
*ポストロールCM　本編終了後の広告を指す。
*ブランドセイフティ　運用型広告などにより不適切なコンテンツに広告が表示されるリスクからブランドを守ること。

6 視聴率から視聴回数へのシフト

デジタル・コンテンツとしての動画には新たな可能性があります。今後、テレビ放送局はその可能性を追求することになるでしょう。キーワードは視聴率から視聴回数です。

デジタル動画コンテンツの限界費用は?

前節で見た動画配信向け広告とは、動画コンテンツから収益を得るためのビジネスモデルの一つです。収益を得られるのならば、広告に頼らなくても良いわけです。

このように考えると、民間テレビ放送局の事業とは、「制作した動画コンテンツから利益を生み出すビジネス」だと再定義できます。そして、デジタル化により従来あった優位性が失われる中、主戦場は従来の放送ではなくデジタルに移行しています。

デジタル・コンテンツ(もちろんデジタル化された動画も含む)の特長の一つに、**限界費用**がゼロに近いという点があります。限界費用とは財を一つ作り出した際にかかる追加費用のことです。デジタル・コンテンツの場合、物理的な財と違って、複製や保存、流通などに関する追加費用がほとんどかかりません。言い換えると、初期投資をすれば、その後の追加費用は無視できるサイズで、追加的に売れるほど利幅が大きくなります。

この点で注目したいのは5‐8節でふれた**アマゾン・プライム**です。翌日配送のアマゾン・プライムに加入すると、動画配信や電子書籍、音楽配信が使い放題になります。これらはいずれもデジタル・コンテンツであり、右記に示した通り限界費用がゼロに近いものです。

つまり初期費用は別にして、アマゾン・プライムの利用者が激増したとしても、それに比例してコストが増大する性格のものではないということです。その点を念頭に置いてアマゾンはこれらのサービスを提供していると考えられます。

視聴率よりも視聴回数

それはともかく、テレビ局が動画コンテンツの制作に秀でていることは明らかです。そして限界費用がゼロに近い優良な動画コンテンツは、優良なほど繰り返し視聴されることで、長期的な利益を期待できます。これは視聴率を優先した番組作りと一線を画する態度だといえます。つまりデジタル時代に重要なのは**視聴率よりも視聴回数**です。その際に、動画コンテンツを多様なチャネルに配信して利益の最大化をはかることになります。主な展開は次のようになるでしょう。

❶自社所有の放送インフラに配信（リアルタイム視聴、タイムシフト視聴）
❷キャッチアップサービス
❸自社動画配信サービス
❹他社動画配信サービス
❺DVDなどのパッケージ
❻海外市場

❶は従来型のいわゆる「放送」です。また、❺、❻についても従来マーケティングが展開されてきました。そしてデジタル化の進展により、❷～❹の動画配信サービスが台頭しつつあります。これらインターネット上のサービスは、テレビ局にとって脅威ではなく、優良コンテンツの新たな流通先であり、**視聴回数の最大化をはかるための場**として機能します。

フジテレビのデジタル&海外対応

さらに視聴回数の最大化が利益の最大化を生み出すとすれば、より大きな市場のほうが有利であることは言うまでもありません。こうして、停滞縮小する日本市場だけを対象にするのではなく、海外市場をもターゲットにして、視聴回数の最大化を図ることが重要になります。

視聴率から視聴回数へ（図 6.6.1）

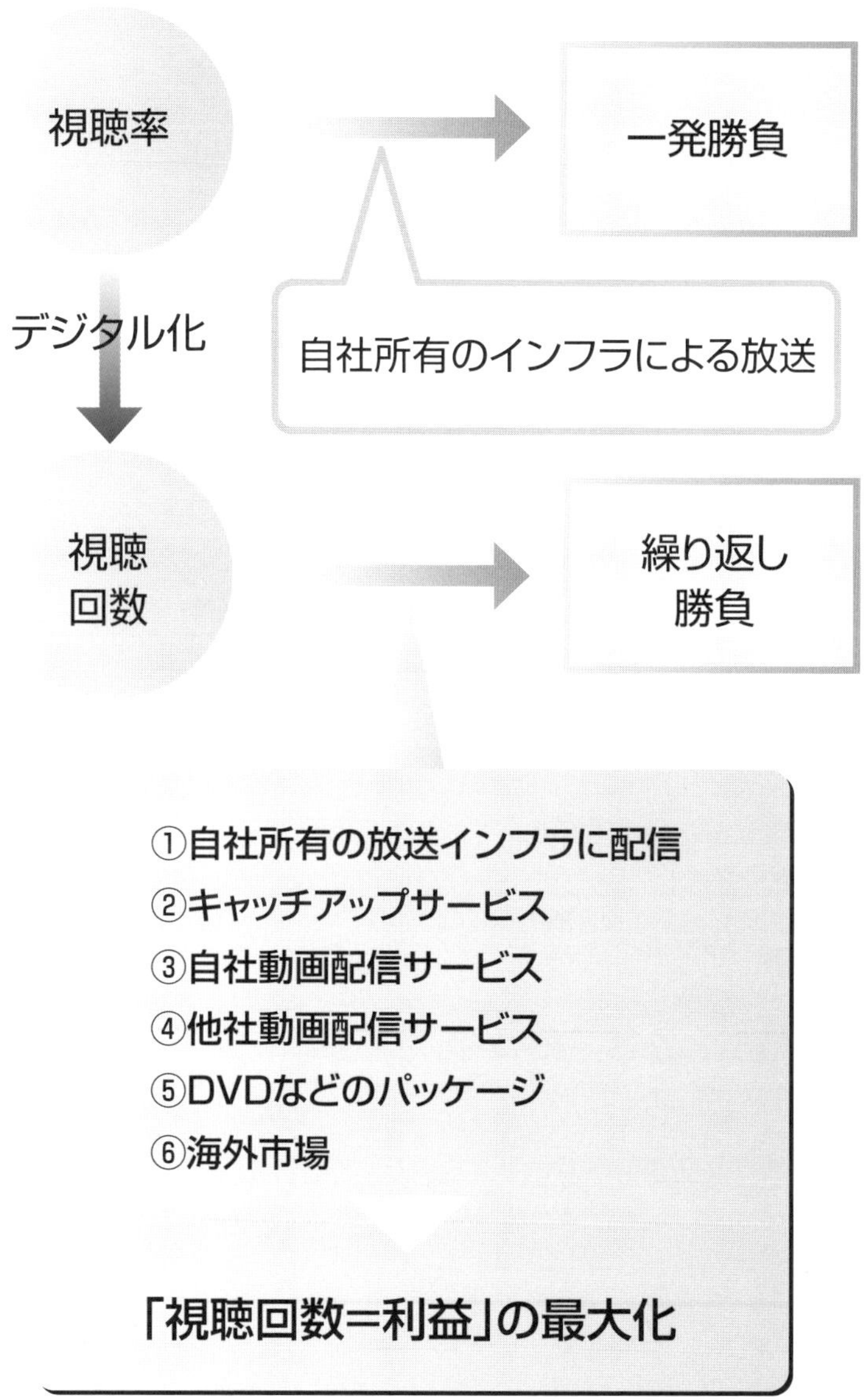

この点で参考にすべきなのが、フジテレビの取り組みではないでしょうか。

同社では、ネットフリックスと組んで、人気番組「テラスハウス」などを制作し、テレビ放送の前に動画配信を実施したことはすでに述べました（5-7節）。この取り組みは**デジタル・ファースト（インターネット・ファースト）**であると同時に、海外市場での展開も視野に入れている点が注目されます。

というのも、ネットフリックスはすでに世界一九〇カ国を超える国々でサービスを展開しているからです。デジタル界の巨人を敵にするのではなく、巨人を利用して世界に打って出る戦略です。

また、同社では、ヨーロッパ最大の公共放送ドイツＺＤＦ社の子会社ＺＤＦエンタープライズ社と共同出資で連続サッカードラマ「**ザ・ウィンドウ**」（全一〇話、各四五分）の制作を進めています（二〇二〇年九月現在）。脚本および制作＊はいずれもイギリスで、総監督にはイギリスの監督で俳優エイドリアン・シェアゴールドが務めます。

SVODプラットフォーマーを対象に世界での視聴を目指す

フジでは、同作品をシリーズが一気で見られる**ボックスセット**としてネットフリックスやアマゾン・プライム・ビデオといった大手動画配信サービスに売り込む計画のようです。世界を対象に優良な動画コンテンツで視聴回数すなわち利益の最大化をはかるのが狙いでしょう。印象に残るのは、こちらの展開でも、放送よりもインターネットを優先するデジタル・ファーストであり、海外市場に目を向けていることです。「ザ・ウィンドウ」も、やがて地上波で放送されるかもしれません。しかし、それはあくまでも視聴回数の最大化、利益の最大化を図るためのものです。

このように放送の優先順位が落ちてくると、放送インフラの所有が返って経営を圧迫するという事態が現実味を帯びてくるのではないでしょうか。将来はテレビ局が所有する放送インフラと動画制作を分割する**上下分離**＊もテレビ放送事業者の視野に入ってくるのかもしれません。

用語解説

＊**脚本および制作**　脚本はイギリス人脚本家ジェームス・ペイン、制作はイギリスとドイツに拠点を置くブギー・エンターテイメントがあたる。

＊**上下分離**　もちろん仮に分離したとしても、インフラ会社は放送持株会社の傘下に入ることになるだろう。

7 テレビ放送業界のDX

デジタル・トランスフォーメーション（DX）はバズワードの一つです。しかし、デジタル化の流れは止めようがなく、DXは流行ではなく切実な問題です。これはテレビ放送業界も例外ではありません。

二種類あるDX

昨今の流行語に**デジタル・トランスフォーメーション***、略してDXがあります。これはビジネスモデルをデジタル化することを指します。

例えばここに「出前」というビジネス・プロセスがあります。従来、飲食店などが出前を行う場合、専用のスタッフを用意する必要がありました。しかし、小規模な店ではなかなかスタッフを置く余裕がありません。そこで、店舗と顧客、それに空き時間を有効に使いたい人物をデジタル技術でマッチングし、店舗の料理を顧客に届けるサービスが成立しました。これは**ウーバー・イーツ**が有名にしたビジネスモデルです。

ウーバー・イーツの例は、既存のビジネス・プロセスにデジタル技術を「**クロス(X)**」させたDXの典型だと言えます。これにより、店舗からすると配達要員を確保せず出前できますし、利用者は出前の選択肢が大きく広がりますし、配達員は時間を有効に活用してお金を得られます。このようにDXには、単に既存の業務をデジタル化するのではなく、デジタル化による価値の拡張を狙います。

さらに、ウーバー・イーツの例から、DXには業界内

用語解説
＊デジタル・トランスフォーメーション　Digital Transformation。tranceは「超える」「横切る」の意でcrossと同義になる。「cross=X」なので略語はDXとなる。

第6章 競争環境が変わる放送の近未来

からのＤＸと**業界外からのＤＸ**があることがわかります。ウーバー・イーツの場合、ＩＴ企業によるＤＸの例ですから業界外からのＤＸとなります。このようにデジタル技術をひっさげて、従来の業界の常識を覆すプレイヤーを**ディスラプター**と呼びます。

テレビ放送業界の場合、ネットフリックスやアマゾンは、放送という動画配信サービスにデジタル技術を「クロス（Ｘ）」させた業界外からのディスラプターといえるでしょう。もちろんディスラプターは業界内から生まれることもあります。現在のテレビ放送業界では、このＤＸが喫緊の課題であり、業界内からのディスラプターが待ち望まれています。前節で見たフジテレビはその一例と見ることもできます。

放送事業の破壊的イノベーション

しかし既存のビジネスモデルの収益が大きいほど体質の変化には抵抗感が強まるものです。６‐５節で見た動画配信サービスでの広告展開も、既存の放送ビジネスからすると微々たる売上にしか見えないはずです。とはいえ、デジタル化のトレンドはもはや既定路線であり、後戻りはありません。

経済学者クレイトン・クリステンセンが提唱した理論に**破壊的イノベーション**があります。これはイノベーションの一形態について、そのメカニズムを明らかにしたものです。**秩序を乱すイノベーション**とも呼ばれる破壊的イノベーションでは、従来の技術の延長ではなく、従来とはまったく異なる価値観を市場にもたらす技術、いわば**秩序を乱す技術**が中心になってイノベーションを起こします。この秩序を乱す技術には、大きな特徴が二つあります。

❶短期的に製品の性能を引き下げる。
❷構造がシンプルで使い勝手がよく価格が安い。

秩序を乱す技術は、特に❶の理由から、いくら❷の特徴を有していても主流市場からは見向きもされません。よって、少々性能が低くても❷の価値基準が評価される市場に根付かざるを得ません。それは主流市場から見ると、ローエンド市場であったり、まったく価値観が異なる新市場であったりします。

テレビ放送の破壊的イノベーション（図 6.7.1）

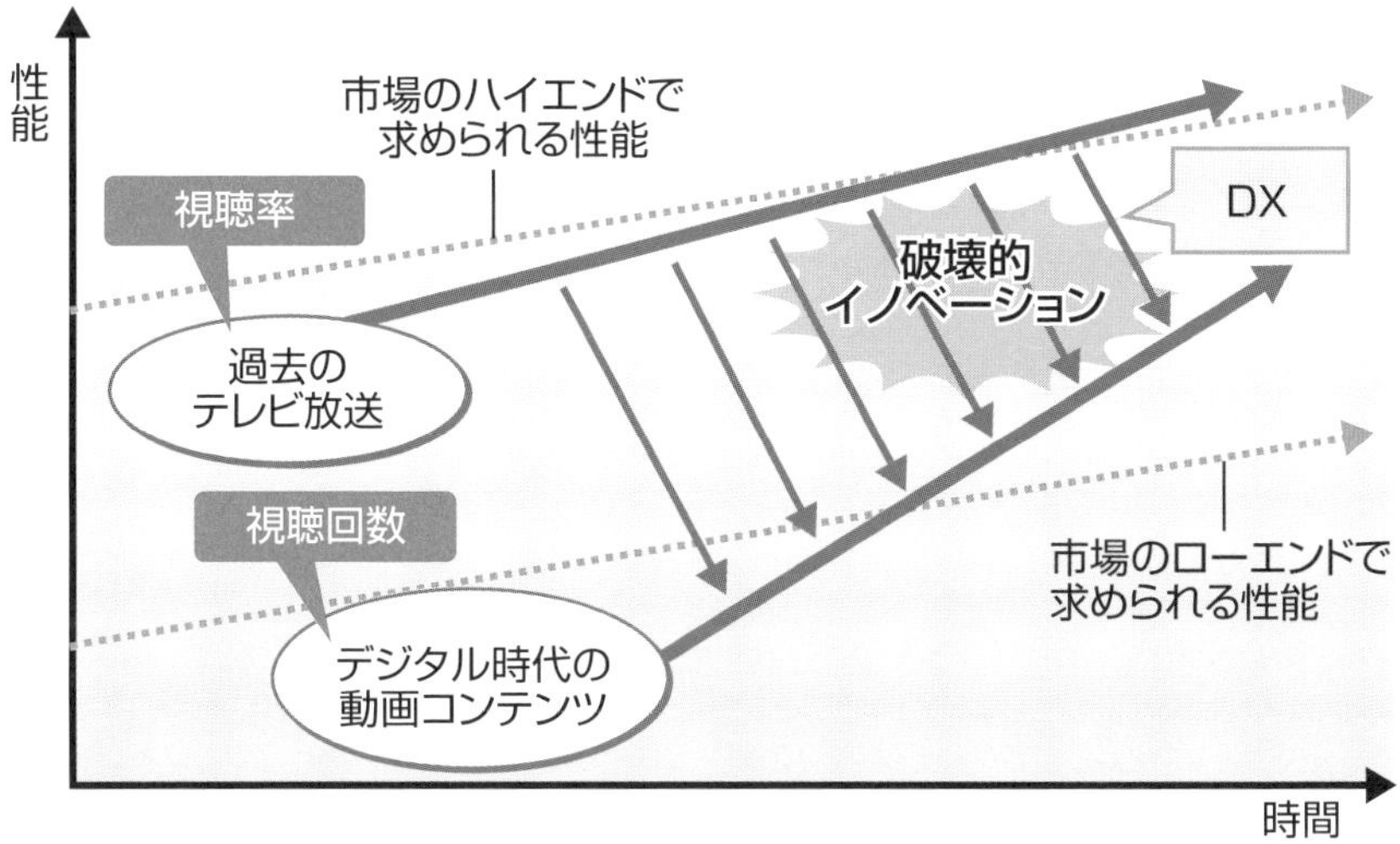

このような市場に秩序を乱す技術を用いた製品が根付くと、急激な品質改善が生じ、やがて主流市場でも対応に耐える製品に成長します。こうなると、構造がシンプルで価格が安いことから、主流市場の利用者の中にも秩序を乱す技術による製品を採用する人が現れます。こうして、秩序を乱す技術はさらに洗練され、やがて主流市場で用いられていた旧技術を駆逐します。この現象が破壊的イノベーションです。

デジタル技術やインターネットは破壊的技術であり、既存の放送ビジネスからすると、スマホやタブレットに映る動画はレベルの低いものに映ります。しかしそれは見たいものをいつでもどこでも見られることであり、同じ動画でも価値が明らかに拡張しています。また、動画を広告媒体と考えた場合、ターゲティングが容易で効果の可視化も実現されます。

このように考えると、今でこそ放送業界の売上に占めるデジタルの割合は低いかもしれませんが、破壊的イノベーション理論を前提にすると、やがて既存のビジネスモデルを陵駕してしまうと予想できます。放送業界にとってＤＸは待ったなしの状況だといえます。

参考文献

『DSP/RTBオーディエンスターゲティング入門』 2012年 横山隆治他著 インプレスR&D
『ITナビゲーター2020年版』 2019年 野村総合研究所ICTメディア・サービス産業コンサルティング部著 東洋経済新報社
『ITロードマップ2020』 2020年 野村総合研究所 IT基盤技術戦略室著 東洋経済新報社
『イノベーションのジレンマ』 2001年 クレイトン・クリステンセン著 玉田俊平太監修、伊豆原弓訳 翔泳社
『拡張するテレビ――広告と動画とコンテンツビジネスの未来』 2016年 境治著 宣伝会議
『競争の戦略』 1982年 マイケル・ポーター 土岐坤、中辻萬治、服部照夫訳 ダイヤモンド社
『ケーブルテレビ技術入門』 1994年 泉武博監修 コロナ社
『情報メディア白書2020』 2020年 電通メディアイノベーションラボ編 ダイヤモンド社
『図説 日本のメディア[新版]』 2018年 藤竹暁、竹下俊郎著 NHK出版
『テレビ最終戦争』 2018年 大原通郎著 朝日新聞出版
『テレビの教科書』 2003年 碓井広義著 PHP研究所
『テレビはなぜおかしくなったのか』 2013年 金平茂紀、永田浩三、水島宏明、五十嵐仁著 高文研
『テレビは余命7年』 2011年 指南役著 大和書房
『日本民間放送年鑑2019』 2019年 日本民間放送連盟編 コーケン出版
『ネットがテレビを飲み込む日』 2006年 池田信夫、西和彦、林紘一郎、原淳二郎、山田肇著 洋泉社
『放送ってなんだ?テレビってなんだ?』 2003年 伊藤裕顕著 新風舎
『放送ハンドブック』 1997年 日本民間放送連盟著 東洋経済新報社
『メディアガイド2020』 2020年 株式会社博報堂DYメディアパートナーズ編 宣伝会議
『躍進するコンテンツ、淘汰されるメディア』 2017年 角川歴彦著 毎日新聞出版
『令和2年版情報通信白書』 2020年 総務省編 ぎょうせい
『われ広告の鬼とならん』 2004年 舟越健之輔著 ポプラ社

参考資料

「2019年日本の広告費」(電通) 2020年3月
「4K・8Kの取組について」(総務省) 2016年3月
「IP放送の現状と課題」(NTTぷらら) 2017年11月
「ITUにおけるIPTVの標準化動向について」(総務省) 2012年2月
「NHKの三位一体改革に関する論点(案)」(公共放送の在り方に関する検討分科会事務局)
「衛星放送の現状(令和2年度第1四半期版)」(総務省) 2020年4月
「ケーブルテレビの現状(令和2年8月版)」(総務省) 2020年8月
「視聴率ハンドブック」(ビデオリサーチ) 2017年4月
「情報通信業基本調査結果 2019年情報通信業基本調査」(総務省情報流通行政局) 2020年3月
「タイム視聴率と総合視聴率」(電通報) 中奥美紀著 2017年5月
「地上デジタル放送IP再放送方式審査ガイドライン」(地上デジタル放送補完再送信審査会) 2011年8月
「電気通信サービスの契約及びシェアに関する四半期データの公表(令和元年度第4四半期他)」(総務省)2020年6月
「日本放送協会令和元年度業務報告書」(日本放送協会) 2020年6月
「認定放送持株会社認定申請マニュアル(第3版)」(総務省) 2015年6月
「放送コンテンツの海外展開に関する現状分析(2018年度)」(総務省情報通信政策研究所) 2020年6月
「メディア・ソフトの制作及び流通の実態に関する調査研究」(総務省情報通信政策研究所) 2020年7月
「メディア定点調査 2020」(博報堂DYメディアパートナーズ環境研究所) 2020年
「ラジコオーディオアド プログラマティック広告配信」(オトナル) ver.2020 10-12
「令和元年度情報通信メディアの利用時間と情報行動に関する調査」(総務省) 2020年9月
「令和元年度民間放送事業者の収支状況」(総務省) 2020年9月

索引

INDEX

あ・ア

か・カ

さ・サ

た・タ

は・ハ

な・ナ

ま・マ

や・ヤ

ら・ラ

アルファベット

数字

■著者紹介

中野　明（なかの　あきら）

1962年生。プランニング・ファクトリー　サイコ代表。同志社大学理工学部非常勤講師。情報通信・経済経営・歴史民俗の三本柱で執筆する。『最新通信業界の動向とカラクリがよくわかる本』『最新放送業界の動向とカラクリがよくわかる本』（以上秀和システム）、『幻の五大美術館と明治の実業家たち』『戦後　日本の首相』（以上祥伝社）、『裸はいつから恥ずかしくなったか』『世界漫遊家が歩いた明治ニッポン』（以上筑摩書房）、『ナナメ読み日本文化論』『ドラッカー・ポーター・コトラー入門』（以上朝日新聞出版）、『21世紀の哲学がわかる本』（学研プラス）など著作多数。近著に『IT全史──情報技術の250年を読む』（祥伝社）がある。中国語、韓国語に翻訳された作品は30点を超える。

ウェブサイト　http://www.pcatwork.com/

図解《ずかい》入門《にゅうもん》業界《ぎょうかい》研究《けんきゅう》
最新《さいしん》放送《ほうそう》業界《ぎょうかい》の
動向《どうこう》とカラクリがよくわかる本《ほん》［第《だい》５版《はん》］

発行日　2020年12月 8日　　第1版第1刷

著　者　中野《なかの》　明《あきら》

発行者　斉藤　和邦
発行所　株式会社　秀和システム
〒135-0016
東京都江東区東陽2-4-2　新宮ビル2F
Tel 03-6264-3105（販売）Fax 03-6264-3094
印刷所　三松堂印刷株式会社　　Printed in Japan

ISBN978-4-7980-6355-3 C0033